"十三五"国家重点出版物出版规划项目

卓越工程能力培养与工程教育专业认证系列规划教材

（电气工程及其自动化、自动化专业）

新工科·普通高等教育电气工程/自动化系列教材

现场总线技术与工业控制网络系统

主　　编：廉迎战

副主编：伊洪良　　徐月华　　张福亮　　杨绍忠

参　　编：叶光显　　刘　义　　刘学忠　　李顺祥

机械工业出版社

本书系统地介绍了现场总线系统和结构、数据通信技术原理、总线拓扑结构、访问控制方式、数据传输介质、差错控制等内容，重点介绍了FF总线、PROFIBUS总线、CAN总线、DeviceNet总线、ControlNet总线、Modbus总线、工业以太网总线技术及其应用示例，突出协议的通信模型、物理层、数据报文协议、对象模型、设备选型、工程应用等，所举的例子具有一定的代表性和广泛性，对典型现场总线应用系统的剖析深入浅出。

本书主要面向智能制造、机器人以及自动控制领域从事科学研究、产品开发与工程应用的科研人员和工程技术人员，也可作为自动化、机电一体化、计算机、通信、测控、电气等专业高年级本科生及研究生的教材。

图书在版编目（CIP）数据

现场总线技术与工业控制网络系统／廉迎战主编．—北京：机械工业出版社，2022.2（2024.8重印）

"十三五"国家重点出版物出版规划项目　卓越工程能力培养与工程教育专业认证系列规划教材．电气工程及其自动化、自动化专业　新工科·普通高等教育电气工程自动化系列教材

ISBN 978-7-111-70189-7

Ⅰ．①现…　Ⅱ．①廉…　Ⅲ．①总线–技术–高等学校–教材 ②工业控制系统–网络系统–高等学校–教材　Ⅳ．① TP336 ② TP13

中国版本图书馆 CIP 数据核字（2022）第 027771 号

机械工业出版社（北京市百万庄大街 22 号　邮政编码 100037）
策划编辑：王玉鑫　　　　　责任编辑：王玉鑫　张翠翠
责任校对：张　征　王　延　责任印制：邓　博
北京盛通数码印刷有限公司印刷
2024 年 8 月第 1 版第 5 次印刷
184mm×260mm · 16.5 印张 · 409 千字
标准书号：ISBN 978-7-111-70189-7
定价：49.80 元

电话服务　　　　　　　网络服务
客服电话：010-88361066　机　工　官　网：www.cmpbook.com
　　　　　010-88379833　机　工　官　博：weibo.com/cmp1952
　　　　　010-68326294　金　书　网：www.golden-book.com
封底无防伪标均为盗版　机工教育服务网：www.cmpedu.com

前　言

现场总线（Fieldbus）是 20 世纪 90 年代迅速发展起来的一种工业数据总线，现场总线把控制系统最基础的现场设备变成网络节点连接起来，实现自下而上的全数字化通信，是一种新型的开放式、分布式的控制系统。现场总线控制系统是智能传感、系统控制、计算机、数字通信等技术的交叉与集成，几乎涵盖了工业现场所有领域，如连续工业过程和离散工业过程等，目前已经受到世界范围的广泛关注，成为自动化技术发展的热点。现场总线控制系统特别强调可靠性、实时性、安全性等，具有现场通信网络、现场设备互联、互操作性、分散的功能模块、通信线供电和开放式互联网络等技术特点。

本书全面分析和阐述了 7 类典型现场总线（包括 FF 总线、PROFIBUS 总线、CAN 总线、DeviceNet 总线、ControlNet 总线、Modbus 总线、工业以太网总线）的原理、协议、结构、模型和应用，面向工业企业生产过程中的典型应用场景，构造分布式的现场总线控制系统，产生了很多新的控制系统、控制形式、控制结构和控制理论。这些新技术的产生对自动控制领域的影响深远，迫切需要融入人才培养的理论教学与工程实践中。

本书共 10 章，第 1 章介绍现场总线的基本概念、总线分类等；第 2 章介绍通信技术涉及的通信模型、数据编码、拓扑结构、传输方式、差错控制、性能指标等；第 3 章介绍 FF 总线的定义、通信模型、总线物理层、数据链路层、总线应用等；第 4 章介绍 PROFIBUS 总线的定义、通信模型、数据链路层、系统配置、设备选型、总线应用等；第 5 章介绍 CAN 总线的定义、通信模型、总线控制器、总线收发器、总线应用等；第 6 章介绍 DeviceNet 总线的定义、网络结构、网络参考模型、CIP、总线应用等；第 7 章介绍 ControlNet 总线的定义、拓扑结构、数据链路、对象模型、设备描述、总线应用等；第 8 章介绍 Modbus 总线的定义、拓扑结构、参考模型、数据帧、错误检测方法、总线应用等；第 9 章介绍工业以太网的定义、实时以太网、典型总线、以太网应用等；第 10 章主要介绍现场总线控制系统集成技术等。

本书第 1、3、5、10 章由广东工业大学的廉迎战编写；第 2 章由云南技师学院的张福亮编写；第 4、8 章由广东三向智能科技股份有限公司的伊洪良、叶光显和刘学忠编写；第 6 章由广东工业大学的李顺祥和刘义编写；第 7 章由南海信息技术学校的杨绍忠编写；第 9 章由广东机电职业技术学院的徐月华编写。全书由廉迎战负责统稿。在编写本书的过程中，盘琳、余学龄、曹仙南、周昭仁、戴作林、田宏鑫、罗声权等先后参加了书中的案例实验和科研项目工作，其中田宏鑫和罗声权承担了大量的文稿打印和图稿整理工作，在此一并致以衷心的感谢。

由于编者水平有限，书中难免存在不妥之处，请读者提出宝贵意见。

编　者

目 录

第1章

现场总线绪论

现场总线是一种多网段、多介质、多速率的工业数据控制网络总线，它既可与上层的企业内部网（Intranet）、互联网（Internet）相联，又可与大多数位于生产控制和网络结构的底层设备相联。现场总线技术广泛应用于工业生产的各个领域。本章重点介绍现场总线发展趋势、典型现场总线、现场总线控制系统等内容。

1.1 现场总线概述

1.1.1 现场总线产生背景

现场总线（Fieldbus）是20世纪90年代在国际上发展形成的用于过程自动化、制造自动化、楼宇自动化等领域的现场智能设备互联通信网络。它作为工厂数字通信网络的基础，实现了生产过程现场及控制设备之间与更高控制管理层系统之间的联系。它不仅是一个基层网络，而且还是一种新型的开放式、分布式控制系统。

现场总线是一种多网段、多种通信介质和多种通信速率的控制网络，也称为工业控制网络，是控制网络技术的代名词，它主要用于解决工业现场的智能化仪器仪表、控制器、执行机构等设备间的数字通信，以及这些现场控制设备和高级控制系统之间的信息传递问题。现场总线的应用使它从传统的工业控制向工程现场的各个领域发展，现在已进入工业现场设备控制、住宅小区安全监控、智能大厦景观灯光控制等方面。

现场总线控制技术是以智能传感、控制、计算机、数字通信等技术为主要内容的综合技术，已经受到世界范围的关注，成为自动化技术发展的热点，并将促进自动化系统结构与设备的深刻变革。现场总线作为工厂设备级基础通信网络，要求具有协议简单、容错能力强、安全性好、成本低的特点；应具有一定的时间确定性和较高的实时性要求；还应具有网络负载稳定、多数为短帧传送、信息交换频繁等特点。现场总线至今尚未形成完整及统一的国际标准，其主要类型有FF总线、CAN总线、LonWorks总线、PROFIBUS总线、工业以太网总线等，它们具有各自的特色，在不同行业应用领域形成了自己的优势。

1.1.2 现场总线发展现状

近年来，欧洲、北美洲、亚洲的许多国家都投入了巨额资金与人力，研究及开发现场总线技术，出现了百花齐放、兴盛发展的态势。据不完全统计，世界上已出现现场总线100多种，其中宣称为开放型总线的就有40多种。有些已经在特定的应用领域显示了自己的特点和优势，表现出较强的生命力。另外，还出现了各种以推广现场总线技术为目的的组织，如现场总线基金会（Fieldbus Foundation）、ProfiBus 协会、LonMark 协会、工业以太网协会（Industrial Ethernet Association，IEA）、工业自动化开放网络联盟（Industrial Automation Open Network Alliance，IAONA）等，并形成了各式各样的企业、国家、地区及国际现场总线标准。

国际电工委员会（IEC）于 2000 年年初宣布：由原有的 IEC 61158（基金会现场总线）、ControlNet、ProfiBus、P-Net、High Speed EtherNet、Newcomer SwiftNet、WorldFIP Interbus-S 等 8 种现场总线标准共同构成 IEC 现场总线国际标准子集。IEC 61158 第 4 版是由多部分组成的，包括以下内容。

1）IEC/T R61158-1 总论与导则。

2）IEC 61158-2 物理层服务定义与协议规范。

3）IEC 61158-300 数据链路层服务定义。

4）IEC 61158-400 数据链路层协议规范。

5）IEC 61158-500 应用层服务定义。

6）IEC 61158-600 应用层协议规范。

从整个标准的构成来看，该系列标准是经过长期技术争论而逐步走向合作的产物，标准采纳了经过市场考验的 20 种主要类型的现场总线、工业以太网和实时以太网，具体类型如表 1-1 所示。

表 1-1　IEC 61158 第 4 版现场总线类型

类　型	名　称	类　型	名　称
Type1	TS61158 现场总线	Type11	TCnet 实时以太网
Type2	CIP 现场总线	Type12	EtherCAT 实时以太网
Type3	PROFIBUS 现场总线	Type13	EthernetPowerlink 实时以太网
Type4	P-NET 现场总线	Type14	EPA 实时以太网
Type5	FFHSE 高速以太网	Type15	Modbus-RTPS 实时以太网
Type6	SwiftNet 被撤销	Type16	SERCOSI、Ⅱ现场总线
Type7	WorldFIP 现场总线	Type17	VNET／IP 实时以太网
Type8	INTERBUS 现场总线	Type18	CC-Link 现场总线
Type9	FF H1 现场总线	Type19	SERCOS Ⅲ实时以太网
Type10	PROFINET 实时以太网	Type20	HART 现场总线

表 1-1 中的 Type1 是原 IEC 61158 第 1 版技术规范的内容，由于该总线主要依据 FF 现场总线及部分吸收 WorldFIP 现场总线技术制定的，所以经常被理解为 FF 现场总线。Type2 的 CIP（Common Industry Protocol）包括 DeviceNet、ControlNet 现场总线和 Ethernet／IP 实时以太网。Type6 的 SwiftNet 现场总线由于市场推广应用很不理想，在第四版标准中被撤销。

1.1.3　现场总线未来趋势

对于现场总线一般把 20 世纪 50 年代前的机械气动仪表构成的控制系统（PCS）称作第一代；把 20 世纪 50 年代的 4～20mA 等电动模拟信号构成的模拟仪表控制系统（ACS）称

为第二代；把 20 世纪 60 年代的数字计算机集中式直接数字控制系统（DDC）称为第三代；把 20 世纪 70 年代的集散式分布控制系统（DCS）称作第四代；把 20 世纪 90 年代的现场总线控制系统（FCS）称作第五代。现场总线控制系统（FCS）作为新一代控制系统，一方面突破了 DCS 采用通信专用网络的局限，采用了基于公开化、标准化的解决方案，克服了封闭系统所造成的缺陷；另一方面把 DCS 的集中与分散相结合的集散系统结构变成了新型全分布式结构，把控制功能彻底下放到现场。可以说，开放性、分散性与数字通信是现场总线系统最显著的特征。

现场总线技术的发展应体现在两个方面：低速现场总线技术的继续发展和完善、高速现场总线技术的创新和发展。

1）现场总线产品主要是低速总线产品，应用于运行速率较低的领域，对网络的性能要求不是很高。从应用状况看，无论是 FF 和 PROFIBUS，还是其他一些现场总线，都能较好地实现速率要求较慢的过程控制。因此，在速率要求较低的控制领域，某一种总线很难统一整个世界市场。而现场总线的关键技术之一是互操作性，实现现场总线技术的统一是所有用户的愿望。现场总线技术如何发展、如何统一，是所有生产厂商和用户都十分关心的问题。

2）高速现场总线主要应用于控制网内的互联，连接计算机、PLC 等智能程度较高、处理速度较快的设备，以及实现低速现场总线网桥间的连接，它是充分实现系统的全分散控制结构所必需的。目前这一领域还比较薄弱。因此，高速现场总线的设计、开发将是竞争十分激烈的，这也将是现场总线技术实现统一的重要机会。而选择什么样的网络技术作为高速现场总线的整体框架将是其首要内容。

现场总线技术是控制技术、计算机技术、通信技术的交叉与集成，涉及的内容十分广泛，应不失时机地抓好我国现场总线技术与产品的研究与开发。自动化系统的网络化是发展的大趋势，现场总线技术受计算机网络技术的影响是十分深刻的。现在网络技术日新月异，发展十分迅猛，一些具有重大影响的网络新技术必将进一步融合到现场总线技术之中，具有发展前景的现场总线技术如下。

1）智能仪表与网络设备开发的软硬件技术。

2）组态技术，包括网络拓扑结构、网络设备、网段互联等技术。

3）网络管理技术，包括网络管理软件、网络数据操作与传输。

4）人机接口技术、工业软件技术。

5）现场总线系统集成技术。

现场总线技术的兴起，开辟了工厂底层网络的新天地。它将促进企业网络的快速发展，为企业带来新的效益，因而会得到更广泛的应用，并推动自动化相关行业的快速发展。

1.2　现场总线简介

1.2.1　现场总线的概念

所谓现场总线，是指将现场设备（如数字传感器、变送器、仪表与执行器等）与工业过程控制单元、现场操作站等互联而形成的计算机网络，具有全数字化、分散、双向传输和多分支的特点，是工业控制网络向现场级发展的产物。

按照国际电工委员会（International Electrotechnical Commission，IEC）标准的定义，现场总线是连接智能现场设备和自动化系统的数字式、双向传输、多分支结构的通信网络。现场总线的本质含义表现在以下几个方面。

1）现场通信网络。现场总线作为一种数字式通信网络一直延伸到生产现场中的现场设备，使过去采用点到点式的模拟量信号传输或开关量信号的单点并行传输变为多点一线的双向串行数字传输。

2）现场设备互联。现场设备是指位于生产现场的传感器、变送器和执行器等。这些现场设备可以通过现场总线直接在现场实现互联，相互交换信息。而在DCS中，现场设备之间是不能直接交换信息的。

3）互操作性。现场设备种类繁多，一个制造商可能不会提供一个工业生产过程所需的全部设备。另外，用户也不希望受制约于某一个制造商。这样，就有可能在一个现场总线控制系统中连接多个制造商生产的设备。所谓互操作性，是指来自不同厂家的设备可以互相通信，并且可以在多厂家的环境中完成功能的能力。它体现在：用户可以自由地选择设备，而这种选择独立于供应商、控制系统和通信协议；制造商具有增加新的、有用功能的能力，不需要专用协议及特殊定制驱动软件和升级软件。

4）分散功能块。现场总线控制系统把功能块分散到现场仪表中执行，因此可以取消传统DCS的过程控制站。例如，现场总线变送器除了具有一般变送器的功能之外，还可以运行PID控制功能块。类似地，现场总线执行器除了具有一般执行器的功能之外，还可以运行PID控制功能块和输出特性补偿块，甚至还可实现阀门特性自校验和阀门故障自诊断。

5）现场总线供电。现场总线除了传输信息之外，还可以为现场设备供电。总线供电不仅简化了系统的安装布线，而且还可以通过配套的安全栅实现本质安全系统，为现场总线控制系统在易燃、易爆环境中的应用奠定了基础。

6）开放式互联网络。现场总线为开放式互联网络，既可与同层网络互联，也可与不同层网络互联。现场总线协议是一个完全开放的协议，它不像DCS那样采用封闭的、专用的通信协议，而是采用公开化、标准化、规范化的通信协议。这就意味着来自不同厂家的现场总线设备只要符合现场总线协议，就可以通过现场总线网络连接成系统，实现综合自动化。

1.2.2 现场总线的通信协议

OSI参考模型（简称开放系统互联参考模型），是由国际标准化组织（ISO）在20世纪80年代初提出的，它最大的特点是开放性。不同厂家的网络产品，只要遵循这个参考模型，就可以实现互联、互操作和可移植性。也就是说，任何遵循OSI标准的系统，只要物理上连接起来，它们之间就可以互相通信。OSI参考模型是具有7个层次的框架，自底向上的7个层次分别是物理层、数据链路层、网络层、传输层、会话层、表示层和应用层。OSI参考模型如图1-1所示。

现场总线通信协议基本遵照OSI参考模型，第1、2、7层的主要功能如下。

1）物理层：利用物理传输介质为数据链路层提供物理连接，采用EIA-RS232、EIA-RS422/RS485等协议。由于在某些情况下，现场传感器、变送器要从现场总线"窃取"电能作为它们的工作电源，因此对总线上数字信号的强度（驱动能力）、传输速率、信噪比以及电缆尺寸、线路长度等都提出一定要求。

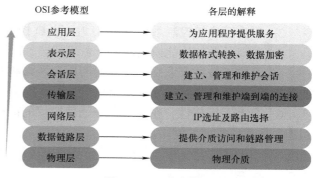

图 1-1　OSI 参考模型

2）数据链路层为网络层提供一个数据链路的连接，采用异步协议和同步协议。数据链路层访问控制多采用受控访问（包括轮询、主从、CDMA和令牌等）协议。通常，各 PCU、PLC作为主站，传感器、变送器、显示仪表、控制器、执行器等作为从站。另外，须支持点对点、一点对多点和广播通信方式。

3）应用层：是用户与网络的接口，完成网络用户的应用需求，采用 IEC 1131-3 图形用户界面（GUI）标准，并采用相应的编程（或组态）语言开发应用软件系统，管理现场数据，其中包括设备名称、网络变量与配置关系、参数与功能调用及相关说明等。

1.2.3　现场总线的结构

国际电工委员会（IEC）的 SP50 委员会对现场总线有以下 3 点要求。

1）同一数据链路上的过程控制单元（PCU）、可编程序控制器（PLC）等与数字 I/O 设备互联。

2）现场总线控制器可对总线上的多个操作站、传感器、控制器、显示器及执行机构等进行数据存取。

3）通信介质配置灵活、安装方便、费用较低。

SP50 委员会提出如下两种现场总线结构模型。

1）星形现场总线。星形现场总线用短距离、廉价、低速率电缆取代模拟信号传输线，其结构如图 1-2 所示。

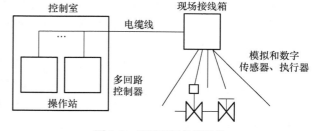

图 1-2　星形现场总线结构

2）总线型现场总线。总线型现场总线的数据传输距离长、速率高，采用点对点、点对多点和广播通信方式，其结构如图 1-3 所示。

1.2.4　现场总线的技术特征

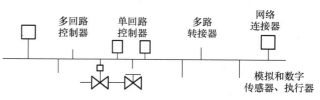

图 1-3　总线型现场总线结构

现场总线完整地实现了控制技术、计算机技术与通信技术的集成，具有以下几项技术特征。

1）现场设备已成为以微处理器为核心的数字化设备，彼此通过传输媒体（双绞线、同轴电缆或光纤）以总线拓扑相连。

2）网络数据通信采用基带传输，数据传输速率高（为 Mbit/s 级或 10Mbit/s 级）、实时性好、抗干扰能力强。

3）废弃了集散控制系统（DCS）中的 I/O 控制站，将这一级功能分配给通信网络完成。

4）具有分散的功能模块，便于系统维护、管理与扩展，提高可靠性。

5）具有开放式互联结构，既可与同层网络相联，也可通过网络互联设备与控制级网络或管理信息级网络相联。

6）具有互操作性，在遵守同一通信协议的前提下，可将不同厂家的现场设备产品统一组态，构成所需要的网络。

1.3 典型现场总线

1. FF 总线

FF 是 Fieldbus Foundation（现场总线基金会）的缩写。FF 是国际公认的、唯一不附属于某企业的、非商业化的国际标准化组织。其宗旨是制定单一的国际现场总线标准。FF 协议是以美国 Fisher-Rosemount 公司为首的，联合 Foxboro、ABB、Siemens、Honeywell 等 230 家公司制定的总线协议。1994 年 9 月正式发布 FF 现场总线。

FF 总线是为适应自动化系统特别是过程自动化系统在功能、环境与技术上的需要而专门设计的。FF 总线适合在流程工业的生产现场工作，能适应本质安全防爆的要求，还可通过通信总线为现场设备提供工作电源。为适应离散过程和间歇过程控制的需要，FF 总线还扩展了新的功能块。FF 现场总线为当今世界上具有较强影响力的现场总线技术之一。

FF 总线以 OSI 参考模型为基础，取其物理层、数据链路层和应用层为 FF 通信模型的相应层次，并在此基础上增加了用户层。FF 现场总线分为低速现场总线 H1 和高速现场总线 HSE 两种通信速率。

FF 总线采用可变长帧结构，每帧的有效字节数为 0 ～ 251 个。当前已经有 National、Semiconductor、Siemens、Yokogawa、中国科学院沈阳自动化研究所等多家公司和机构可以提供 FF 总线的通信芯片。到 2006 年为止，全世界已有 350 多个用户和制造商成为现场总线基金会的成员，囊括了世界上最主要的自动化设备供应商，生产的自动化设备占世界市场的 90% 以上，所有的成员均可以参加规范的制定和评估，所有的技术成果都由基金会拥有和控制。

2. PROFIBUS 总线

PROFIBUS 是过程现场总线（Process Field Bus）的缩写，是 IEC 61158 规定的现场总线的国际标准之一。它也是德国国家标准 DIN 19245 和欧洲标准 EN 50170 所规定的现场总线标准，以及我国国家标准（GB/T 20540.1—2006 ～ GB/T 20540.6—2006）规定的现场总线标准。它主要面向工厂自动化和流程自动化。到 2017 年年底，在全球安装的 PROFIBUS 节点已突破 2330 万个，其中 PROFIBUS-PA 设备安装总节点为 400 万个。

PROFIBUS 由 3 个兼容部分组成，即 PROFIBUS-DP、PROFIBUS-PA 和 PROFIBUS-FMS，以满足工厂网络中的多种应用需求。

PROFIBUS-DP 和 FMS 均采用 RS485 作为物理层的连接接口，连接简单，允许增加和减少节点，分步投入不会影响其他节点的操作。

PROFIBUS-DP 和 FMS 的传输速率范围为 9.6kbit/s ～ 12Mbit/s，但挂接在同一网段上的所有设备都需要选用同一传输速率。信号传输距离的最大长度取决于传输速率。当选用最高速率 12Mbit/s 时，最大通信距离不超过 100m；选用 9.6kbit/s 时，最大通信距离为 1200m；如果采用中继器，则通信距离可延长至 10km。传输介质可以是双绞线或光缆。每个网络可挂 32 个节点，如果有中继器，则最多可挂 127 个节点。

PROFIBUS 可以采用定长帧或可变长帧数据结构，定长帧一般为 8 个字节，可变长帧每帧的有效字节数为 1 ～ 244 个。近年来，多家公司联合开发 PROFIBUS 通信系统的专用集成电路芯片，目前已经能将 PROFIBUS-DP 全部集成在一块芯片之中，如被称为 PROFIBUS 控制器的 SPC3 芯片、主站控制器 PBM 芯片、从站控制器 PBS01 芯片等。

3. CAN 总线

CAN 是控制局域网络（Control Area Network）的缩写，它是由德国 Bosch 公司推出的最早用于汽车内部监测部件与控制部件的数据通信网络。现在已经逐步发展并应用于其他控制领域。CAN 规范现已被国际标准化组织采纳，成为 ISO 11898 标准。CAN 已成为工业数据通信的主流技术之一。

CAN 也是建立在 OSI 参考模型基础上的，它采用了 OSI 的物理层、数据链路层和应用层，其信号传输介质为双绞线、同轴电缆或光纤，选择灵活。最高通信速率为 lMbit/s（通信距离为 40m），最远通信距离可达 10km（通信速率为 5kbit/s），节点总数可达 110 个。

CAN 的信号传输采用短帧结构，每一帧的有效字节数为 8 个，因而传输的时间短，受干扰的概率低，每帧信息均有 CRC 校验和其他检错措施，通信误码率极低。CAN 节点在错误严重的情况下，具有自动关闭总线的功能，这时故障节点与总线脱离，使其他节点的通信不受影响。CAN 设备可被置于无任何内部活动的睡眠方式，以降低系统功耗，其睡眠状态可通过总线激活或通过系统内部条件被唤醒。

CAN 采用载波监听多路访问、逐位仲裁的非破坏性总线仲裁技术。一是先听再讲，二是当多个节点同时向总线发送报文引起冲突时，优先级低的节点主动退出发送，最高优先级的节点不受影响地继续传输数据，极大地节省了总线仲裁时间。

CAN 只需通过报文过滤就可实现点对点、一点对多点和全局广播等几种数据交互方式，无须专门调度。

4. DeviceNet 总线

DeviceNet 是一种基于 CAN 技术的开放型通信网络，主要用于构建底层控制网络，其网络节点由嵌入了 CAN 通信控制器芯片的设备组成。该项技术最初由 Allen-Bradley 公司设计开发，在离散控制、低压电器等领域得到迅速发展。后来成立了旨在发展 DeviceNet 技术和产品的国际化组织 ODVA，以进一步开发、管理、推广 DeviceNet 技术规范。DeviceNet 是 IEC 62026 国际标准的第 3 部分，也是欧洲标准 EN 50325。

DeviceNet 的节点设备包括开关型 I/O 设备、模拟量输入 / 输出的现场设备、温度调节器、条形阅读器、机器人、伺服电动机、变频器等，具有产品系列丰富的特点。一些国家的汽车行业、半导体行业、低压电器行业都采用该技术推进行业的标准化。

DeviceNet 总线上的节点不分主从，网络上的任一节点均可在任意时刻主动向网络上的其他节点发起通信。各网络节点嵌入 CAN 通信控制器芯片、网络通信物理信令和介质访问控制遵循 CAN 协议。DeviceNet 总线采用 CAN 的非破坏性总线逐位仲裁技术；在 CAN 技术的基础上增加了面向对象、基于连接的通信技术；提供了请求－应答和快速 I/O 数据通信两种通信方式；可容纳 64 个节点地址；支持 125kbit/s、250kbit/s 和 500kbit/s 3 种通信速率；采用短帧格式，传输时间短，抗干扰能力强，每帧都有 CRC 校验及其他校验措施，支持设备热插拔、支持总线供电和单独供电。

5. ControlNet 总线

ControlNet 主要用于 PLC 与计算机之间的通信网络，也可在逻辑控制或过程控制系统中连接串行、并行的 I/O 设备、人机接口等。数据传输速率为 5Mbit/s，可寻址节点数为 99。在一般应用场合，物理介质采用同轴电缆 RG-6/U 和标准连接器，传输距离可达 1000m；在野外、危险场合及高电磁干扰场合，可采用光纤，距离可达 25km。

EtherNet/IP、ControlNet 和 DeviceNet 的网络结构是 ControlNet 的典型应用形式。采用并行时间域多路存取（Concurrent Time Domanln Multiple Access，CTDMA）通信方式，是生产者与消费者通信模式。产生发送报文的节点为生产者，接收数据的节点为消费者。这种传输模式的优点是提高了网络带宽的有效使用率，数据一旦发送到网络上，多个节点就能同时接收，当更多设备加载到网络时也不会增加网络的通信量。由于数据同时到达各节点，因此可实现各节点的精确同步化。

ControlNet 针对网络传输数据的需要，设计了通信调度的时间分片方法，既可以满足对时间有严格要求的控制数据的传输需要，又可满足信息量大、对时间没有苛求的数据与程序传输等。

ControlNet 的数据传输具有确定性和可重复性，适于传输实时报文。在信息吞吐量大的场合，对时间有严格要求的数据传输比其他数据传输有更高的优先权。

6. Modbus 总线

Modbus 技术已成为一种工业标准，它是由 Modicon 公司制定并开发的。其通信主要采用 RS232、RS485 等媒介。它为用户提供了一种开放、灵活和标准的通信技术，降低了开发和维护成本。

Modbus 通信协议先由主设备建立消息格式，格式包括设备地址、功能代码、数据地址和出错校验；从设备必须用 Modbus 协议建立答复消息，其格式包含确认的功能代码、返回数据和出错校验。如果接收到的数据出错，或者从设备不能执行所要求的命令，那么从设备将返回出错信息。

Modbus 通信协议拥有自己的消息结构。不管采用何种网络进行通信，该消息结构均可以被系统采用和识别。利用此通信协议，既可以询问网络上的其他设备，也能答复其他设备的询问，又可以检测并报告出错信息。

在 Modbus 网络上进行通信时，通信协议能识别出设备地址、消息、命令，以及包含在消息中的数据和其他信息。如果协议要求从设备予以答复，那么从设备将组建一个消息，并利用 Modbus 发送出去。

1.4　现场总线控制系统

1.4.1　现场总线控制系统的定义

以测量控制设备作为网络节点，以双绞线等传输介质为纽带，把位于生产现场、具备数字计算和数字通信能力的测量控制设备连接成网络系统，按照公开、规范的通信协议，在多个现场设备与远程控制设备之间实现数据传输和信息交换，形成适应各种应用需求的自动控制系统（也称为现场总线控制系统）。现场总线控制系统特别强调可靠性、实时性、安全性等。

现场总线控制系统既是一个开放通信网络，又是一种全分布控制系统。现场总线将智能设备连接到一条总线上，把作为网络节点的智能设备连接为微计算机网络，进一步建立具有高度通信能力的自动化系统，可以实现基本控制、补偿计算、参数修改、报警、显示、监控、优化及管控一体化等的综合自动化功能。它是一种集智能传感器、仪表、控制器、计算机、数字通信、网络系统为主要内容的综合应用技术。

现场总线控制系统是新一代分布式控制系统，现场总线通过一对传输线来挂接多个设备，实现多个数字信号的双向传输。数字信号完全取代 4～20mA 的模拟信号，实现全数字通信控制，现场总线控制系统的结构模式为"管理系统—操作控制站—现场总线智能仪表"的 3 层结构，因此大大降低了系统成本。另外，操作控制站 A 和 B 可以互相备份，从而提高了系统可靠性。现场总线控制系统结构示意图如图 1-4 所示。

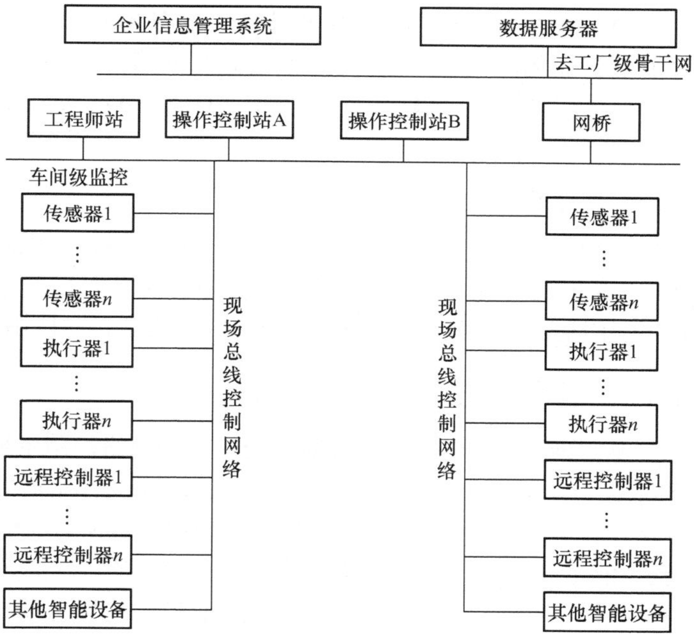

现场总线控制系统由现场控制系统、现场测量系统、信息管理系统 3 个部分组成，而通信部分的硬件、软件是它最有特色的部分。

图 1-4　现场总线控制系统结构示意图

1. 现场控制系统

现场控制系统包括组态软件、维护软件、仿真软件、设备软件和监控软件等。首先选择开发组态软件、控制操作人机接口软件 MMI。通过组态软件，完成功能块之间的连接，选定功能块参数，进行网络组态。在网络运行过程中对系统实时采集数据，进行数据处理、计算。

2. 现场测量系统

现场测量系统的特点为多变量高性能的测量，使测量仪表具有计算能力等更多功能，由于采用数字信号，系统具有分辨率高、准确性高、抗干扰、抗畸变能力强，同时还提供仪表设备的状态信息，可以对处理过程进行调整。

3. 信息管理系统

信息管理系统可以提供设备自身及过程的诊断信息、管理信息、设备运行状态信息（包括智能仪表）、厂商提供的设备制造信息。例如，Fisher-Rosemoune 公司推出 AMS 管理系统，它安装在主计算机内，由它完成管理功能，构成一个现场设备的综合管理系统信息库，实现设备的可靠性分析以及预测性维护。

4. 现场系统数据库

现场系统数据库能有组织地、动态地存储大量有关数据与应用程序，实现数据的充分共享、交叉访问，具有高度独立性。工业设备在运行过程中的参数连续变化，数据量大，对操作与控制的实时性要求很高，因此就形成了一个可以互访操作的分布关系及实时性的数据库系统，市面上供选用的关系数据库，如 Orace、Sybas、Informix、SQL Server 等；实时数据库，如 Infoplus、PI、ONSPEC 等。

5. 总线系统硬件与软件

总线系统硬件包括系统管理主机、服务器、网关、协议变换器、集线器、用户计算机及底层智能化仪表等。总线系统软件包括网络操作软件（如 NetWarc、LAN Mangger、Vines 等）、服务器操作系统软件（如 Linux、OS/2、Window NT 等）、应用软件、通信协议、网络管理协议等。

6. 现场服务模式

客户机 / 服务器模式是目前较为流行的网络计算机服务模式。服务器表示数据源（提供者）；客户机则表示数据使用者，它从数据源获取数据，并进一步进行处理。客户机运行在 PC 工作站上；服务器运行在小型机或大型机上，它使用双方的资源、数据来完成任务。

1.4.2 现场总线控制系统的结构

基于现场总线的网络化控制系统被称为网络控制系统（Network Control System，NCS），于 1998 年首次出现在美国马里兰大学 Gregory C.Walsh 等人的论著中，并没有确切定义，只是用图说明了网络控制系统的结构。FCS 是 NCS 的一种。基于现场总线的现场总线控制系统已经得到越来越广泛的应用，其拓扑结构如图 1-5 所示。

从图 1-5 可知，用于过程自动控制领域的现场总线与用于制造自动控制的现场总线在结构和要求上是不同的。过程自动控制领域的现场总线以 FF 现场总线为代表，由于要解决向现场仪表两线制供电问题，因此技术要求相对较高；制造自动控制的现场总线以 PROFIBUS 总线和 PROFINET 总线为代表，该现场总线在世界上安装的节点数量已经达到 2000 万，应用较为广泛。

一般来说，现场级的控制网络可以分为 3 个层次：Sensor Bus、Device Bus 和 Field Bus。其中，Sensor Bus 面向的是简单的数字传感器和执行机构，主要传输状态信息，总线上交换的数据单元是位（bit）；Device Bus 面向的是模拟传感器和执行器，主要传输模拟信号的采集转换值、校正与维护信息等，总线上交换的数据单元是字节（Byte）；Field Bus 面向的是控制过程，除了传输数字与模拟信号的直接信息外，还可传输控制信息，即 Field Bus 上的节点可以是过程控制单元（PCU），Field Bus 网络交换的数据单元是帧（Frame）。

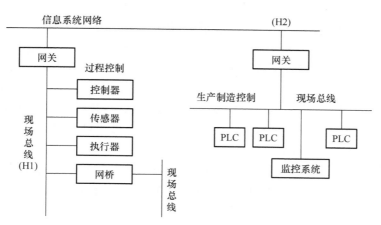

图 1-5　现场总线控制系统拓扑结构

现场总线控制系统结构如图 1-6 所示。

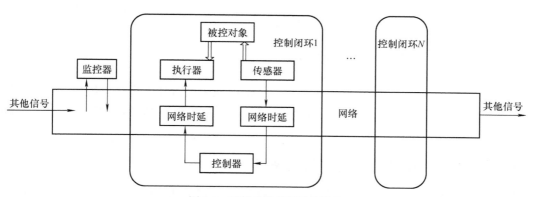

图 1-6　现场总线控制系统结构

现场总线控制系统基于现场总线构架的控制系统，因此它具有良好的开放性、互操作性、互用性。

1.4.3　现场总线控制系统的特点

现场总线控制系统在功能上实现管理集中、控制分散，在结构上实现横向分散、纵向分级。现场总线控制系统实质上是一种基于现场总线技术的控制系统。其特点具体表现为以下几点。

（1）结构的网络化　现场总线控制系统最显著的特点体现在网络化体系结构上，它支持总线型、星形、树形等拓扑结构，与分层控制系统的递阶结构相比，显得更加扁平和稳定。

（2）节点的智能化　带有 CPU 的智能化节点之间通过网络实现信息传输和功能协调，每个节点都是组成网络控制系统的一个细胞，并且具有各自独立的功能，系统将传感器测量、补偿、计算、处理、控制等功能分散到各个节点完成，仅仅靠智能化节点即可完成自动控制的基本功能，并且可随时诊断设备的运行状态。

（3）控制的现场化　由于现场设备本身已可完成自动控制的基本功能，使得原先由中央控制器实现的任务下放到智能化现场设备上执行，从根本上改变了现有 DCS 集中与分散相结合的集散控制系统体系，简化了系统结构，提高了可靠性。

（4）系统的开放化　"开放"指通信协议公开，各不同厂家的设备之间可进行互联并实现信息交换。现场总线开发者要致力于建立统一的工厂底层网络的开放系统。这里的开放是指对相关标准的一致性、公开性，强调对标准的共识与遵从。一个开放系统，它可以与任何遵守相同标准的其他设备或系统相联。一个具有总线功能的现场总线网络系统必须是开放的，开放系统把系统集成的权利交给了用户。用户可按自己的需要和对象把来自不同供应商的产品组成大小随意的系统。

（5）对现场环境的适应性　工作在现场的前端设备作为工厂网络底层的现场总线，是专门为在现场环境下工作而设计的，它可支持双绞线、同轴电缆、光缆、射频、红外线、电力线等，具有较强的抗干扰能力，能采用两线制实现送电与通信，并可满足本质安全防爆要求等。

（6）快速实时响应能力　NCS 要有快速实时响应能力，对于工业设备的局域网络，它主要的通信信息是过程信息及操作管理信息，信息量不大，传输速率不高，在 1Mbit/s 以下，信息传输任务相对比较简单，但其实时响应时间要求较高，为 0.01 ～ 0.5s。

1.5　现场总线控制系统的分类

现场总线控制系统（FCS）分为 3 类：一类是由现场设备和人机接口组成的 2 层结构的 FCS；二类是由现场设备、控制站 / 网关和人机接口组成的 3 层结构的 FCS；三类是 DCS 扩充了现场总线接口模件所构成的 FCS。

1.5.1　具有 2 层结构的现场总线控制系统

具有 2 层结构的现场总线控制系统如图 1-7 所示。它由现场设备和人机接口设备两部分所组成。现场设备包括符合现场总线通信协议的各种智能仪表，如现场总线变送器、转换器、执行器和分析仪表等。由于系统中没有单独的控制器，因此系统的控制功能全部由现场设备完成。例如，常规的 PID 控制算法可以在现场总线变送器或执行器中实现。人机接口设备一般有运行员操作站或工程师工作站。运行员操作站或工程师工作站通过位于机内的现场总线接口卡和现场总线与现场设备交换信息。

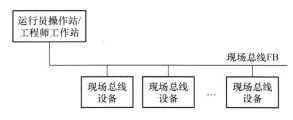

图 1-7　具有 2 层结构的现场总线控制系统

这种现场总线控制系统结构适合于控制规模相对较小、控制回路相对独立、不需要复杂协调控制功能的生产过程。在这种情况下，由现场设备所提供的控制功能即可满足要求。因此在系统结构上取消了传统意义上的控制站，控制站的控制功能下放到现场，简化了系统结构，但带来的问题是不便于处理控制回路之间的协调问题，此时一种解决方法是将协调控制功能放在运行员操作站或者其他高层计算机上实现，另一种解决方法是在现场总线接口卡上实现部分协调控制功能。

1.5.2　具有 3 层结构的现场总线控制系统

具有 3 层结构的现场总线控制系统如图 1-8 所示。它由现场设备、控制站 / 网关和人机接口设备 3 层所组成。其中，现场设备包括各种符合现场总线通信协议的智能传感器、变送器、执行器、转换器和分析仪表等；控制站 / 网关可以完成基本控制功能或协调控制功能，执行各种控制算法，也可只作为高速以太网和低速现场总线的网关进行信息交换；人机接口设备一般有运行员操作站和工程师工作站，主要用于生产过程的监控以及控制系统的组态、维护和检修。

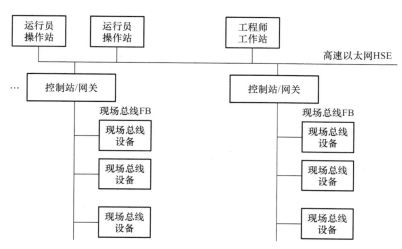

图 1-8　具有 3 层结构的现场总线控制系统

这种现场总线控制系统的结构虽然保留了控制站 / 网关，但控制站 / 网关所实现的功能与传统的 DCS 有很大区别。在传统的 DCS 中，所有的控制功能，无论是基本控制回路的 PID 运算，还是控制回路之间的协调控制功能，均由控制站实现。但在 FCS 中，低层的基本控制功能一般是由现场总线设备实现的，控制站 / 网关仅完成协调控制或其他高级控制功能。当然，如果有必要，控制站 / 网关本身是完全可以实现基本控制功能的。这样就可以让用户有更加灵活的选择。具有 3 层结构的 FCS 适合用于比较复杂的工业生产过程，特别是那些控制回路之间关联密切、需要协调控制功能的生产过程，以及需要特殊控制功能的生产过程。

1.5.3　DCS 扩充而成的现场总线控制系统

现场总线作为一种先进的现场数据传输技术正在渗透到新兴产业中的各个领域。DCS 的制造商同样也在利用这一技术改进现有的 DCS，他们在 DCS 的 I/O 总线上挂接现场总线接口模件，通过现场总线接口模件扩展出若干条现场总线，然后经现场总线与现场智能设备相联，如图 1-9 所示。

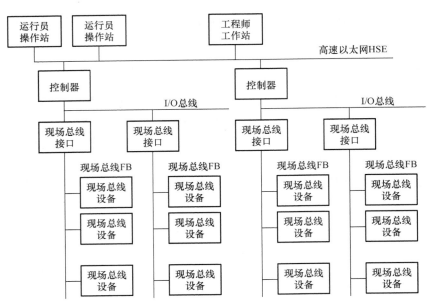

图 1-9　由 DCS 扩充而成的现场总线控制系统

　　这种现场总线控制系统是由 DCS 演变而来的，因此，不可避免地保留了 DCS 的某些特征。例如，I/O 总线和高层通信网络可能是 DCS 制造商的专有通信协议，系统开放性要差一些。现场总线装置的组态可能需要特殊的组态设备和组态软件，也就是说不能在 DCS 原有的工程师工作站上对现场设备进行组态等。这种类型的系统比较适合于在用户已有的 DCS 中进一步扩展应用现场总线技术，或者改造现有 DCS 中的模拟量 I/O，以提高系统的整体性能和现场设备的维护管理水平。

思考题

1. 控制系统发展的 5 个阶段是什么？
2. 什么是现场总线？现场总线的典型形式有哪些？现场总线的结构有哪些形式？
3. 现场总线技术的特点是什么？
4. 简述现场总线控制系统的组成。各部分的功能是什么？
5. 现场总线控制系统的主要特点是什么？
6. CAN 通信模型由哪几层组成？
7. Modbus 可用的传输速率有哪些？标准传输速率是多少？
8. 简要说明 FF 现场总线。

第 2 章

现场总线通信技术基础

本章现场总线的通信技术主要涉及数据通信系统、数据通信模型、通信数据编码、总线拓扑结构、访问控制方式、数据传输方式、数据传输介质、传输差错控制、通信系统性能指标等内容。

2.1 数据通信系统

数据通信是现场总线系统的基本功能。数据通信过程是两个或多个节点之间借助传输媒体以二进制形式进行信息交换的过程。将数据准确、及时地传送到正确的目的地，是数据通信系统的基本任务。数据通信系统一般不对数据内容进行任何操作。

图 2-1 所示为数据通信系统的基本构成。其硬件由数据信息的发送设备、接收设备、传输介质组成，由数据

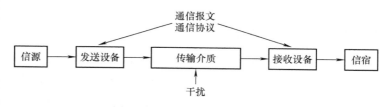

图 2-1 数据通信系统的基本构成

信息形成的通信报文和通信协议是通信系统实现数据传输不可缺少的软件。

数据通信系统是传递信息所需的一切技术设备的总和。它一般由信息源（信源）和信息接收者（信宿）、发送设备、传输媒介、接收设备等部分组成。

（1）信息源和信息接收者 信息源和信息接收者是信息的产生者和使用者。

（2）发送设备 发送设备的基本功能是将信息源和传输媒介匹配起来，即将信息源产生的消息信号进行编码，并变换为便于传送的信号形式，送往传输媒介。

（3）传输介质 传输介质指发送设备到接收设备之间的信号传递所经媒介。它可以是无线的，也可以是有线的（包括光纤）。有线和无线均有多种传输媒介，如电磁波、红外线为无线传输介质，各种电缆、光缆、双绞线等为有线传输介质。介质在传输过程中必然会引入某些干扰，如热噪声、脉冲干扰、衰减等。媒介的固有特性和干扰特性直接关系到变换方式的选取。传输介质的主要特性如下。

- 物理特性。传输介质的物理结构。
- 传输特性。传输介质对通信信号传送所允许的传输速率、频率、容量等。
- 联通特性。点对点或点对多点的连接方式。
- 地域范围。传输介质对某种通信的最大传输距离。

● 抗干扰性。传输介质防止噪声与电磁干扰对通信信号影响的能力。

（4）接收设备　接收设备的基本功能是完成发送设备的反变换，即进行解调、译码、解密等，也就是说从带有干扰的信号中正确恢复出原始信息来，对于多路复用信号，还包括解除多种复用，实现正确分路。

（5）通信协议　指通信设备之间用于控制数据通信与理解通信数据意义的一组规则。通信协议定义了通信的内容、通信何时进行以及通信如何进行等。协议的关键要素是语法、语义和时序等。

1）语法。这里的语法是指通信中数据的结构、格式及数据表达的顺序。例如，一个简单的协议可以定义数据的前面 8 位（或 16 位）为发送者的地址，即源地址，接着的 8 位（或 16 位）是接收者的地址，即目的地址，后面紧跟着的是要传送的指令或数据等。

2）语义。这里的语义是指通信数据位流中每个部分的含义，收发双方正是根据语义来理解通信数据意义的。例如，某数据表明了现场某点的温度测量值，该点温度是否处于异常状态，该温度测量仪表本身的工作状态是否正常等。

3）时序。时序包括两方面的特性，一是数据发送时间的先后次序，二是数据的发送速率。收发双方往往需要以某种方式校对时钟周期，并协调数据处理的快慢。

2.2　数据通信模型

2.2.1　OSI 参考模型

为实现不同厂家生产的设备之间的互联操作与数据交换，国际标准化组织 OSI TC97 于 1978 年建立了"开放系统互联"分技术委员会，起草了开放系统互联（Open System Interconnection，OSI）参考模型的建议草案，并于 1983 年成为正式国际标准，形成了为实现开放系统互联所建立的分层模型，简称 OSI 参考模型。

在 OSI 参考模型中，从邻接物理媒体的层次开始，进行 1 ～ 7 层的顺序编号，相应地称为物理层、数据链路层、网络层、传输层、会话层、表示层和应用层。OSI 参考模型如图 2-2 所示。

通常，第 1 ～ 3 层的功能称为低层功能（LLF），即通信传送功能。第 4 ～ 7 层的功能称为高层功能（HLF），即通信处理功能。

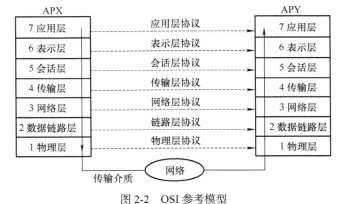

图 2-2　OSI 参考模型

2.2.2　OSI 参考模型的各层功能

OSI 参考模型每一层的功能都是独立的，它利用其下一层提供的服务为其上一层提供服务，而与其他层的具体实况无关。两个开放系统中，相同层次之间的通信规约称为通信协议。

1. 物理层（第 1 层）

物理层提供用于建立、保持物理连接的机械、电气、功能和规程条件。简而言之，物理层提供有关信号同步和数据流在物理媒体上的传输手段，常见的 EIA-232 就属于典型的物理层协议。

物理层规定与网络传输介质连接的机械和电气特性，并把数据转换为在通信链路上传输的信号，包括节点与传输线路的连接方式，连接器的尺寸与排列，数据传输是单向还是双向，数据如何通过信号表示，如何区分信号的 0、1 状态。

2. 数据链路层（第 2 层）

数据链路层用于链路连接的建立、维持和拆除，实现无差错传输。在点到点或一点到多点的链路上，保证报文的可靠传递。该层实现访问仲裁、数据成帧、同步控制、差错控制等功能。

数据链路层还要实现流量控制，使数据的发送速率不大于接收节点的接收能力，防止因接收缓冲能力不足而造成报文溢出。为数据帧加源地址与目的地址，采用差错检测措施与重发机制实现错误恢复等，都是在数据链路层中实现的。

3. 网络层（第 3 层）

网络层规定了网络连接的建立、维持和拆除的协议。它的主要功能是利用数据链路层所提供的功能，通过多条网络连接，将数据包从发送节点传输到接收节点。网络层实现分组转发和路由选择，当网络连接中存在多于一条的路径可选时，通过路由选择，在收发双方之间选择最佳路径。

4. 传输层（第 4 层）

传输层从源节点到目的节点提供端到端的可靠传输服务，保证整个信息无差错按序地到达目的地。

为了增加安全性，传输层可以在收发节点之间建立一条单独的逻辑路径，从而传输相关的所有数据包，以便对顺序、流量、出错检测与控制有更好的控制机制。

传输层信息的报文头还包括端口地址，或称作套接字地址、服务点地址，以便将所传输的报文与目的节点上的指定程序入口联系起来。

5. 会话层（第 5 层）

会话层是网络通信的会话控制器，负责会话管理与控制。会话层可建立、验证会话双方的连接，维护通信双方的交互操作，控制数据交换是双向进行还是单向进行。

6. 表示层（第 6 层）

表示层可实现用户或应用程序之间交换数据的格式转换。在发送端将数据转换为收发双方可接受的传输格式，在接收端再将这种格式转换为接收者使用的数据格式。表示层也可把应用层的信息内容变换为能够共同理解的形式，通过对不同控制码、数据字符等的解释，使收发双方对传输内容的理解一致。

7. 应用层（第 7 层）

应用层是 OSI 参考模型的最高层。其功能是实现各种应用进程之间的信息交换，为用户提供网络访问接口，提供文件传输访问与管理、邮件服务、虚拟终端等服务功能。

2.3 通信数据编码

数据是信息的载体，计算机中的数据是以离散的"0""1"二进制比特序列方式表示的。为了正确地传输数据，就必须对原始数据进行编码，而数据编码类型取决于通信子网的信道所支持的数据通信类型。

根据数据通信类型的不同，通信信道可分为模拟信道和数字信道两类。相应地，数据编码的方法也分为模拟数据编码和数字数据编码两类。

数据编码是指通信系统中以何种物理信号的形式来表达数据。用高低电平的矩形脉冲信号表达数据0、1状态，称为数字数据编码；分别用模拟信号的不同幅度、不同频率、不同相角来表达数据的0、1状态，称为模拟数据编码。在设备之间传递数据，就必须将数据按编码转换成适合于传输的物理信号，形成编码波形。

2.3.1 数字编码波形

下面讨论几种数字编码波形。

1）单极性码。信号电平是单极性的，如逻辑1为高电平、逻辑0为低电平的信号编码，如图2-3a和图2-3b所示。

2）双极性码。信号电平有正、负两种极性。如逻辑1为正电平、逻辑0为负电平的信号编码，如图2-3c和图2-3d所示。

3）归零码（RZ）。在每一位二进制信息传输之后均返回零电平的编码，如图2-3b和图2-3d所示。

4）非归零码（NRZ）。在整个码元时间内都维持其逻辑状态的相应电平的编码，如图2-3a和图2-3c所示。

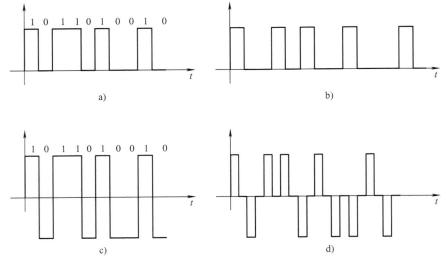

图2-3 数字编码波形

5）差分码。在各时钟周期的起点，采用信号电平的变化
与否来代表数据"1"和"0"的状态。差分码按初始状态信
号为高电平或低电平，有相位截然相反的两种波形。

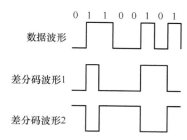

图 2-4 所示为一个 8 位数据的数据波形及其差分码波形。
当信号初始状态为低电平时，形成差分码波形 1；当信号初始
状态为高电平时，形成差分码波形 2。

图 2-4　8 位数据的数据波形及其
差分码波形

通过检查信号在每个周期起点处有无电平跳变来区分数
据的"0""1"状态往往更可靠。即使作为通信传输介质的两
条导线的连接关系颠倒了，对该编码信号的状态判别也依然
有效。

根据信息传输方式，还可分为平衡传输和非平衡传输。平衡传输指"0"或"1"都是
传输格式的一部分；而非平衡传输中，只有"1"被传输，"0"则以在指定的时刻没有脉冲
来表示。

6）曼彻斯特编码（Manchester Encoding）。这是在数据通信中常用的一种基带信号编
码。它具有使网络上的每个节点都保持时钟同步的同步信息。在曼彻斯特编码中，时间按
时钟周期被划分为等间隔的小段，其中每小段代表一个比特，即一位。每个比特时间又被
分为两部分，前半个时间段所传信号是该时间段传送比特值的反码，后半个时间段传送的
是比特值本身。从高电平跳变到低电平表示 0，从低电平跳变到高电平表示 1。在一个位时
间内，其中间点总有一次信号电平的变化，这一信
号电平的变化可用来作为节点间的同步信息。无须
另外传送同步信号。

7）差分曼彻斯特编码（Differential Manchester
Encoding）是曼彻斯特编码的一种变形。它既具有曼
彻斯特编码在每个比特时间间隔中间信号一定会发
生跳变的特点，也具有差分码用时钟周期起点电平
变化与否代表逻辑"1"或"0"的特点。图 2-5 所示
为曼彻斯特编码与差分曼彻斯特编码的信号波形。

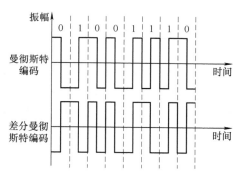

图 2-5　曼彻斯特编码与差分曼彻斯特编码的
信号波形

2.3.2　模拟编码波形

模拟数据编码采用模拟信号来表达数据的 0、1 状态。信号的幅度、频率、相位是描
述模拟信号的参数，可以通过改变这 3 个参数来实现模拟数据编码。幅值键控（Amplitude-
Shift Keying，ASK）、频移键控（Frequency-Shift Keying，FSK）、相移键控（Phase-Shift
Keying，PSK）是模拟数据编码的 3 种编码方法。

1. 幅值键控（ASK）编码

幅值键控（ASK）编码中，载波信号的频率、相位不变，幅度随调制信号变化。例如一
个二进制数字信号，在调制后波形的时域表达式为：

$$S_A = a_n A \cos\omega_c t \qquad (2-1)$$

式中，A 为载波信号幅度；ω_c 为载波频率；a_n 为二进制数字 0 或 1。当 a_n 为 1 时，$S_A = A\cos\omega_c t$

的波形代表数字 1；当 a_n 为 0 时，$S_A=0$ 就代表 0。图 2-6 中，显示了幅值键控调制后的波形与数据信号的关系。

2. 频移键控（FSK）编码

频移键控（FSK）编码中，载波信号的频率随着调制信号而变化；而载波信号的幅度、相位不变。例如在二进制频移键控中，可定义信号 0 对应的载波频率大，信号 1 对应的载波频率小，调制后的信号波形如图 2-6 中的所示。现场总线的 HART 通信信号即采用这种编码方式，其信号频率为 1200Hz 时表示 1，信号频率为 2200Hz 时表示 0。

3. 相移键控（PSK）编码

相移键控（PSK）编码中，载波信号的相位随着调制信号而变化，而载波信号的幅度、频率不变。例如在二进制相移键控中，通常用 0° 和 180° 来分别表示 1 或 0，调制后信号的波形如图 2-6 所示。

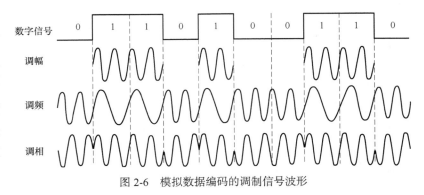

图 2-6　模拟数据编码的调制信号波形

2.4　总线拓扑结构

现场总线拓扑结构指通信线连接各节点的方法。网络的拓扑结构是指网络中节点的互联形式。控制网络中常见的拓扑结构如图 2-7 所示，从左到右分别是总线型拓扑结构、树形拓扑结构、环形拓扑结构和星形拓扑结构。

  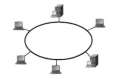 

图 2-7　控制网络中常见的拓扑结构

2.4.1　总线型拓扑结构

由一条主干电缆作为传输介质，各网络节点通过分支与总线相连的网络拓扑结构，称为总线型拓扑结构。图 2-8 所示为总线型拓扑结构。

在总线型拓扑的网络结构中，总线上的一个节点发送数据，所有其他节点都能接收。由于所有节点共享一条传输链路，某一时刻只允许一个节点发送信息，因此，需要有某种

图 2-8　总线型拓扑结构

介质存取访问控制方式来确定总线的下一个占有者，也就是下一时刻可向总线发送报文的节点。

报文可以在总线上一对一地发送，也可以在总线上分组发送，即通过地址识别把报文送到某个或某组特定的目的节点。在总线型拓扑上也可以发送广播报文，让总线上的所有节点有条件同时接收。

总线型拓扑是工业数据通信中应用最为广泛的一种网络拓扑形式。总线型拓扑易于安装，比星形、树形和网状拓扑更节约电缆。随着信号在总线上传输距离的增加，信号会逐渐变弱。将一个设备连接到总线时，其分支也会引起信号反射而降低信号的传输质量。因而在总线型拓扑中，连接的节点设备数量、总线长度、分支个数、分支长度等都会受到一定程度的限制。

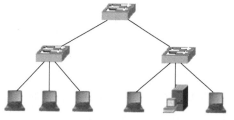

2.4.2　树形拓扑结构

树形拓扑是总线型拓扑的扩展形式，如图 2-9 所示。

图 2-9　树形拓扑结构

通常总线可以有分支，有时分支也可以继续有分支。不同的总线有不同的规定，有的总线分支被限制在几厘米之内，有的总线允许有任意的拓扑结构，仅限制通信线的长度。树形拓扑的适应性很强，可适用于很宽的范围，可达到很高的带宽。树形结构非常适合于分主次、分等级的层次型管理系统。

树形拓扑是总线型拓扑的扩展形式。树形拓扑和总线型拓扑一样，一个站点发送数据，其他站点都能接收。因此，树形拓扑也可完成多点广播式通信。

树形拓扑是适应性很强的一种，可适用于很宽的范围，如对网络设备的数量、传输速率和数据类型等没有太多限制，可达到很高的带宽。

2.4.3　星形拓扑结构

在星形拓扑中，每个节点都通过点对点连接到中央节点，任何两节点之间的通信都通过中央节点进行。图 2-10 所示为星形拓扑结构。常见的将几台计算机通过 Hub 相互连接的方式就是典型的星形拓扑结构。在星形连接中，一条线路受损，不会影响其他线路的正常工作。

图 2-10　星形拓扑结构

2.4.4　环形拓扑结构

在环形拓扑中，网络中有许多中继器进行点对点链路连接，构成一个封闭环路。链路是单向的，数据沿一个方向（顺时针或逆时针）在网上环行。它一般采用分布控制，每个站有存取逻辑和收发控制。环形拓扑正好与星形拓扑相反。环形拓扑的网络设备是很简单的中断器，而工作站则需提供拆包和存取控制逻辑等较复杂的功能。

环形拓扑结构可提供更大的吞吐量，适用于工业环境，但在网络设备数量、数据类型、可靠性方面存在某些局限。

图 2-11 所示为环形拓扑结构。在环形拓扑中，通过网络节点的点对点链路连接，构

成一个封闭的环路。信号在环路上从一个设备到另一个设备单向传输，直到信号传输到目的地为止。每个设备只与逻辑或空间上与它相连的设备连接。每个设备都集成一个中继器。中继器接收前一个节点发来的数据，然后按原来的速度一位一位地从另一条链路发送出去。

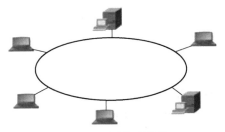

图 2-11 环形拓扑结构

2.5 访问控制方式

由于网上设备共享传输介质，为解决在同一时间有多个设备同时发起通信而出现的争用传输介质的现象，需要采取某种介质访问控制方式来协调各设备访问介质的顺序。在控制网络中，这种用于解决介质争用冲突的办法称为传输介质的访问控制方式，也被称为总线竞用或总线仲裁技术。

常用的访问控制方式有 4 种，分别是主从方式、冲突检测和逐位仲裁方式、令牌环访问控制方式（Token Ring）和令牌总线访问控制方式（Toking Bus）。在计算机网络中普遍采用载波监听多路访问 / 冲突检测的随机访问方式。而在控制网络中则采用主从方式、令牌环访问控制方式、令牌总线访问控制方式等受控介质访问控制方式。

主从方式和 CSMA/CD 方式、令牌总线访问控制方式主要用于总线型和树形网络拓扑结构；令牌环访问控制方式主要用于环形网络拓扑结构。

2.5.1 主从方式

主从协议是控制网络中常用的通信协议。网段的一个节点被指定为主节点，其他节点为从节点。由主节点负责控制该网段上的所有通信连接。为保证每个节点都有机会传送数据，主节点通常对从节点依次逐一轮询，形成严格的周期性报文传输。主节点发送报文给从节点，并等待相应从节点的应答报文。

从节点如果收到一个正确报文，而且报文中的地址与自己的节点地址相同，则向主节点发送应答报文。如果主节点在规定的时间内收到了应答报文，就完成了主节点与该从节点之间的数据通信。

一个高级别的节点，控制所有从节点的信号传输顺序和时间。除非主节点要求，其他从节点不能通信。RS485 和 PROFIBUS-DP 总线在主站和从站之间采用这种访问方式。

2.5.2 冲突监测和逐位仲裁方式

载波监听多路访问（Carrier Sense Multiple Access，CSMA）允许每一个节点通信，只要该节点有信息要发布并且没有其他节点占用通信线即可。当遇到多个节点同时发起通信时，信号会在传输线上相互混淆而遭破坏，称为产生"冲突"。为尽量避免由于竞争引起的冲突，节点在发送信息之前，都要监听传输线上是否有信息在发送，这就是"载波监听"。目前，主要有两种方法处理可能存在的冲突：冲突监测（Collision Detection，CD）、逐位仲裁（Bitwise Arbitration，BA）。

1. 冲突监测（CD）

（1）先听后发方式　使用 CSMA/CD 方式时，总线上的各节点都在监听总线，即检测总线上是否有别的节点发送数据。如果发现总线处于空闲，则可以发送数据；如果监听到总线忙，即检测到总线上有数据正在传送，这时节点要等待一定时间，直到监听到总线空闲时，才能够将数据发送出去。这也被称作先听后发（Listen Before Talk，LBT）。

在先听后发方式中，会等待一定时间间隔后重试，避免总线数据冲突，这种发送等待策略，被称为坚持退避算法。坚持退避算法有以下 3 种形式：

1）第一种为不坚持 CSMA：假如监听的结果表明介质是空闲的，则发送；假如介质是忙的，则等待一段随机时间，再重新监听。

2）第二种为 1 坚持 CSMA：假如介质是空的，则发送；假如介质是忙的，则继续监听，直到介质空闲立即发送；假如冲突发生，则等待一段随机时间，继续监听。

3）第三种为 P 坚持 CSMA：假如介质空闲，则以一定的概率 P 坚持发送，或以 $1-P$ 的概率延迟一个时间单位后再听，这个时间单位等于最大的传播延迟；假如介质是忙的，则继续监听直到介质空闲，再以一定的概率 P 坚持发送。

（2）边发边听方式　每个节点都要边发送边检测冲突，这也被称为边发边听（Listen While Talk，LWT）。一旦检测到冲突，就立即停止发送，并向总线上发一串短的干扰信号，以加强冲突信号，保证总线上的各节点都知道总线上的冲突已经发生了。在干扰信号发送后，等待一个随机时间，然后将要发送的数据再发送一次，如果有冲突，则重复监听、等待和重传。CSMA/CD 工作流程如图 2-12 所示。

2. 逐位仲裁（BA）

逐位仲裁（Bitwise Arbitration，BA）方式首先继承 CSMA/CD 的灵活性通信优势，总线上的各节点可以自主随机发起通信，也采用载波监听多路访问，先听再讲，所不同的是当出现多路同时访问时所采取的仲裁机制不同。对于 BA，地址最低的节点优先级最高，享有继续通信的权力，而另外的节点则停止通信。

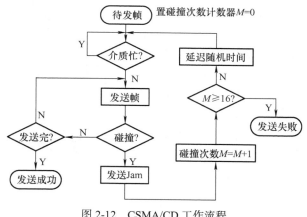

图 2-12　CSMA/CD 工作流程

CSMA/BA 将节点按照通信实时性要求及紧急程度划分优先级，各节点都有自己的优先级编码，在总线仲裁的时间段内，各节点把自己的优先级编号逐位放置到总线上，并监视总线上的电平状态。如果监听到的某个时间点总线的电平编号与节点自己的编号对应的电平信号不相同，则冲突发生，该节点便主动退出发送状态。如果某个节点发送的信号一直与总线上的电平信号相同，则表明该节点赢得总线访问权，可以继续发送自己的后续数据。这样的一个节点优先级逐位仲裁的过程不破坏总线上传输的数据，因此被称为非破坏性总线仲裁。

BA 的特点在于，当多个节点同时向总线发送报文而引起冲突时，优先级低的节点会主动退出发送，而最高级的节点可不受影响地继续传输数据，从而大大节省了仲裁时间，提高了数据传输的确定性和实时性。DeviceNet 总线和 CAN 总线都采用 CSMA/BA 访问方法。

2.5.3 令牌环方式

令牌访问是按一定顺序在各站点间传递令牌，得到令牌的节点才有发起通信的权力，从而避免了几个节点同时发起通信而产生的冲突。令牌方式可用于环形网，构成令牌环形网络；也可用于总线网，构成令牌总线网络。

令牌环访问控制方式（Token Ring）是环形局域网采用的一种访问控制方式。令牌在网络环路上不断地传送，只有拥有此令牌的站点，才有权向环路上发送报文，而其他站点仅允许接收报文。一个节点在发送完毕后，便将令牌交给网上下一个站点，如果该站点没有报文需要发送，便把令牌顺次传给下一个站点。环路上的每个节点都可获得发送报文的机会，而任何时刻都只会有一个节点利用环路传送报文，因而在环路上保证不会发生访问冲突。

图 2-13 所示是令牌环的工作过程示意图。图中的每个网络节点都有一个入口和一个出口分别与环形信道相连。

采用令牌环方式的局域网，网上的每一个站点都知道信息的来去动向，保证了通信传输的确定性。由于能估算出报文传输的延迟时间，所以适合于实时系统的使用。令牌环方式对轻/重负载不敏感，但单环环路出故障将使整个环路通信瘫痪，因而可靠性比较差。

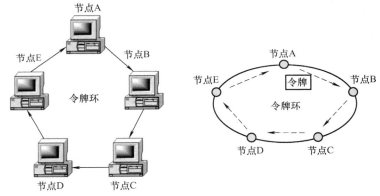

图 2-13　令牌环的工作过程示意图

2.5.4 令牌总线方式

令牌总线方式采用总线型拓扑，网上的各节点按预定顺序形成一个逻辑环。每个节点在逻辑环中均有一个指定的逻辑位置，末站的后站就是首站，即首尾相连。总线上各站的物理位置与逻辑位置无关。

CSMA/CD 采用用户访问控制总线时间不确定的随机竞争方式，有结构简单、轻负载、时延小等特点，但当网络通信负荷增大时，由于冲突增多，因此网络吞吐率会下降、传输延时会增加、性能会明显下降。令牌环在重负荷下的利用率高，网络性能对传输距离不敏感。令牌总线访问控制方式（Toking Bus）是在综合 CSMA/CD 和令牌环两种介质访问方式优点的基础上而形成的一种介质访问控制方式。

令牌总线访问控制方式（Toking Bus）主要适用于总线型或树形网络。采用这种方式时，各个节点共享的传输介质是总线型的，每个节点都有一个本站地址，并知道上一个节点的地址，令牌传递时规定由高地址向低地址，最后由最低地址向最高地址循环，从而在一个

物理总线上形成一个逻辑环。环中的令牌传递顺序与节点在总线上的物理位置无关。令牌
总线访问控制方式的工作过程示意图如图 2-14 所示。

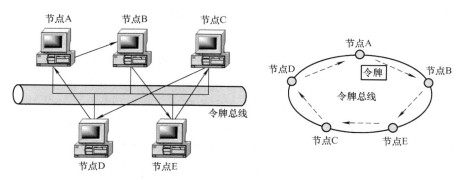

图 2-14　令牌总线访问控制方式工作过程示意图

在正常工作时，当节点完成数据的发送后，将令牌传递给下一个节点。从逻辑上看，
令牌是按照地址的递减顺序传给下一个节点的。从物理上看，带有地址字段的令牌被广播
到总线上的所有节点，只有节点地址和令牌的目的地址相符的节点才有权获得令牌。

获得令牌的节点，如果有数据发送，则可立即传送数据，完成后将令牌传送给下一个
节点；如果没有数据发送，则应立即将令牌按顺序依次传送给下一个节点。由于每个节点接
收令牌的过程是按顺序依次进行的，因此所有节点都有访问权。为了使节点等待令牌的时
间是确定的，需要限制每一个节点发送数据的最大长度。

2.6　数据传输方式分类

数据传输方式是指数据在信道上传送所采取的方式。

2.6.1　按数据传输顺序分类

按数据传输的顺序，数据传输方式可以分为串行传输（Serial Transmission）和并行传输
（Parallel Transmission）。串行传输在传输一个字符或字节的各数据位时是依顺序逐位传输的，
而并行传输在传输一个字符或字节的各数据位时并行地一次性传输。

1. 串行传输

串行传输中，数据流以串行方式逐位地在一条信道上传输。每次只能发送一个数据位，
发送方必须确定是先发送数据字节的高位还是低位。同样，接收方也必须知道所收到字节
的第一个数据位应该处于字节的什么位置。串行传输具有易于实现、在长距离传输中的可
靠性高等优点，适合远距离数据通信，但需要收发双方采取同步措施。

2. 并行传输

并行传输是将数据以成组的方式在两条以上的并行通道上同时传输。它可以同时传输
一组数据位，每个数据位使用单独的一条导线。当采用并行传输进行字符通信时，不需要
采取特别措施就可实现收发双方的字符同步。

2.6.2 按字符同步方式分类

在串行传输时，接收端如何从串行数据流中正确地划分出发送的一个个字符所采取的措施称为字符同步。根据实现字符同步方式的不同，数据传输分为同步传输、异步传输。

1. 同步传输

同步传输和异步传输是通信处理中使用时钟信号的不同方式。同步传输中，所有设备都使用一个共同的时钟，这个时钟可以是参与通信的那些设备或器件中的一台产生的，也可以是外部时钟信号源提供的。时钟可以有固定的频率，也可以间隔一个不规则的周期进行切换。所有传输的数据位都和这个时钟信号同步。传输的每个数据位只在时钟信号跳变（上升沿或者下降沿）之后的一个规定的时间内有效。接收方利用时钟跳变来决定什么时候读取一个输入的数据位。如果发送者在时钟信号的下降沿发送数据字节，则接收者在时钟信号中间的上升沿接收并锁存数据，也可以利用所检测到的逻辑高电平或低电平来锁存数据。

同步传输可在一个单块电路板的元件之间传送数据，或者在 30 ～ 40cm 甚至更短的距离间用于电缆连接的数据通信。同步传输比异步传输效率高，适合高速传输的要求，在高速数据传输系统中具有一定优势。对于更长距离的数据通信，同步传输的代价较高，需要一条额外的线来传输时钟信号，并且容易受到噪声的干扰。

同步（Synchronous）是数据通信中必须要解决的重要问题。接收方为了能正确恢复位串序列，必须能正确区分出信号中的每一位，区分出每个字符的起始与结束位置，区分出报文帧的起始与结束位置。因而同步传输又分为位同步、字符同步和帧同步。

（1）位同步传输　位同步（Bit Synchronous）传输时，要求收发两端按数据位保持同步。数据通信系统中最基本的收发两端的时钟同步，就属于位同步，它是所有同步的基础。接收端可以从接收信号中提取位同步信号。为了保证数据的准确传输，位同步要求接收端与发送端的定时信号频率相同，并使数据信号与定时信号间保持固定的相位关系。

（2）字符同步传输　在电报传输、计算机与其外设之间的通信中，其发送和接收通常以字符作为一个独立的整体，因而需要按字符同步。字符同步（Character or Word Synchronous）可将字符以成组的方式连续传送，每个字符内都不加附加位，在每组字符之前加上一个或多个同步字符。在传输开始时用同步字符使收发双方进入同步，接收端接收到同步字符，根据它来确定字符的起始位置。

（3）帧同步传输　数据帧是一种按协议约定将数据信息组织成组的形式。图 2-15 所示为通信数据帧的一般结构形式。它的第一部分是用于实现

帧头 (起始标记)	控制域	数据域	校验域	帧尾 (结束标记)

图 2-15　通信数据帧的一般结构形式

收发双方同步的一个独特的字符段或数据位的组合，称为起始标记或帧头，其作用是通知接收方有一个通信帧已经到达。中间是通信控制域、数据域和校验域。帧的最后一部分是帧结束标记，它和起始标记一样，是一个独特的位串组合，用于标记该帧传输过程的结束。

帧同步（Frame Synchronous）指数据帧发送时，收发双方以帧头和帧尾为特征进行同步的工作方式。它将数据帧作为一个整体，进行起止同步。

帧同步是现场总线系统通信中主要采用的同步方式。

2. 异步传输

异步传输中，每个通信节点都有自己的时钟信号。所有的通信节点必须在时钟频率上保持一致，并且所有的时钟必须在一定误差范围内相吻合。当传输一个字节时，通常会包括一个起始位来同步时钟。PC 上的 RS232 接口就是使用异步传输与调制解调器以及其他设备进行通信的。

异步传输是计算机通信中常用的各节点间的传输方式。异步传输方式并不要求收发两端在传输信号的每一数据位时都同步。例如在单个字符的异步方式传输中，在传输字符前设置一个启动用的起始位，预告字符代码即将开始，在字符代码和校验信号结束后设置一个或多个终止位，表示该字符已结束。在起始位和停止位之间形成一个需传送的字符。因而异步传输又被称为起止同步，由起始位对该字符内的各数据位起到同步作用。

异步传输实现起来简单，频率的漂移不会积累，对线路和收发器的要求较低。但异步传输中，往往因同步的需要，需要另外传输一个或多个同步字符或帧头，因而会增加网络开销，使线路效率受到一定影响。

2.6.3　按数据流向和时间关系分类

按数据传输流向和时间关系，数据传输方式可以分为单工数据传输、半双工数据传输和全双工数据传输。

1. 单工数据传输

单工通信方式是指通信线路传送的信息流始终朝着一个方向而不进行与此相反方向的传送，如图 2-16a 所示。设 A 为发送终端，B 为接收终端，数据只能从 A 传送至 B，而不能由 B 传送至 A。单工通信线路一般采用二线制。

2. 半双工数据传输

半双工通信方式是指信息流可在两个方向上传输，但同一时刻只限于一个方向，如图 2-16b 所示。信息可以从 A 传至 B，或从 B 传至 A，所以通信双方都具有发送器和接收器。实现双向通信必须改换信道方向。半双工通信采用二线制线路。当 A 站向 B 站发送信息时，A 站将发送器连接在信道上，B 站将接收器连接在信道上；而当 B 站向 A 站发送信息时，B 站则要将接收器从信道上断开，并把发送器接入信道，A 站也要相应地将发送器从信道上断开，把接收器接入信道。这种在一条信道上进行转换，实现 A → B 与 B → A 两个方向通信的方式，称为半双工通信。现场总线系统的数据通信中常采用半双工通信。

3. 全双工数据传输

全双工通信是指通信系统能同时进行图 2-16c 所示的双向通信，它相当于把两个相反方向的单工通信方式组合在一起。这种方式常用于计算机与计算机之间的通信。

2.6.4　按传输信号频带分类

按传输信号频带，数据传输方式可以分为基带传

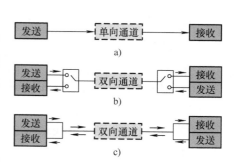

图 2-16　几种通信线路的工作方式

输、载波传输和宽带传输。

1. 基带传输

基带（Baseband）是数字数据转换为传输信号时其数据变化本身所具有的频带。基带传输指在不改变数据信号频率的情况下，直接按基带信号进行的传输。它不包含任何调制（频率变换）信号，按传输信号波的原样进行传输。

基带传输是目前广泛应用的最基本的数据传输方式。大部分计算机局域网，包括控制局域网，都采用基带传输方式。信号按数据位流的基本形式传输，整个系统不用调制解调器。它可采用双绞线或同轴电缆作为传输介质，也可采用光缆作为传输介质。与宽带网相比，基带网的传输介质比较便宜，可以达到较高的数据传输速率（一般为 $1 \sim 10$Mbit/s），但其传输距离一般不超过 25km，传输距离增加，传输质量会降低。基带网的线路工作方式一般为半双工方式或单工方式。

2. 载波传输

在载波传输中，发送设备要产生某个频率的信号作为基波来承载数据信号，这个基波被称为载波信号，基波频率就称为载波频率。按幅值键控、频移键控、相移键控等不同方式，依照要承载的数据改变载波信号的幅值、频率、相位，形成调制信号，载波信号承载数据后的信号传输过程称为载波传输。

3. 宽带传输

宽带传输指在同一介质上可传输多个频带的信号。由于基带网不适于传输语言、图像等信息，随着多媒体技术的发展，计算机网络传输文字、语音、图像等多种信号的任务越来越重，因而提出了宽带传输的要求。

宽带传输与基带传输的主要区别：一是数据传输速率不同，基带网的数据传输速率范围为几十到几百 Mbit/s，宽带网可达 Gbit/s 级；二是宽带网可划分为多条基带信道，能提供多条良好的通信路径。

2.7　数据传输介质

系统中常用的数据传输介质包括有线、无线两大类。

2.7.1　有线传输介质

有线介质中常见的有双绞线、同轴电缆、光缆等。

1. 双绞线

无论对于模拟数据信号，还是对于数字数据信号，双绞线都是最常见的传输介质。

（1）物理特性　双绞线由按规则的螺旋结构排列的两根或 4 根绝缘线组成，一对线可以作为一条通信线路，各线对螺旋排列的目的是使各线对之间的电磁干扰最小。

（2）传输特性　双绞线最普遍的应用是语音信号的模拟传输。用于 10Mbit/s 局域网时，节点与集线器的距离最长为 100m。

（3）联通性　双绞线可以用于点对点连接，也可用于点对多点连接。

（4）抗干扰性　双绞线的抗干扰性取决于线对的扭曲长度及屏蔽条件。在低频传输时，其抗干扰能力相当于同轴电缆。在 10 ~ 100kHz 时，其抗干扰能力低于同轴电缆。

（5）价格　双绞线的价格低于其他传输介质，具有安装简单、维护方便的优点。在工业生产环境中，现场总线系统的传输介质往往采用屏蔽双绞线电缆。它在双绞线的基础上添加了屏蔽层和保护层，以提高电缆抗拉伸、抗电磁干扰的能力。

2. 同轴电缆

同轴电缆也是网络中应用十分广泛的传输介质之一。

（1）物理特性　同轴电缆由内导体、外导体、绝缘层及外部保护层组成。同轴介质的特性参数由内导体、外导体及绝缘层的电气参数和机械尺寸决定。

（2）传输特性　根据同轴电缆的通信频率带宽，同轴电缆可以分为基带同轴电缆和宽带同轴电缆两类。基带同轴电缆一般仅用于单通道数据信号的传输，而宽带同轴电缆可以使用频分多路复用方法，将一条宽带同轴电缆的频带划分成多条通信信道，支持多路传输。

描述同轴电缆的另一个电气参数是它的特征阻抗。特征阻抗的大小与内导体、外导体的几何尺寸、绝缘层介质常数相关。在以太网的基带传输中，常用特征阻抗为 50Ω 的同轴电缆。

（3）联通性　同轴电缆支持点对点连接，也支持一点对多点连接。基带同轴电缆可支持数百台设备的连接，而宽带同轴电缆可支持上千台设备的连接。

（4）地理范围　基带同轴电缆的最大距离限制在几千米范围内，而宽带同轴电缆的最大距离可达几十千米。

（5）抗干扰性　同轴电缆的结构使得它的抗干扰能力较强。

（6）价格　同轴电缆的价格介于双绞线与光缆之间，维护方便。

3. 光缆

光缆是光导纤维构成的线缆，它是网络传输介质中性能最好、应用前途广泛的一种通信介质。

（1）物理特性　光纤是直径为 $50 ~ 100\mu m$ 的能传导光波的柔软介质。有玻璃和塑料材质的光纤，用超高纯度石英玻璃纤维制作的光纤，其传输损耗很低。把折射率较高的单根光纤用折射率较低的材质包裹起来，就可以构成一条光纤通道。多条光纤组成一束就构成光缆。

（2）传输特性　光导纤维通过内部的全反射来传输一束经过编码的光信号。光缆结构及光波通过光导纤维内部全反射进行光传输的过程如图 2-17 所示。

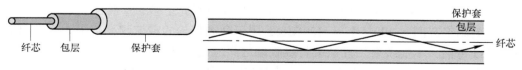

图 2-17　光缆结构及光波通过光导纤维内部全反射进行光传输过程示意图

由于光纤的折射系数高于外层的折射系数，因此可以形成光波在光纤与包层界面上的全反射，光纤可以作为频率范围为 1014 ~ 1015Hz 光波的导线。这一频率范围覆盖了可见光谱与部分红外光谱。典型的光纤传输系统结构如图 2-18 所示。在发送端采用发光二极管或注入式激光二极管作为光源,光波以小角度进入光纤,按全反射方式沿光纤向前传播,在接收端使用光电二极管检波器将光信号转换成电信号,光纤传输速率可达几千 Mbit/s。

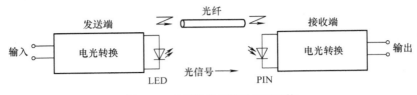

图 2-18 典型的光纤传输系统结构

光纤传输分为单模与多模两类。所谓单模光纤,是指光纤中的光信号仅沿着与光纤轴呈单个可分辨角度的单光纤传输;而多模光纤中,光信号可沿着与光纤轴呈多个可分辨角度的多光纤传输。单模光纤在性能上一般优于多模光纤。

（3）连通性 光纤最普遍的连接方式是点对点,在某些系统中也采用点对多点的连接方式。

（4）地理范围 光纤信号的衰减极小,它可以在 6 ～ 8km 距离内不使用中继器实现高速率数据传输。

（5）抗扰性 光纤不受外界电磁干扰与噪声的影响,能在长距离、高速率传输中保持低误码率。双绞线典型的误码率在 10^{-6} ～ 10^{-5} 之间,基带同轴电缆的误码率低于 10^{-7},宽带同轴电缆的误码率低于 10^{-9},而光纤的误码率可以低于 10^{-10}。此外,光纤传输的安全性与保密性也很好。

（6）价格 光纤的价格高于同轴电缆与双绞线。由于光纤具有低损耗、宽频带、高数据传输速率、低误码率、安全保密性好等特点,因此是一种有广泛应用空间的传输介质。

2.7.2 无线传输介质

无线传输指无需线缆类传输介质,依靠电磁波穿越空间运载数据的传输过程。无线传输介质主要包括无线电波、微波、红外线以及激光。卫星传输可以看成是一种特殊的微波传输。

无线电波的频率一般在 1GHz 以下。由于国际上通常把 2.4GHz 频段留给工业、科学和医疗进行短距离通信,因而这个频段的无线电波传输近年来的发展十分迅速。无线电波的传输特性与频率有关。高频无线电波呈直线传播,对障碍物的穿透能力较差。而低频无线电波对障碍物的穿透能力较强,可穿越某些障碍物。无线电波的传输是全方位的,信号的发送和接收一般借助天线,发送装置和接收装置一般无须准确对准,但无线电波易受传输途径周围的电磁场干扰,在工业环境下使用无线传输应对此足够的重视。

微波的频率范围为 300MHz ～ 300GHz,用于微波传输的载波频率范围为 2 ～ 40GHz。微波沿直线传播,不能绕射。发送端与接收端之间应能直视,中间没有阻挡。其抛物状天线需要对准,远距离传输需要中继。微波的载波频率很高,可以同时传送大量信息,例如,一个带宽为 2MHz 的微波频段就可以容纳 500 路语言信道。当用于数字通信时,其数据传输速率也很高。

红外线的电磁波频率范围为 10^{11} ～ 10^{14}Hz,也属于方向性极强的直线传播,穿障能力很差，也不适合在户外阳光下使用，一般用于室内的短距离通信。红外线传输广泛应用于家用电器与其遥控器之间的信号通信。

激光的工作频率范围为 $10^{14} \sim 10^{15}$Hz，采用调制解调的相干激光实现激光通信。

应根据应用需求选择合适的传输介质。选择传输介质需要考虑的相关问题有要传输的信号类型、网络覆盖的地理范围、环境条件、节点间的距离、网络连接方式、网络通信量、传输介质与相关设备的性能价格比等。

2.8　传输差错控制

由于种种原因，数据在传输过程中可能出错。有效地检测并纠正通信系统中的传输错误被称为差错控制，目前还不可能做到检测和校正所有的错误。

差错控制分为两大类：差错检测和差错校正。

1）传输差错检测：在发送数据报文分组中包含使接收端发现差错的冗余信息，该信息通常不能确定是哪一位数据出错，但是能确定数据有错，并采取相应的手段，如丢弃数据或告知发送端重发数据。差错检测原理简单，实现容易，编 / 解码速度快，在通信系统中得到广泛应用。

2）传输差错校正：差错校正则是在每个发送的数据报文分组中包含足够的冗余信息，使得接收端能发现错误，并根据这些冗余信息对出错数据进行校正。差错校正在功能上用于差错检测，但是实现复杂、造价昂贵。

2.8.1　传输差错检测

1. 传输差错类型

在通信过程中，工业数据的信号会受到电磁辐射等多种干扰。这些干扰可能会影响数据波形的幅值、相位或时序。而二进制编码数据，任何一位的 0 变为 1 或 1 变为 0 都会影响数据的数值或含义，进而影响数据的正确使用。

数据通信中，差错的类型一般按照单位数据域内发生差错的数据位个数及其分布，划分为单比特错误、多比特错误和突发错误 3 类。这里的单位数据域一般指一个字符、一个字节或一个数据报。

（1）单比特错误　在单位数据域内只有一个数据位出错的情况称为单比特错误。例如，一个 8 位的数据 10010110 从 A 节点发送到 B 节点，到 B 节点后该数据变成 10010010，低位第 3 个数据位从 1 变为 0，其他位保持不变，则意味着该传输过程出现了单比特错误。单比特错误是工业数据通信过程中比较容易发生也容易被检测和校正的一类错误。

（2）多比特错误　在单个数据域内有一个以上不连续的数据位出错的情况称为多比特错误。例如，上述那个 8 位的数据 10010110 从 A 节点发送到 B 节点，到 B 节点后发现该字节变成 10110111，低位第 1、6 个数据位从 0 变为 1，其他位保持不变，则意味着该传输过程出现了多比特错误。多比特错误也被称为离散错误。

（3）突发错误　在单位数据域内有两个或两个以上连续的数据位出错的情况称为突发错误。例如，上述那个 8 位的数据 10010110 从 A 节点发送到 B 节点，到 B 节点后如果该字节变成 10101000，其低位第 2 ~ 6 位连续 5 个数据位发生改变，则意味着该传输过程出现了突发错误。发生错误的多个数据位是连续的，是区分突发错误与多比特错误的主要特征。

2. 传输差错检测

差错检测就是监视接收到的数据并判别是否发生了传输错误。报文包含能发现传输差错的冗余信息，接收端通过接收到的冗余信息的特征，判断报文在传输中是否出错的过程，称为差错检测。差错检测往往只能判断传输中是否出错，识别接收到的数据中是否有错误出现，但并不能确定哪个或哪些位出现了错误，也不能校正传输中的差错。

差错检测中广泛采用冗余校验技术。在基本数据信息的基础上加上附加位，在接收端通过这些附加位的数据特征，校验并判断是否发生了传输错误。数据通信中通常采用的冗余校验方法有如下几种。

（1）奇偶校验　奇偶校验原理：在原始数据字节中增加一个附加位，使结果中 1 的个数为奇数（奇校验）或偶数（偶校验）。增加的位称为奇偶校验位（用 P 表示）。例如，原始数据 =11001000，则增加偶校验位后的数据为 111001000。接收方收到字节后发现奇偶校验结果不对，就可以知道传输过程中数据发生了错误。

奇偶校验特点：奇偶校验只能检测出奇数个比特位错，对偶数个比特位错则无能为力。

奇偶校验的方法简单，能检测出大量错误。它可以检测出所有单比特错误，但也有可能漏掉许多错误。如果单位数据域中出现错误的比特数是偶数，在奇偶校验中则会判断传输过程没有出错。只有当出错的次数是奇数时，它才能检测出多比特错误和突发错误。

（2）求和校验　在发送端将数据分为 k 段，每段均为等长的 n 比特，将分段 1 与分段 2 做求和操作，再逐一与分段 3 ~ k 做求和操作，得到长度为 n 比特的求和结果，将该结果取反后作为校验和放在数据块后面，与数据块一起发送到接收端，在接收端对接收到的包括校验和在内的所有 $k+1$ 段数据求和。如果结果为零，就认为传输过程没有错误，所传数据正确。如果结果不为零，则表明发生了错误。

求和校验能检测出 95% 的错误，但与奇偶校验方法相比，增加了计算量。

（3）纵向冗余校验　纵向冗余校验（Longitudinal Redundancy Check，LRC）按预定的数量将多个单位数据域组成一个数据块。首先每个单位数据域都采用奇偶校验，得到各单位数据域的冗余校验位，然后将各单位数据域的对应位分别进行奇偶校验，例如，对所有单位数据域的第 1 位进行奇偶校验，对所有单位数据域的第 2 位进行奇偶校验，等等，并将所有位置奇偶校验得到的冗余校验位组成一个新的数据单元，附加在数据块的最后发送出去。

收发双方采用相同的校验方法，要么都是偶校验，要么都是奇校验。接收端在对接收到的数据进行校验时，如果发现任一个冗余校验位出现差错，不管是哪个单位数据域的冗余校验位，还是附加在数据块最后的新数据单元的某个冗余校验位，则认为该数据块的传输出错。

纵向冗余校验大大提高了发现多比特错误和突发错误的可能性。如果出现以下情况，纵向冗余校验会检测不出错误：在某个单位数据域内有两个数据位出现传输错误，而另一个单位数据域内的相同位置正好也有两个数据位出现传输错误。

（4）循环冗余校验　循环冗余校验（Cyclic Redundancy Check，CRC）对传输序列进行一次规定的除法操作，将除法操作的余数附加在传输信息的后边。在接收端也对收到的数据做相同的除法。如果接收端的除法得到的结果其余数不是零，就表明发生了错误。CRC 原理如图 2-19 所示。

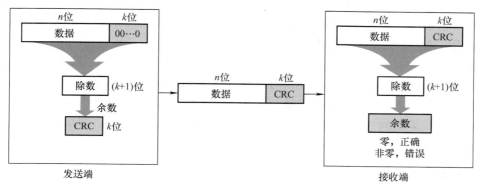

图 2-19　CRC 原理

CRC 原理如下。

1）发送端。将要发送的数据位序列当作一个多项式 $K(x)$ 的系数，在发送端用收发双方预先约定的生成多项式 $G(x)$ 去除，求得一个余数多项式 $R(x)$，再将余数多项式加到数据多项式之后并发送到接收端。

2）接收端。用同样的生成多项式 $G(x)$ 去除接收数据多项式 $K'(x)$，求得余数多项式 $R'(x)$。如果该余数多项式与发送的余数多项式相等，则说明传输正确，否则传输出现错误。

3）除法运算（按位加法）。采用二进制模二算法，即减法不借位，加法不进位。

基于除法的循环冗余校验，其计算量大于奇偶校验与求和校验，其差错检测的有效性也较高，它能够检测出大约 99.95% 的错误。差错检测的原理比较简单，容易实现，已得到广泛应用。

2.8.2　传输差错校正

传输差错校正指在接收端发现并自动校正传输错误的过程，也被称为纠错。差错校正在功能上优于差错检测，但实现较为复杂，成本较高。差错校正也需要让传输报文携带足够的冗余信息。最常用的两种差错校正方法是自动重传与前向差错纠正。

1. 自动重传

当系统检测到一个错误时，接收端自动地请求发送端重新发送该数据帧，用重新传输过来的数据替代出错的数据，这种差错校正方法被称作自动重传。

采用自动重传的通信系统，其自动重传过程又分为停止等待和连续自动重传两种不同的工作方式。在停止等待方式中，发送端在发送完一个数据帧后，要等待接收端的应答帧的到来。应答帧表示上一帧已正确接收，发送端就可以发送下一数据帧。如果应答帧表示上一帧传输出现错误，则系统自动重传上一次的数据帧。其等待应答的过程影响了系统的通信效率，连续自动重传就是为了克服这一缺点而提出的。

连续自动重传指发送端可以连续向接收端发送数据帧，接收端对接收的数据帧进行校验，然后向发送端发回应答帧。如果没有发生错误，那么通信就一直延续；如果应答表明发生了错误，则发送端将重发已经发出过的数据帧。

连续自动重传的重发方式有两种：拉回方式与选择重发方式。

采用拉回方式时，如果发送端在连续发送了编号为 0～5 的数据帧后，从应答帧得知 2 号数据帧传输错误，那么发送端将停止当前数据帧的发送，重发 2、3、4、5 号数据。拉回状态结束后，再接着发送 6 号数据帧。

选择重发方式与拉回方式的不同之处在于，如果在发送完 5 号数据帧时，接收到 2 号数据帧传输出错的应答帧，那么发送端在发送完 5 号数据帧后，只重发出错的 2 号数据帧。选择重发完成后，接着发送 6 号数据帧。显然，选择重发方式的效率高于拉回方式。

自动重传所采用的技术比较简单，也是校正差错最有效的方法。但因出错确认和数据重发会加大通信量，严重时还会造成通信障碍，因此其应用受到一定程度的限制。

2. 前向差错纠正

前向差错纠正是在接收端检测和纠正差错，而不需要请求发送端重发。将一些额外的位按规定加入通信序列中，这些额外的位按照某种方式进行编码，接收端通过检测这些额外的位查看是否出错、哪一位出错，并纠正这些差错位。纠错码比检错码要复杂得多，而且需要更多的冗余位。前向差错纠正方法会因为增加了这些位而增加了通信开支，同时也因纠错的需要而增加了计算量，尽管理论上可以纠正二进制数据的任何类型的错误，但纠正多比特错误和突发错误所需的冗余校验的位数相当多，因而大多数实际应用的纠错技术都只限于纠正 1～2 个比特的错误。下面以纠正单比特错误为例，简单介绍其纠错方法。

采用前向差错纠正方法纠正单比特错误时，首先要判断是否出现传输错误，如果有错，是哪一位出错，然后把出错位纠正过来。表明这些状态所需的冗余位个数显然与数据单元的长度有关。

例如，字符的 ASCII 码由 7 个数据位组成。对于纠正单比特错误而言，其传输过程的状态则有第 1 位出错、第 2 位出错、……、第 7 位出错，以及没有出错这 8 种状态。表明这 8 种状态需要 3 个冗余位。由这 3 个冗余位的 000～111 可以表明这 8 种状态。如果考虑到冗余位本身出错的情况，则还需要再增加冗余位。

设数据单元的长度为 m，为纠正单比特错误需要增加的冗余位数为 r，r 个冗余位可以表示 2^r 个状态，满足式（2-2）的最小值即为应该采用的冗余位的位数。

$$2^r \geqslant m+r+1 \qquad\qquad (2\text{-}2)$$

对于上述 7 位的 ASCII 码而言，m 值为 7，如果冗余位数取 3，代入式（2-2）计算时会发现不等式不成立，说明 3 个冗余位还不能表达出所有的出错状态。当冗余位数 r 取 4 时，代入式（2-2）计算，得到的不等式成立。说明 4 为满足式（2-2）的最小值，表明 7 位数据应该采用 4 个冗余位，即带纠错冗余位的 ASCII 码应该有 11 位。

3. 海明码错误检测与纠正

海明码是由 RWHamming 提出的一种用于纠错的编码技术，可以在任意长度的数据单元上使用。利用海明码纠错需要设置冗余比特位。对于海明码的编码过程来说需要注意 3 点：一是需要根据要传输的数据单元的长度确定冗余比特位的个数；二是需要确定各冗余比特位在数据单元中的位置；三是要计算出各冗余比特位的值。接收端接收到传输数据后，按与发送端相同的方法和位串组合计算出新的校验位，排列成冗余比特位串，根据冗余比特位串的数值确定传输过程是否出错。如果出错，将确定是哪一位出错，并将出错位取反，以纠正该错误。

4. 多比特错误纠正

前面介绍的是单比特错误的纠错方法。对于出现多比特错误的场合，采用相互重叠的数据位组合来计算冗余位，也可以实现多比特错误的检测和纠正。但纠正多比特错误所需要的冗余位的数量要大大高于纠正单比特错误所需要的冗余位。

如果要纠正两个比特的错误，则需要考虑数据单元中任意两个数据位的组合情况。如果要纠正 3 个比特的错误，则需要考虑数据单元中任意 3 个数据位的组合情况，等等。因此，其海明码的编码策略将比纠正单比特错误时复杂得多。

2.9　通信系统性能指标

通信系统的任务是传递信息，因而信息传输的有效性和可靠性是通信系统最主要的质量指标。有效性是指传输信息的能力，而可靠性是指接收信息的可靠程度。通信有效性实际上反映了通信系统资源的利用率。

2.9.1　有效性指标

1. 数据传输速率

数据传输速率指单位时间内传送的数据量，它是衡量数字通信系统有效性的指标之一，传输速率越高，其数据通信的有效性越好。单位时间内所传输的数据位数，称为数据的位传输速率 S_b，可由下式求得

$$S_b = \frac{1}{T} \log_2 n \qquad (2-3)$$

式中，T 为数据信号周期，信号周期 T 越小，数据的传输速率越高；n 为信号的有效状态，例如在计算机网络的数据通信过程中，信号只包含两种数据状态，即 $n=2$，这时的 $S_b = \frac{1}{T}$。工业数据通信中常用的数据传输速率为 9600bit/s、31.25kbit/s、500kbit/s、1Mbit/s、2.5Mbit/s、10Mbit/s 和 100Mbit/s 等。

2. 比特率

比特是数据信号的最小单位。通信系统传输一个数据位（即 1 比特）所需要的时间称为比特时间（Bit Time）。通信系统每秒传输数据的位数被定义为比特率，记作 bit/s。

3. 波特率

波特（Baud）是指信号大小、方向变化的一个波形。把每秒传输的信号波的个数，即每秒传输信号波形的变化次数定义为波特率，单位为波特，记作 Boud 或 B。

每个信号都可以包含一个或多个二进制数据位。若每个信号只包含单一数据位，则其比特率和波特率相等。当每个信号都由两个数据位组成时，如果数据传输的比特率为

9600bit/s，则意味着其波特率只有 4800B。

在讨论信道特性，特别是传输频带宽度时，通常采用波特率；在涉及系统实际的数据传送能力时，则使用比特率。

4. 吞吐量

吞吐量（Throughput）是表示数据通信系统有效性的又一指标，以单位时间内通信系统接收/发送的比特数、字节数或帧数来表示。它描述了通信系统的数据交互能力。

5. 频带利用率

频带利用率是指单位频带内的传输速度。它是衡量数据传输系统有效性的重要指标。单位为 bit/s/Hz（或为 Baud/Hz）。由于传输系统的带宽通常不同，因而通信系统的有效性仅仅看比特率是不够的，还要看其占用带宽的大小。真正衡量数据通信系统传输有效性的指标应该是单位频带内的传输速度，即每赫兹每秒的比特数。

6. 协议效率

协议效率是衡量通信系统软件有效性的指标之一。协议效率指所传数据报中有效数据位与整个数据报长度的比值，一般用百分比表示，它可用作对通信帧中附加量的量度。在通信参考模型的每个分层中都会有相应的管理和协议控制的加码。从提高协议编码效率的角度来看，减少层次可以提高编码效率。不同的通信协议通常具有不同的协议效率。协议效率越高，其通信有效性越好。

7. 传输延迟

传输延迟指数据从链路或网段的发送端传送到接收端所需要的时间，也被称为传输时间。它也是影响数据通信系统有效性的指标之一。它包括把数据块从节点送到传输介质所用的发送时间、信号通过一定长度的介质所需要的传播时间，以及途经路由器、交换机一类的网络设备时所需要的排队转发时间。发送时间等于数据块长度与数据传输速率之比。传输时间等于信号途经的信道长度与电磁波的传输速率之比。而转发时间则取决于网络设备的数据处理能力和转发时的排队等待状况。

8. 通信效率

通信效率指数据帧的传输时间与用于发送报文的所有时间之比。用于发送该报文的所有时间包括数据帧传输时间、竞用总线时间、等待令牌的排队时间等。通信效率为 1，就意味着所有时间都有效地用于传输数据帧。通信效率为 0，就意味着总线被报文的碰撞冲突所充斥。

2.9.2 可靠性指标

衡量数据通信系统可靠性的指标是误码率 P_e，即数据通信中二进制码元出现传输错误的概率。在实际应用中，如果 N 为传输的二进制码元总数，N_e 为传输出错的码元数，则 N_e 与 N 的数值之比被认为是误码率的近似值，即 $P_e \approx \dfrac{N_e}{N}$。理论上只有 $N \to \infty$ 时，该比值才能趋近于误码率 P_e。理解误码率定义时应注意以下几个问题。

1）误码率应该是衡量数据通信系统正常工作状态下传输可靠性的参数。

2）对于一个实际的数据通信系统，不能笼统地说误码率越低越好，应根据实际传输的需要提出对误码率的要求。在数据传输速率确定后，对数据通信系统可靠性的要求越高（即希望的误码率数值越小），对数据通信系统设备的要求就越复杂，造价越高。

3）在实际应用中经常采用的是平均误码率。通过对一种通信信道进行大量、重复的测试，得到该信道的平均误码率，或者得到某些特殊情况下的平均误码率，测试中传输的二进制码元数越大，其平均误码率的结果越接近于真正的误码率值。

计算机通信中，一般要求其平均误码率低于 10^{-9}。需要采取特定的差错控制措施，才能满足计算机系统对数据通信的误码率要求。

通信系统的有效性与可靠性两者之间是相互联系、相互制约的。

2.9.3　通信信道的频率特性

不同频率的信号通过通信信道以后，其波形的幅度与相位会发生变化，可采用频率特性来描述通信信道的这种变化。频率特性分为幅频特性和相频特性。幅频特性指不同频率的信号在通过信道后其输出信号的幅值与输入信号的幅值之比，它表示信号在通过信道的过程中受到的不同衰减；相频特性是指不同频率的信号通过信道后其输出信号的相位与输入信号的相位之差。通信信号在通过实际信道后其幅值和相位会发生某些变化，导致波形失真，产生畸变。

实际传输线路中有电阻、电感、电容，由它们组成分布参数系统。由于电感、电容的阻抗随频率而变，因此它对信号的各次谐波的幅值衰减、相角变化都不尽相同。如果通信信号的频率在信道带宽的范围内，则传输信号基本上不失真，否则信号的失真将较严重。

信道的频率特性取决于传输介质的物理特性和中间通信设备的电气特性。

2.9.4　信号带宽与介质带宽

如果将通信系统中所传输的数字信号进行傅里叶变换，则可以把矩形波信号分解成无穷多个频率、幅度、相位各不相同的正弦波，这就意味着传输数字信号相当于在传送无数多个简单的正弦信号。信号中所含有的频率分量的集合称为频谱。信号频谱所占有的频率宽度称为信号带宽。理论上，矩形波信号具有的频谱为无穷大，如图 2-20 所示。

发送端所发出的数字信号的所有频率分量都必须通过通信介质到达接收端，接收端才能再现该数字信号的原有波形。如果其中一部分频率分量在传输过程中被严重衰减，就会导致接收端所收到的信号发生变形。以一定的幅度门限为界，将在接收端能收到的那部分主要信号的频谱从原来的无穷大频谱中划分出来，这部分信号集合所具有的频谱即为该信号的有效频谱。该有效频谱的频带宽度称为信号的有效带宽，如图 2-21 所示。

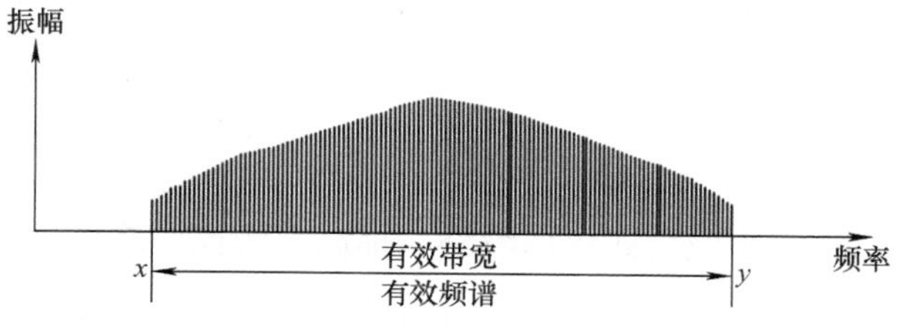

图 2-20　矩形波信号的频谱

图 2-21　信号的有效频谱与有效带宽

信道带宽指信道容许通过的物理信号的频率范围，即容许通过的信号的最高频率与最低频率之差。信道带宽取决于传输介质的物理特性和信道中通信设备的电气特性。

介质带宽指该传输介质所能通过的物理信号的频率范围。图 2-22 描述了因介质带宽不足导致的信号失真。

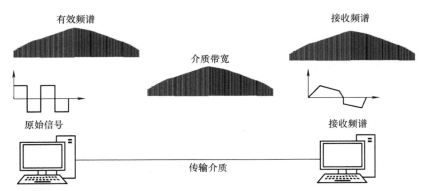

图 2-22　介质带宽不足导致的信号失真

实际传输介质的带宽是有限的，它只能传输某些频率范围内的信号。一种介质只能传输信号有效带宽在介质带宽范围内的信号。如果介质带宽小于信号的有效带宽，信号就可能产生失真而使接收端难以正确辨认。不同的传输介质具有不同的带宽。例如，同轴电缆的带宽高于双绞线。信道带宽越高，其数据传输能力越强。

信道容量指信道在单位时间内可能传送的最大比特数。当传输速率提高时，由于信号的有效带宽会随之增加，因而需要传输介质具有更大的介质带宽。所以，数据的传输速率应该在信道容量容许的范围之内。若实际传输速率超过信道容量，即使只超过一点，其传输也不能正确进行。因此传输介质的带宽会限制传输速率的提高。

依照奈奎斯特准则，一个带宽为 W 的无噪声低通信道，其最高码元传输速率为 $2W$。而对于带通矩形特性的信道，其最高码元传输速率为 W。因而信道容量也被视为该信道容许的数据传输的最高速率。这里的带通矩形特性指只容许带通上下限之间的频率信号通过，其他频率成分的信号不能通过。

2.9.5　信噪比对信道容量的影响

在有噪声存在的情况下，信道中传输出错的概率会更大，因而会降低信道容量。噪声大小一般由信噪比来衡量。信噪比指信号功率 S 与噪声功率 N 的比值。信噪比一般用 $10 \log S/N$ 来表示，单位为分贝（dB）。

信道容量 C 与信道带宽 W 的信噪比 $\dfrac{S}{N}$ 之间的香农（Shannon）计算公式为：

$$C = W \log_2 \left(1 + \frac{S}{N}\right)(\text{bit/ s}) \tag{2-4}$$

由香农公式可以看到，提高信噪比或增加信道带宽均可增加信道容量。

如介质带宽 W 为 3000Hz，当信噪比为 10dB（$\dfrac{S}{N}$ =10）时，其信道容量：

$$C = 3000\log_2(1+10)\,\text{bit/s} = 10380\,\text{bit/s} \tag{2-5}$$

如果信噪比提高为 20dB，即 $\dfrac{S}{N}=100$ 时：

$$C = 3000\log_2(1+100)\,\text{bit/s} = 19980\,\text{bit/s} \tag{2-6}$$

可见，信道容量随信噪比的提高增加了许多。

增加带宽当然也可以提高信道容量，但另一方面，噪声功率 $N=Wn_0$（n_0 为噪声的单边功率谱密度），随着带宽 W 的增大，噪声功率 N 也会增大，导致信噪比降低，使信道容量随之降低。所以，增加带宽 W 并不能无限制地使信道容量增大。

由香农公式还可以看到，在信道容量一定时，带宽与信噪比之间可以相互弥补，即提高信道带宽，可使具有更低信噪比的信号得以通过，而传输信噪比较高的信号时，可适当放宽对信道带宽的要求。

思考题

1. 简要说明数据通信原理。
2. 简要说明数据通信参考模型由哪几层组成及各层的功能。
3. 数据通信的常见工作模式有哪些？
4. 什么是差错控制？
5. 数据传输方式有哪些？选择其中两种方式进行简要说明。
6. 网络访问控制方式有哪些？
7. 简述通信系统的通信指标。
8. 用 CRC-12 计算 10001011 CRC 的校验码。

第 3 章

FF 总线技术与应用

本章重点介绍 FF 总线通信协议、通信数据、主要形式、通信模型、总线物理层、总线数据链路层、总线应用层以及 FF 总线在石化领域的应用等。

3.1 FF 总线概述

美国 Fisher-Rosemount、Honeywell、Foxboro、横河、ABB、西门子等 230 多家公司于 1994 年 9 月成立了现场总线基金会，开发出国际上统一的基金会现场总线（Foundation Fieldbus，FF）。FF 总线是在过程自动化领域得到广泛支持和具有良好发展前景的技术。

FF 总线已经被列入 IEC 61158 国际现场总线标准，广泛适用于流程工业的生产现场，能够适应本质安全防爆要求，还可以通过通信总线为现场设备提供工作电源。

3.2 FF 总线通信协议

FF 总线以 OSI（开放系统互联）参考模型为基础，取其物理层、数据链路层、应用层为 FF 通信模型的相应层次，并在应用层上增加了用户层。用户层主要针对自动化测控应用的需要定义了信息存取的统一规则，采用设备描述语言规定了通用的功能块集。

3.2.1 FF 总线参考模型

FF 总线的核心之一是实现现场总线信号的数字通信。为了实现通信系统的开放性，其通信模型参考了 OSI 参考模型，并在此基础上根据自动化系统的特点进行演变后得到。

FF 总线的参考模型只具备 OSI 参考模型 7 层中的 3 层，即物理层、数据链路层和应用层，并按照现场总线的实际要求把应用层划分为两个层（总线访问子层与总线报文规范子层），省去了中间的 3 ~ 6 层，不具备网络层、传输层、会话层与表示层。

FF 总线在原有 OSI 参考模型第 7 层应用层之上增加了新的一层——用户层。这样可以将通信模型视为 4 层，其中，物理层规定了信号如何发送；数据链路层规定如何在设备间共享网络和调度通信；应用层规定了在设备间交换数据、命令、事件信息，以及请求应答中的信息格式与服务。用户层则用于组成用户所需的应用程序，如规定标准的功能块、设备描述，实现系统管理等。

在 FF 总线的软硬件开发的过程中，往往又把除去最下端的物理层和最上端的用户层之后的中间部分作为一个整体，统称为通信栈。这样，FF 总线的通信参考模型可简单地

视为 3 层。变送器、执行器等都属于
现场总线物理设备。每个具有通信功
能的现场总线物理设备都应具有通信
模型。图 3-1 从物理层开始描述了通
信模型的主要组成部分及与 OSI 参考
模型的相互关系。

OSI参考模型		FF总线通信模型	
应用层	7	用户层(程序)	用户层
表示层	6	现场总线信息规范子层FMS 现场总线访问子层FAS	通 信 栈
会话层	5		
传输层	4		
网络层	3	数据链路层	
数据链路层	2		
物理层	1	物理层	物理层

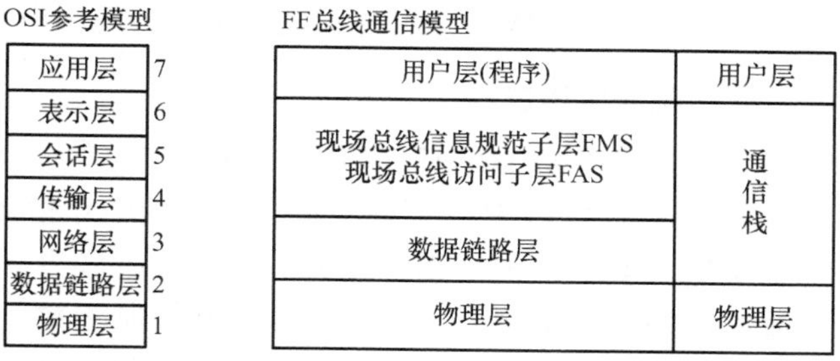

图 3-1　FF 总线通信模型的主要组成部分及与 OSI 参考模型的
相互关系

　　FF 总线在分层模型的基础上还表
明了设备的主要组成部分。从图 3-1
中可以看到，FF 总线通信模型对应
OSI 参考模型的 4 个分层，即物理层、数据链路层、应用层、用户层。在其基础上，按各
部分在物理设备中要完成的功能分为三大部分：通信实体、系统管理内核、功能块应用进
程。各部分之间通过虚拟通信关系（Virtual Communication Relationship，VCR）来沟通信息。
VCR 表明了两个或多个应用进程之间的关联，或者说，虚拟通信关系是各应用层之间的通
信通道，它是总线访问子层所提供的服务。

1. 通信实体

　　通信实体贯穿从物理层到用户层的所有层，由各层协议与网络管理代理共同组成。通
信实体的任务是生成报文与提供报文传送服务，是实现现场总线信号数字通信的核心部
分。各层协议的基本目标是构成虚拟通信关系。网络管理代理则需要借助各层及其管理实
体，支持组态管理、运行管理、出错管理等功能。各种组态、运行、故障信息保存在网络
管理信息库（Network Management Information Base，NMIB）中，并由对象字典（Object
Dictionary，OD）来描述。对象字典为设备的网络可视对象提供定义与描述，为了明确定义、
理解对象，把数据类型、长度一类的描述信息保留在对象字典中。可以通过网络得到这些
保留在 OD 中的网络可视对象的描述信息。

2. 系统管理内核

　　系统管理内核（System Management Kernel，SMK）在模型分层结构中只占有应用层
和用户层的位置。系统管理内核主要负责与网络系统相关的管理任务，如确定本设备在
网段中的位号，协调与网络上其他设备的动作和功能块执行时间。用来控制系统管理操
作的信息被组织成对象，存储在系统管理信息库（System Management Information Base，
SMIB）中。系统管理内核包含现场总线系统的关键结构和可操作参数，它的任务是在设
备运行之前将基本的系统信息置入 SMIB，然后根据系统专用名分配给该设备，并带入运
行状态。

　　系统管理内核（SMK）采用系统管理内核协议（SMKP）与远程 SMK 通信。当设备
加入网络之后，可以按需要设置远程设备和功能块。由 SMK 提供对象字典服务，如在
网络上对所有设备广播对象名，等待包含这一对象的设备响应，而后获取网络中关于对
象的信息。

　　为协调与网络上其他设备的动作和功能块同步，系统管理还为应用时钟同步提供一个
通用的应用时钟参考，使每个设备都能共享公共的时间，并可通过调度对象控制功能块执
行。功能块应用进程（Function Block Application Process，FBAP）在模型分层结构中位于应

用层和用户层。功能块应用进程主要用于实现用户所需要的各种功能。

3. 功能块应用进程

应用进程（AP）是 ISO 7498—1984 中为参考模型所定义的名词，用于描述驻留在设备内的分布式应用。AP 一词在现场总线系统中是指在设备内部实现一组相关功能的整体。而功能块把为实现某种应用功能或算法，按某种方式反复执行的函数模块化，功能块提供一个通用结构来规定输入、输出、算法和控制参数，把输入参数通过这种模块化的函数转换为输出参数。例如，PID 功能块完成现场总线系统中的控制计算，AP 功能块完成参数输入并转换为输出参数。每种功能块都被单独定义，并可为其他功能块所调用。将多个功能块及其相互连接集成为功能块应用。在功能块应用进程部分，除了功能块对象之外，不包括对象字典（OD）和设备描述（DD）。在功能块连接中，采用 OD 和 DD 来简化设备的互操作，因而也可以把 OD 和 DD 看作支持功能块应用的标准化工具。

3.2.2　FF 总线通信数据

FF 总线协议数据报文如图 3-2 所示。信息帧形成之后，还要通过物理层转换为符合规范的物理信号，在网络系统的管理控制下，发送到现场总线网段上。

图 3-2 表明了 FF 总线协议数据的内容和模型中每层应该附加的信息。它也从一个角度反映了现场总线报文信息的形成过程。例如，某个用户要将数据通过现场总线发往其他设备，首先在用户层形成用户数据，并把它们送往总线报文规范层处理，每帧最多可发送 251 个 8 位字节的数据信息；用户数据信息在 FAS、FMS、DLL 各层分别加上各层的协议控制信息，在数据链路层加上帧校验信息后，送往物理层将数据打包，即加上帧前界定码、帧后界定码，也就是开头码、帧结束码，并在开头码之前加上用于时钟同步的前导码，或称为同步码。

协议报文编码携带了 FF 总线要传输的数据报文，这些数据报文由各层的协议数据单元生成。FF 总线通信的协议报文编码由前导码、帧前界定码和帧结束码组成。前导码、帧前界定码和帧结束码如图 3-3 所示。

FF 总线采用曼彻斯特编码技术，将数据编码加载到直流电压或电流上形成物理信号。FF 总线每帧报文的长度为 8 ～ 273 个字节。

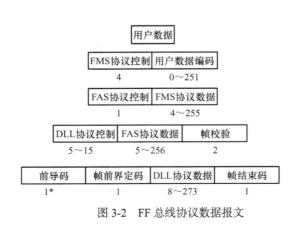

图 3-2　FF 总线协议数据报文

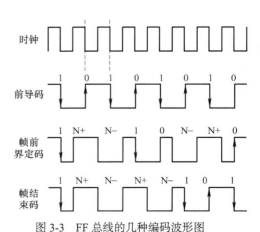

图 3-3　FF 总线的几种编码波形图

3.3　FF 总线的主要形式

FF 总线分为 FF-H1 总线、FF-H2 总线和 HSE 总线。FF-H1、FF-H2 总线网段的主要特性参数如表 3-1 所示。

表 3-1　H1、H2 总线网段的主要特性参数

	低速现场总线 H1			高速现场总线 H2		
传输速率	31.25kbit/s	31.25kbit/s	31.25kbit/s	1Mbit/s	1Mbit/s	2.5Mbit/s
信号类型	电压	电压	电压	电流	电压	电压
拓扑结构	总线型 / 菊花链 / 树形	总线型 / 菊花链 / 树形	总线型 / 菊花链 / 树形	总线型	总线型	总线型
通信距离 /m	1900	1900	1900	750	750	750
分支长度 /m	120	120	120	0	0	0
供电方式	非总线供电	总线供电	总线供电	总线供电	非总线供电	非总线供电
本质安全	不支持	不支持	支持	支持	支持	支持
设备数 / 段	32/2	12/1	6/2	32/2	32/2	32/2

3.3.1　FF-H1 总线

FF-H1 总线采用同步数字化传输方式，并采用符合 IEC 61158 国际现场总线标准的现场物理层，速率为 31.25kbit/s，驱动电压为 9～32V，使用电缆型屏蔽双绞线，接线拓扑结构可采用总线型、树形、星形或复合形，通信距离可达 1900m（可加中继器延长），可支持总线供电防爆环境。

FF-H1 作为工厂的底层网络，相对一般广域网、局域网而言，它是低速网段。它可以由单一总线段或多总线段构成，也可以由网桥把不同传输速率、不同传输介质的总线段互联而构成。网桥在不同总线段之间透明地转换传送信息。还可以通过网关或计算机接口卡，将其与工厂管理层的网段挂接，彻底打破了多年来未曾解决的自动化信息孤岛的局面，形成了完整的工厂信息网络。

1. FF-H1 主要技术

FF-H1 围绕工业现场的通信系统和分布式的网络自动化系统形成了它的技术特色，综合了通信技术和网络自动化技术。FF-H1 的主要技术如下。

（1）通信技术　FF-H1 的通信技术主要包括通信模型、通信协议、网络管理和系统管理等。它涉及一系列与通信相关的硬件与软件，如专用集成电路、计算机接口卡、中继器、网桥、网关、通信栈软件等。

（2）功能块技术　FF-H1 借鉴分布式控制系统（DCS）的功能块及功能块组态技术，在现场总线仪表或设备中定义了多种标准功能块（FB）。功能块可实现某种算法或应用功能。标准功能块包括输入、输出、算法、事件、参数和块图等。这既便于用户对功能块的应用，也便于不同制造商产品中的功能块混合组态或调用。

（3）设备描述技术　FF-H1 为了支持标准的功能块操作，实现现场总线仪表或设备的互操作性，共享不同制造商总线设备中的功能块，采用了设备描述（DD）技术。为了进行设

备描述，FF-H1 规定了相应的设备描述语言（Device Description Language，DDL），采用设备描述编译器把使用 DDL 编写的设备描述的源程序转换成计算机可读的目标文件。控制系统正是凭借这些可读的目标文件来理解不同制造商的总线设备的数据意义。FF 把 FF-H1 标准的 DD 和经 FF-H1 注册过的制造商附加 DD 写成 CD-ROM，提供给用户。

（4）系统集成技术　FF-H1 是通信系统和控制系统的集成，是集通信、网络、计算机、控制于一体的综合性技术，如网络技术、组态技术、控制技术、人机接口技术、网络管理技术、诊断维护技术和 OPC 技术。

（5）系统测试技术　FF-H1 为了保证系统的开放性和通用性，规定了一致性测试技术、互操作性测试技术、系统功能和性能测试技术、总线监听和分析技术。一致性测试技术和互操作性测试技术是为保证系统开放性采取的措施，其中，一致性测试技术保证通信网络系统符合规范，互操作性测试技术保证不同制造商的总线设备的功能块可以混合组态和协同操作。同时，为了保证现场总线设备所组成的实际网络能正常运行，并达到所要求的系统性能指标，还需要对系统功能和性能进行综合性测试。总线监听和分析技术用于测试及判断总线上通信信号的流通状态，以便于通信系统的调试、诊断和维护。

2. FF-H1 技术特点

FF-H1 技术具有以下特点。

（1）支持总线供电　FF-H1 采用了基于 IEC 1158-2 的双线信号传输技术，并为现场设备提供两种供电方式：非总线供电和总线供电。非总线供电的现场设备的工作电源直接来自外部电源。在总线供电方式下，总线上既要传送数字信号，又要由总线为现场设备提供电能。按 FF-H1 的技术规范，携带协议信息的数字信号以 31.25kHz 的频率、0.75 ~ 1V 的峰值电压被调制到 9 ~ 32V 的直流供电电压上。

（2）支持本质安全　FF-H1 的现场设备按照设备是否为总线供电，是否可用于易燃、易爆环境以及功耗类别进行分类。根据本质防爆的要求，应用于易燃、易爆场合的设备，除了应保证能完成测量、控制、通信等工作外，还应在任何情况下（如断路、短路、故障以及维护维修等情况）不产生火花和不引发燃烧、爆炸等重大事故。FF-H1 技术规范规定的总线供电的本质安全型标准设备的推荐参数为：最高输入电压低于 24V，最大输入电流小于 250mA，最大输入功率小于 12W，最大内部电容小于 5nF，最大内部电感小于 20μH。

（3）令牌总线访问机制　FF-H1 采用了令牌传递的总线控制方式。从物理上看，这种方式是一种总线型结构的局域网，站点共享的传输介质为总线。从逻辑上看，它是一种环形结构的局域网，连接到总线上的站点组成一个逻辑环，每个站点都被赋予一个顺序的逻辑位置，站点只有取得令牌才能发送数据帧，该令牌在逻辑环上依次传递。FF-H1 中的令牌传递是由链路活动调度器（LAS）进行控制的，确保了控制系统中信息传输的及时性。FF-H1 的通信活动分为调度通信和非调度通信。

（4）内容广泛的用户层　FF-H1 在应用层上增加了一个内容广泛的用户层，它由两个部分组成，即功能块和设备描述语言，从而使设备与系统的集成以及互操作更加易于实现。

3.3.2　FF-H2 总线

FF-H2 总线的速率为 1Mbit/s 或 2.5Mbit/s。由于 FF-H2 的速度相对较低，不能够适应工业数据高速通信的应用需求，因此 FF-H2 未正式颁布。

3.3.3　HSE 总线

FF 放弃了其原来规划的 FF-H2 高速现场总线标准，并于 2000 年 3 月 29 日公布了基于以太网的高速现场总线技术规范，即 HSE 1.0 版，它迎合了控制和仪器仪表最终用户对可互操作的、节约成本的、高速的现场总线解决方案的要求。HSE 充分利用低成本和商业可用的以太网技术，并以 100Mbit/s 到 1Gbit/s 或更高的速度运行。HSE 已经被列入 IEC 61158 国际现场总线标准，属于 FF 技术的组成部分。FF-H1 和 HSE 属于两种不同的现场总线，FF-H1 采用符合 IEC 61158 国际现场总线标准的现场物理层，HSE 则采用高速以太网为其物理层。HSE 支持所有 FF 低速部分 31.25kbit/s 的功能，如功能模块和设备描述语言，并支持 FF-H1 设备与基于以太网的设备通过链接设备接口进行连接（详细内容见 9.6 节）。

3.4　FF-H1 总线通信模型

3.4.1　OSI 通信模型

FF-H1 通信模型按功能分为三大组成部分，即通信实体、系统管理内核和功能块应用进程，如图 3-4 所示。各部分之间通过虚拟通信关系（Virtual Communication Relationship，VCR）来传递信息，相当于逻辑通信信道。VCR 表示了两个或者多个应用进程之间的关系，是各应用进程（Application Process，AP）之间的逻辑通信信道。

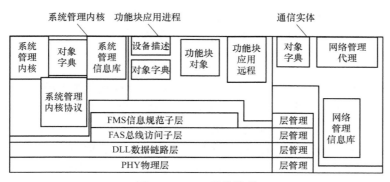

图 3-4　FF-H1 通信模型

在 FF-H1 通信模型的相应软件和硬件开发过程中，将数据链路层、应用层、用户层（功能块、网络管理和系统管理）的软功能集成为通信栈，供软件开发商开发，通过软件编程来实现。另外再开发 FF-H1 专用集成电路及相关硬件，用硬件来实现物理层和数据链路层的功能。这样，通过软件和硬件相结合在物理上实现 FF-H1 的通信模型。

3.4.2　VCR 虚拟通信关系

FF-H1 总线控制系统建立两台现场设备或仪表应用进程（AP）之间的通信连接，现场设备应用进程之间的连接是一种逻辑上的连接，或称作软连接，因此，把这种通信连接称为虚拟通信关系（Virtual Communication Relationships，VCR）。

VCR 正是 FF 现场总线网络各应用之间的通信信道。为满足不同的应用需要，FF 现场总线设置了3种类型的虚拟通信关系：客户/服务器（Client/Server）VCR、报告分发（Report Distributed）VCR、发布方/接收方（Publisher/Subscriber）VCR。

1. 客户/服务器 VCR

当总线上的一台设备从链路活动调度器（LAS）得到一个传输令牌（PT）时，它可以发送一个请求报文给现场总线上的另一台设备，请求者被称为"客户（Client）"，而收到请求的设备被称为"服务器（Server）"，服务器收到来自LAS的PT时发送相应的响应。同一台设备在不同的时刻，既可以看作请求者，也可以看作被请求者，也就是说，该设备在不同的时刻既可以作为客户，也可以作为服务器。客户/服务器VCR类型用于实现现场总线设备间的通信。它们是排队的、非调度的、用户初始化的、一对一的，常用于操作员产生的请求，如设定点改变、整定参数的存取和改变、报文确认和设备信息的上传/下载。

这种非周期性通信是在周期性通信的间隙中进行的，两台设备之间采用令牌传递机制共享周期性通信以外的间隙时间，所以存在传送中断的可能。当发生这种情况时，可采用再传送程序以恢复中断了的程序。

2. 报告分发 VCR

当总线上的一台设备有事件或者趋势报告，收到来自链路活动调度器（LAS）的一个传输令牌（PT）时，将报文发送给由该VCR定义的一个"组地址"——总线设备。在该VCR中，被组态为接收的设备将接收这个报文。该发布者称为报告分发者。这种采用一个报告者对应一组接收者的通信关系被称为报告分发VCR类型。

报告分发VCR类型属于队列化的、非调度的、用户初始化的、一对多的通信。它一般用于现场总线设备发送报警通知、趋势数据给操作员控制台。

3. 发布方/接收方 VCR

当一台总线设备从链路活动调度器（LAS）得到一个传输令牌（PT）时，该设备就将其缓冲器中的信息向总线上的多台设备发布或广播这些信息，这个广播信息者被称为发布方（Publisher），收听这些信息的设备被称为接收方（Subscriber）。这种采用一台设备广播其缓冲器信息而多台设备同时接听的通信关系称为发布方/接收方VCR。

这种通信关系的特点是发布方缓冲器的内容会在一次广播中传送到所有接收方的缓冲器内，同时，通信关系的建立可以是周期性的或非周期性的，既可以由链路活动调度者按准确的时间周期发出令牌，也可以由用户以非周期方式发起。

发布方/接收方VCR类型属于总线上的一台设备与多台设备之间的缓冲式的、一对多的通信。缓冲意味着在网络中只保留数据的最新版本，新数据完全覆盖以前的数据，它常用于刷新功能块的输入/输出数据，如刷新过程变量（PV）和操作输出（OUT）等。表3-2总结比较了上述3种VCR类型。

表3-2　VCR 类型

VCR 类型	客户/服务器 VCR	报告分发 VCR	发布方/接收方 VCR
通信类型	排队、一对一、非周期	排队、一对多、非周期	缓冲、一对多、周期或非周期
信息类型	设置参数或操作模型	事件报告、趋势报告	刷新功能块的输入/输出

（续）

VCR 类型	客户 / 服务器 VCR	报告分发 VCR	发布方 / 接收方 VCR
典型应用	改变设定值、改变模式、调整控制参数、上传 / 下载、报警管理、远程诊断、访问显示画面	向操作台报告报警信息和历史趋势数据	向 PID 等控制功能块和操作台发送过程变量（PV）及操作输出（OUT）

3.5　FF-H1 总线物理层

3.5.1　31.25kbit/s 现场总线

31.25kbit/s 现场总线属于低速总线 FF-H1，可用于温度、液位和流量等控制应用场合，其设备可由现场总线直接供电，支持非现场总线供电，也能在原有的 4～20mA 设备的线路上运行。FF-H1 总线支持本质安全（IS），可在安全区域的电源和危险区域的本质安全设备之间加上本质安全栅。

3.5.2　31.25kbit/s 现场总线信号

31.25kbit/s（FF-H1）总线为电压型信号类型，发送设备以 31.25kbit/s 的速率将 ±10mA 电流信号传送给一个 50Ω 的等效负载，产生一个调制在直流电源上的电压为 1V 的峰—峰值信号。直流电源的电压范围为 9～32V；电压模式的 FF-H1 总线信号波形如图 3-5 所示。

对于本质安全应用场合，FF-H1 允许的电源电压应由安全栅额定值给定。根据 FF-H1 的报文结构，FF-H1 物理层（PHY）信号通信由以下几种信号编码组成。

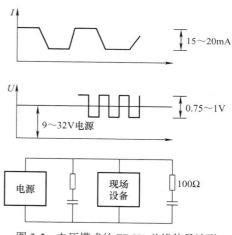

图 3-5　电压模式的 FF-H1 总线信号波形

1. 协议报文编码

协议报文编码携带了现场总线要传输的数据报文。FF-H1 总线采用曼彻斯特编码技术将数据编码加载到直流电压或电流上以形成物理信号，如图 3-6 所示。在曼彻斯特编码过程中，每个时钟周期被分成两部分，用前半周期为低电平、后半周期为高电平形成的脉冲正跳变来表示 0，用前半周期为高电平、后半周期为低电平的脉冲负跳变表示 1。这种编码的优点是数据编码中隐含了同步时钟信号，不必另外设置同步信号。对于这种数据编码，在每个时钟周期的中间都必然会存在一次电平的跳变。每帧协议报文的长度为 8～273 个字节。

2. 前导码

前导码是置于通信信号最前端的特别规定的 8 位数字信号，即一个字节，一般情况下，

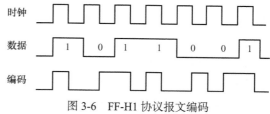

图 3-6　FF-H1 协议报文编码

它是一个字节的长度。如果采用中继器，则前导码可以多于一个字节。收信端的接收器正是采用这一信号与正在接收的现场总线信号同步其内部时钟的。

3. 帧前界定码

帧前界定码标明了现场总线信息的起点，其长度为 8 个时钟周期，也就是一个 8 位的字节。帧前界定码由特殊的 N+ 码、N- 码和正负跳变脉冲按规定的顺序组成。在 FF 现场总线的物理信号中，N+ 码和 N- 码具有自己的特殊性。它不像数据编码那样在每个时钟周期的中间都必然存在一次电平的跳变，N+ 码在整个时钟周期都保持高电平，N- 码在整个时钟周期都保持低电平，即它们在时钟周期的中间不存在电平的跳变。收信端的接收器利用帧前界定码信号找到现场总线信息的起点。

4. 帧结束码

帧结束码标志着现场总线信息的终止，其长度也为 8 个时钟周期，或称一个字节。像起始码那样，帧结束码也是由特殊的 N+ 码、N- 码和正负跳变脉冲按规定的顺序组成的，当然，其组合顺序不同于起始码。

前导码、帧前界定码、帧结束码都是由物理层的硬件电路生成并加载到物理信号上的。这几种编码波形如图 3-7 所示。作为发送端的发送驱动器，要把前导码、帧前界定码、帧结束码添加到发送序列之中，而接收端的信号接收器则要从所接收的信号序列中去除前导码、帧前界定码、帧结束码。

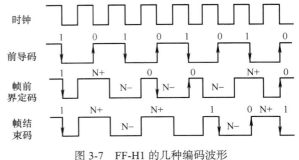

图 3-7　FF-H1 的几种编码波形

3.5.3　31.25kbit/s 现场总线布线

31.25kbit/s（FF-H1）总线拓扑结构支持总线型、星形、树形、单点（点对点）形，以及前 3 种的混合形。其中，总线型用得最多，单点形很少采用。根据网络拓扑结构进行现场布线或接线时，还要注意接地、屏蔽和极性，并符合 FF 规范。FF 规范规定信号导线不能接地。

现场总线 FF-H1 网段分为干线、支线、现场设备（FD）、电源（P）、终端器（T）、总线接口等，如图 3-8 所示。现场总线长度由通信速率、电缆类型、线径、总线供电选择和 IS 选择决定。电缆长度 = 干线长度 + 所有支线长度，最大长度可达 1900m（A 型电缆）。当现场设备间的距离超出规范要求的 1900m 时，可采用中继器延长网段长度或增加网段上的连接设备数；也可采用网桥或网关与不同速度、不同协议的网段连接。终端器置于干线的每一端点处，每段支线都有一台设备，在支线上每加一台设备，支线长度需减少 30m。如果采用总线供电式现场设备，则应该保证每台设备的供电电压不小于 9V（DC）。现场总线可挂接的设备数将依赖

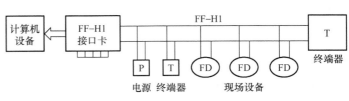

图 3-8　31.25kbit/s（FF-H1）现场总线网段

于每台设备功耗、所有电缆类型及总线电缆的直流电阻、总线电源供电电压及其在网段中的位置、中继器的使用等因素。

3.5.4　本质安全现场总线布线

FF 现场总线本质安全（简称本安，IS）技术是在爆炸性环境下使用电气设备时保证安全的一种方法。图 3-9 为本质安全 31.25kbit/s（FF-H1）总线网段。

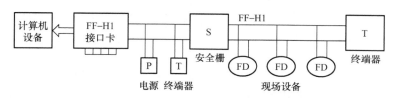

图 3-9　本质安全 31.25kbit/s（FF-H1）总线网段

通常人们把存在爆炸危险的区域称作危险场所。这种场所一般含有下列物品：原油及其衍生物、酒精、天然气体或合成过程气体、金属粉尘、炭粉尘、面粉、淀粉、谷物颗粒、纤维和浮状物。为确保现场人员的人身安全和控制系统的安全，必须采取预防措施，以保证这些具有可燃性物质的环境不被点燃，本质安全现场总线网段也必须配有本质安全防爆栅。

3.6　FF-H1 总线数据链路层

FF-H1 总线的数据链路层（DLL）位于物理层与总线访问子层之间，为系统管理内核和总线访问子层访问总线媒体提供服务。在数据链路层上所生成的协议控制信息，就是为完成对总线上的各类链路传输活动进行控制而设置的。数据链路层实现总线通信中的链路活动调度、数据的发送／接收，活动状态的探测、响应与总线上各设备间的链路时间同步。每个总线段上都有一个媒体访问控制中心，称为链路活动调度器（Link Active Scheduler，LAS）。LAS 具备链路活动调度能力，可形成链路活动调度表，并按照调度表的内容形成各类链路协议数据。链路活动调度是该设备中数据链路层的重要任务。对没有链路活动调度能力的设备来说，其数据链路层要对来自总线的链路数据做出响应，控制总设备对总线的活动。此外，在 DLL 还要对所传输的信息实行帧校验。

3.6.1　通信设备类型

DLL 规范定义了 3 种类型的设备：基本设备、链路主设备和网桥。

1. 基本设备

不具备链路活动调度能力的设备，称为基本设备（Basic Device，BD）。BD 只能接收总线命令并做出响应，即它的 DLL。只能控制本设备对总线的活动，这是最基本的通信功能。因而可以说，总线上的所有设备，包括链路主设备，都具有基本设备的能力。

2. 链路主设备

链路主设备是指那些有能力成为总线段上链路活动调度中心的设备，链路活动调度中心的设备称为链路活动调度器（LAS）。
LAS 具备链路活动调度能力，可形成
链路活动调度表，并按照调度表的内
容形成链路协议数据。链路活动调度
是该设备中 DLL 的重要任务。

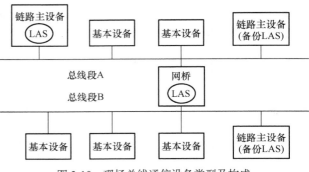

3. 网桥

图 3-10 所示为现场总线通信设备
类型及构成。网桥用于连接不同传输
速率或不同传输介质的网段。由于它
担负着对其下游各总线段的链路活动调度，因而网桥必须成为 LAS。

图 3-10 现场总线通信设备类型及构成

一条总线段上可以连接多种通信设备，也可以挂接多台链路主设备（LMD），但同时只
能有一台 LMD 成为 LAS，没有成为 LAS 的 LMD 起着后备 LAS 的作用。

3.6.2 受调度通信

链路活动调度器（LAS）是一条总线段的调度中心，拥有总线上所有设备的清单及链路
活动调度表。任何时刻，每个总线段上都只有一个 LAS 处于工作状态。总线段上的设备只
有得到 LAS 的许可，才能向总线上传输数据。FF-H1 现场总线的通信活动分为两类：受调
度通信与非调度通信。由 LAS 按预定调度时间表周期性地依次发起的通信活动，称为受调
度通信或周期性通信。LAS 内有一张预定调度时间表，一旦到了某台设备要发送的时间，
LAS 就发送一个强制数据（Compel Data，CD）给这台设备。基本设备收到这个强制数据后，
就可以向总线上发送它的信息。如图 3-11 所示，LAS 发出 CD（x，a），设备 x（发送方）收
到后再发出数据链路报（Data Link Packet）CD（a），使设备 y 和 z（接收方）接收到报文 a。
受调度通信一般用于设备间周期性地传送控制数据，如现场变送器和执行器之间传送闭环
控制的测量信号或输出信号。

3.6.3 非调度通信

在预定调度时间表之外的时间，LAS 向总线发出一个传递令牌（Pass Token，PT），
得到这个令牌的设备才能发送信息。这样的通信方式称为非调度通信或非周期性通信。
如图 3-12 所示，LAS 发出 PT(x)，设备 x 收到后发出 DI(M)，使设备 z 收到报文 DI(M)。非
调度通信内容包括报警 / 事件、维护 / 诊断信息、程序激活信息、显示信息、趋势信息和组
态信息等。

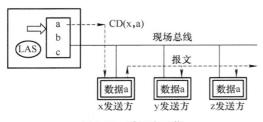

图 3-11 受调度通信

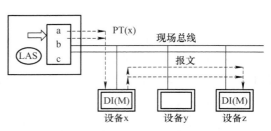

图 3-12 非调度通信

3.6.4　链路活动调度

首先链路主设备（LMD）通过竞争成为链路活动调度器（LAS），然后按照链路活动的调度算法和调度表工作。

1. 链路活动调度权的竞争过程与 LAS 转交

当一个总线段上存在多个链路主设备时，一般通过一个链路活动调度权的竞争过程使赢得竞争的链路主设备成为 LAS。在系统启动或现有 LAS 出错而导致失去 LAS 作用时，总线段上的链路主设备通过竞争争夺 LAS 权。竞争过程中，将选择具有最低节点地址的链路主设备成为 LAS。在系统设计时，可以给希望成为 LAS 的链路主设备分配一个低的节点地址。然而由于种种原因，希望成为 LAS 的链路主设备并不一定能赢得竞争而真正成为 LAS。例如在系统启动时的竞争中，某个设备的初始化可能比另一个链路主设备要慢，因而尽管它具有更低的节点地址，却不能赢得竞争而成为 LAS。当具有低节点地址的链路主设备加入已经处于运行状态的网络时，由于网段上已经有了一个在岗 LAS，在没有出现新的竞争之前，它也不可能成为 LAS。

如果确实想让某个链路主设备成为 LAS，还可以采用数据链路层提供的另一种办法。此时要在该设备网络管理信息库的组态中置入这一信息，以让设备了解希望把 LAS 转交给它的这种要求。

一条现场总线上的多个链路主设备可以构成链路活动调度器的冗余。如果在岗的链路活动调度器发生故障，总线上的链路主设备就会通过一个新的竞争过程，使其中赢得竞争的那个链路主设备变成链路活动调度器，以便总线可继续工作。

2. 链路活动的调度算法

链路活动调度器的工作按照一个预先安排好的调度时间表来进行。预定调度表包含了所有要周期性发生的通信活动时间。到了某个设备发布信息的预定时间，链路活动调度器就向该设备中的特定数据缓冲器发出一个强制数据（CD）。这个设备马上向总线上的所有设备发布信息。这是链路活动调度器执行的最高优先级的行为。

链路活动调度器（LAS）可以发送两种令牌，即强制数据令牌和传递令牌。得到令牌的设备才有权对总线传输数据。一个总线段在一个时刻只能有一个设备拥有令牌。强制数据的协议数据单元用于分配强制数据令牌。LAS 按照调度表周期性地向现场设备循环发送 CD。LAS 把 CD 发送到数据发布者的缓冲器，得到 CD 后，数据发布者便开始传输缓冲器内的内容。

3.6.5　数据链路维护

有可能对传递令牌做出响应的所有设备均被列入活动表。链路活动调度器周期性地对那些不在活动表内的地址发出节点探测信息（PN），如果这个地址有设备存在，就会马上返回一个探测响应信息。链路活动调度器就把这个设备列入活动表，并且发给这个设备一个节点活动信息，以确认把它添加到了活动表中。

一个设备只要能响应链路活动调度器发出的传递令牌，就会一直保持在活动表内。如果一个设备既不使用令牌，也不把令牌返还给链路活动调度器，经过 3 次试验后，链路活动调度器就把它从活动表中去掉。每当一个设备被添加到活动表或从活动表中去掉时，链路活动调度器就对活动表中的所有设备广播这一变化。这样，每个设备都能够保持一个正确的活动表的复制件。

3.6.6 数据链路协议数据单元

数据链路协议数据单元（DLPDU）结构如表 3-3 所示。

表 3-3　DLPDU 结构

协议信息	帧控制信息	数据链路地址			参数	用户数据
		目的地址	源地址	第二源地址		
字节数	1	4	4	4	2	n

DLPDU 的协议控制信息由 3 部分组成。第一部分是帧控制信息，它只有一个 8 位字节，指明了该 DLPDU 的种类、地址长度、优先权等。第二部分是数据链路地址，包括目的地址与源地址，当然，并非所有种类的 DLPDU 都具有目的地址与源地址。有些类别的 DLPDU 只有源地址，没有目的地址；有的甚至既无源地址，也无目的地址，如探测响应类的 DLPDU。如果第一部分字节中的第 5 位为 "1"，则说明数据链路地址为 4 个 8 位字节的长地址，否则，若第 5 位为 "0"，说明数据链路地址为短地址，只有低位的两个 8 位字节为真正的链路地址，高位的两个地址字节为 00。第三部分则指明了该类 DLPDU 的参数，已经规定了 20 多种参数。

3.6.7 数据传输方式

FF-H1 现场总线提供无连接和面向连接的两种数据传输方式。

1. 无连接的数据传输方式

无连接的数据传输方式是指在数据链路服务访问点（Data Link Service Access Point，DLSAP）之间排队传输数据链路协议数据单元（Data Link Protocol Data Unit，DLPDU）。这类传输方式主要用于在总线上发送广播数据。通过组态可以把多个地址编为一组，并使其成为数据传输的目的地址。同时也容许多个数据链路服务访问点把数据发送到一组相同的地址上。数据接收者不一定对数据来源进行辨认与定位。

无连接数据传输的特点是在数据传输之前不需要单独为数据传输而发送创建连接的报文，也不需要数据接收者的应答响应信息。也就是说，在数据链路层不必为控制其传输而另外设置任何报文信息，因而不需要数据缓冲器。每个传输的优先权都是分别规定的。

2. 面向连接的数据传输方式

面向连接的数据传输方式，则要求在数据传输之前发布某种信息来建立连接关系。面向连接的数据传输又分为两种：通信双方经请求响应交换信息的传输方式、以数据发送方的 DLPDU 为依据的传输方式。

1）通信双方请求响应交换信息的传输方式。对于该连接方式，在要求建立连接时，创建带有通信发起者的源地址和目的地址的连接控制帧。响应方需指出它是否接收这个连接请求。一旦数据传输在一个连接上开始，所有 DLPDU 内的数据就以相同的优先权被传输。

2）以数据发送方的 DLPDU 为依据的传输方式。该连接方式所传输的 DLPDU 只含有一个地址，即发布者的地址。接收者知道发布者的这个地址，并根据该地址接收发布者发出的数据，接收者对发布者的辨认情况不必使发布者知道。

当数据传输从发布者开始时，它对本地网段的所有接收方广播一个创建连接的 EC DLPDU，且不要求对此 EC DLPDU 做出响应。而当传输从数据接收者开始时，它对发布者发出一个 EC DLPDU，发布者收到后，再对本地网段广播一个 EC DLPDU。接收者采用它所收到的第一个 EC DLPDU 来确认其连接关系。这个 EC DLPDU 或许是所请求的发布者对它响应的 EC DLPDU，或许是某个发布者首先对它发出的。建立连接后，接收者就开始收到来自发布者的数据，即 DT DLPDU。

受调度通信发送方式只能在本网段内发送数据。当发送者与接收者处于不同网段时，要在发布者与网桥、网桥与接收者之间分别建立相关的连接。本网段内发送者的 EC DLPDU 必须发送到接收者的数据链路连接终点；远程连接时，则要发送到转发者（如网桥）的数据链路连接终点。网桥内包含一个数据再发布实体，相继重发它所收到的数据。如果网桥作为远程连接的链路活动调度器（LAS），则要包含一个相应的调度实体，周期性地向数据链路连接终点发送一个 CD（Compel Data，强制数据）DLPDU。

如果属于非调度通信，则网桥在发布方和接收方之间转送 EC、CD、DT DLPDU，而不是再发布。

表 3-4 所示为 DLPDU 的种类和强制数据帧控制信息格式。其中，帧控制字节中的 L 指明数据地址的长度。L 为 "0" 表示是短地址，L 为 "1" 表示是长地址。F 则指明是否为令牌的最后用户，或指明是应该结束这个执行序列还是要重新开始。PP 则用于指明 DLPDU 和传递令牌的优先等级。链路地址内的 "*" 号个数表示该地址占用的 8 位字节数，1 ~ 4个 "*" 分别表示 1 ~ 4 个字节，无 "*" 号则表示没有这个字节。

表 3-4 DLPDU 的种类和强制数据帧控制信息格式

DLPDU 种类	符号	帧控制字节	数据链路地址		
			目的地址	源地址	第二源地址
建立连接 1	EC1	1111 LF00	****	****	****
建立连接 2	EC2	1110 LF00		****	****
断开连接 1	DC1	0111 LF00	****	****	
断开连接 2	DC2	0110 LF00		****	
强制数据 1	CD1	1111 LFPP	****	****	
强制数据 2	CD2	1011 LFPP	****		
数据帧 1	DT1	1101 LFPP	****	****	
数据帧 2	DT2	1001 LFPP	****		
数据帧 3	DT3	0101 LFPP		****	
数据帧 5	DT5	0101 0F00		隐形地址 1	
状态响应	SR	0001 0F11	隐形地址 2	*	
强制时间	CT	0001 0F00			
时间分配	TD	0001 0F01		*	

（续）

DLPDU 种类	符号	帧控制字节	数据链路地址		
			目的地址	源地址	第二源地址
环程延迟询问	RQ	1100 0F00	**	**	
环程延迟回复	RR	1101 0F00	**	**	
探测节点的数据链路地址	PN	0010 0110			
探测响应	PR	0010 0111			
传递令牌	PT	0011 0FPP	*		
返回令牌	RT	0011 0100			
请求区间	RI	0010 0000			
申请成为 LAS	CL	0000 0001		*	
转交 LAS	TL	0000 0110	*		
空闲帧	Idle	0001 0F10			

3.7 FF-H1 总线应用层

3.7.1 现场总线访问子层

现场总线访问子层（Fieldbus Access Sublayer，FAS）是 FF-H1 总线通信参考模型中应用层的一个子层，位于总线报文规范层（Fieldbus Message Specification，FMS）与数据链路层之间，利用数据链路层的受调度通信与非调度通信，为总线报文规范层提供服务，给 PMS 和 AP 提供 VCR 的报文传送服务。

在现场总线的分布式通信系统中，各应用进程（AP）之间要利用通信信道传递信息。在应用层中，把这种模型化的通信信道称为应用关系（Apply Relation，AR）。每个应用关系都是通过连接两个或多个应用关系端点（Application Relationship End Points，AREP）而建立的。

应用关系负责在所要求的时间内，按规定的通信特性，在两个或多个应用进程（AP）之间传送报文。FAS 的主要活动就是传送 FAS 报文，并与它的通信成员进行通信，从而提供与应用关系相关的各种服务。

1. 现场总线访问子层的协议机制（PM）

现场总线访问子层的协议机制分为 3 层：FAS 服务协议机制（FAS Service Protocol Machine，FSPM）、应用关系协议机制（Apply Relation Protocol Machine，ARPM）和 DLL 映射协议机制（DLL Mapping Protocol Machine，DMPM）。三者之间的相互关系如图 3-13 所示。

（1）FAS 服务协议机制（FSPM） FSPM 描述用

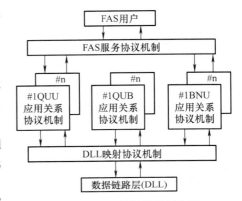

图 3-13 FAS 的协议机制分层

户和特定的应用关系端点之间的接口，FAS 用户是指总线报文规范层和功能块应用进程。对所有类型的应用关系端点，其服务协议机制都是公共的，没有任何状态变化。它负责把服务用户发来的信息转换为 FAS 的内部协议格式，并根据应用关系端点参数为该服务选择一个合适的应用关系协议机制。相反地，根据应用关系端点的特征参数，把 FAS 的内部协议格式转换成用户可接收的格式，并传送给 FAS 用户，简而言之，FSPM 是对上层的接口。

（2）应用关系协议机制（ARPM）　ARPM 是 FAS 层的中心。它描述了应用关系的创建和撤销，以及与远程 ARPM 之间交换协议数据单元。ARPM 负责接收来自 FSPM 或 DMPM 的内部信息，根据应用关系端点类型和参数生成另外的 FAS 协议信息，并把它发送给 DMPM 或 FSPM。如果要求建立或撤销应用关系，就试图建立或撤销这个特指的应用。

（3）DLL 映射协议机制（DMPM）　DMPM 与 FSPM 有些类似，它是对下层即数据链路层的接口。DMPM 把来自 ARPM 的 FAS 内部协议格式转换成数据链路层 DLL 可接收的服务格式，并送给 DLL，或者反过来，将接收到的来自 DLL 的内容以 FAS 内部协议格式发送给 ARPM。

2. 应用关系端点（AREP）的分类

FF-H1 现场总线规定了 3 种应用关系端点（AREP）：源方（Source）和收方（Sink）、客户（Client）和服务器（Server）、发行者（Publisher）和预定者（Subscriber）。

按照应用关系端点（AREP）的综合特性，将 AREP 划分为 3 类端点：排队式、用户触发、单向类 AREP，简称为 QUU 类端点；排队式、用户触发、双向类 AREP，简称为 QUB 类端点；缓冲式、网络调度、单向类 AREP，简称为 BNU 类端点。

（1）QUB 类 AREP　QUB（Queued User-triggered Bidirectional）类 AREP 所提供的应用关系（AR）支持两个应用进程（AP）之间的确认服务。客户端和服务器端的相互作用就属于这一类。

客户端点接收确认服务请求，将它具体体现在相应的 FAS-PDU 中，并把这个 FAS-PDU 交给数据链路层。DLL 按照 AREP 的属性定义，提供排队的、面向连接的数据传输服务。为 AREP 所规定的通信特性决定了如何配置数据链路层。发送所有客户端点的 FAS-PDU 都采用数据链路层提供的相同等级的服务。服务器端点接收从数据链路层来的 FAS-PDU，并按顺序传送确认的服务指针。指针按照接收的顺次排序。

服务器端点接收来自用户的确认服务响应，将它具体体现在相应的 FAS-PDU 中，并把 FAS-PDU 交给数据链路层。数据链路层按照端点的属性定义提供有向排队、面向连接的数据传输服务。发送所有服务器端点的 FAS-PDU 都采用该数据链路层提供的相同等级的服务。客户端点接收这个 FAS-PDU，并把确认服务传送到与这个端点相关的应用进程，完成这个确认服务。

（2）QUU 类 AREP　QUU（Queued User-triggered Undirectional）类 AREP 所提供的应用关系支持从一个 AP 到零个或多个 AP 的按要求排队的非确认服务，源方/收方的相互关系就属于这类。源方 AREP 接收非确认服务请求，将它具体体现在相应的 FAS-PDU 中，并把这个 FAS-PDU 提交给数据链路层。数据链路层按 AREP 的属性定义，提供排队的无连接数据传输服务。采用数据链路层提供的同级服务来发送源方端点的所有 FAS-PDU。收方

AREP 接收从数据链路层来的 FAS-PDU，并按次序传送非确认服务指针，指针按照接收的顺次来排序。

（3）BNU 类 AREP　BNU（Buffered Network-scheduled Undirectional）类 AREP 所提供的应用关系支持对零个或多个应用进程的周期性、缓冲型、非确认的服务，发行者/预订者间的相互作用就属于这类。

发行者 AREP 接收非确认的服务请求，把它具体体现在相应的 FAS-PDU 中，并将 FAS-PDU 交给数据链路层（DLL）。DLL 按照 AREP 的属性定义，提供缓冲型、面向连接的数据传输服务。发送所有来自发行者端点的 FAS-PDU 都采用由 DLL 提供的相同等级的服务。预订者 AREP 从 DLL 接收 FAS-PDU，并且按次序传送非确认的服务指针，该次序是指与这个端点相关的 AP 的接收次序。

如果含有先前服务请求的 FAS-PDU 被发送之前发行者端点收到另一个非确认服务请求，那么先前的 FAS-PDU 将被替代，其结果是先前的 FAS-PDU 将会丢失。与此类似，如果预订者的先前 FAS-PDU 在它的用户读取之前收到了另一个 FAS-PDU，则新来的 FAS-PDU 将替代先前那个，其结果是先前的 FAS-PDU 就丢失了。

如果发行者在数据链路层发送缓冲区的内容被触发之前没有收到新的非确认服务，则同一个 FAS-PDU 将被再发送。如果预订者成功地收到了相同的 FAS-PDU，那么它会向用户提示已经收到了重复的 FAS-PDU。

3. 应用关系的建立方式

每个应用关系（AR）都是通过连接两个或多个同类型的 AREP 建立起来的。AR 之间信息的传送，取决于包含在 AR 中的 AREP 类型。AR 的建立主要有 3 种方法：预先建立、预先组态、动态定义与创建。

（1）预先建立 AR　预先建立 AR 的特点是当应用进程（AP）被连接到一个网络上时，应用关系端点的内容就建立好了。任何应用关系都可以按这种方法事先设置。这样，当应用关系所包含的应用进程之间发生通信时，无须首先在网络上明确地建立应用关系（AR）。不过，要真正实现通信，依然要处理数据传输的状态，在本地把状态带入数据传输阶段。

（2）预先组态 AR　预先组态 AR，但未建立 AR。它的特点是每个端点都知道应用关系（AR）的特性，但定义好的内容要求采用现场总线访问子层（FAS）的相关服务来激活。

（3）动态定义与创建 AR　动态定义与创建 AR 的特点是采用网络管理服务来远程创建应用关系端点，必须为应用关系中所包含的每个 AREP 创建其定义。只有客户/服务器型应用关系的创建才会引发总线访问子层协议数据单元（FAS-PDU）的交换。在交换过程中，采用数据链路连接端点（Data Link Connection End Point，DLCEP）地址作为客户/服务器应用关系端点的全局标识，在数据链路服务应用进程的本地节点间传输 FAS-PDU 内容。

4. FAS 的服务和服务原语

FAS 为它的更高层协议提供一组服务，采用原语来表达服务用户与服务提供者之间的相互关系。

（1）FAS 的服务　对 FAS 发出服务请求的 FAS 用户被称为请求者。对 FAS 发出服务响应的 FAS 用户被称为响应者。在非确认 FAS 用户服务中，从 FAS 接收服务指针的 FAS 用户被称为接收者。

FAS 为它的更高层协议提供以下 7 组服务。

1）ASC（Associate）：创建应用关系（AR）。

2）ABT（Abort）：解除应用关系（AR）。

3）DTC（Data Transfer Confirmed）：用户确认的数据传输。

4）DTU（Data Transfer Unconfirmed）：非用户确认的数据传输。

5）FCMP（FAS Compel）：向 DLL 请求发送缓冲区。

6）GBM（Get Buffered Message）：从 DLL 取回一个 FAS 服务数据单元。

7）FSTS（FAS Status）：向 FAS 用户报告来自 DLL 的事件。

（2）服务原语　采用服务原语来表达服务用户与服务提供者之间的相互作用。FAS 服务的相互作用有 4 种：请求 req、指针 ind、响应 rsp 和确认 cnf。例如，用 ASC 建立应用关系，也可以用它来发送 FAS 用户数据。ASC 服务原语如下。

ASC.req：请求建立应用关系。

ASC.ind：为应用关系建立指针。

ASC.rsp：对建立应用关系的响应。

ASC.cnf：对建立应用关系的确认。

每种服务原语都具有自己的参数、变量与服务结果，参数放于括号内。ASC 服务原语格式如下。

ASC.req (AREP-ID, Remote-DLCEP-addr, Data)。

ASC.ind (AREP-ID, Data)。

ASC.rsp (AREP-ID, Data)。

ASC.cnf (AREP-ID, Data)。

ASC 服务的变量中有 3 个参数。AREP-ID 是应用关系端点识别信息；Data 是数据，可选参数，包含用户数据；Remote-DLCEP-addr 是远程 DLCEP 地址，这是一个条件参数，当这个参数出现时，它带有远程 DLCEP 地址。

在 ASC.rsp 和 ASC.cnf 服务作用中，还具有结果参数。其中，"＋"表示远程用户同意建立应用关系，"－"表示远程用户拒绝建立应用关系的请求。

5. 现场总线访问子层协议数据单元（FAS-PDU）

FAS 通过传送 FAS 协议数据单元（FAS Protocol Data Units，FAS-PDU）的 FAS 报文与它的通信成员进行通信。FAS-PDU 由多个字节组成，其中首字节为 FAS 首部。后面跟随的是 FAS-PDU 的具体信息内容。所有的 FAS-PDU 都具有公共的 PDU 首部 FasArHeader，用来识别抽象语法、传送语法。

例如，ASC- 建立应用关系服务的 PDU 格式如下。

ASC_RepPDU=SEQUENCE{

FasArHeader/*FAS AR 首部（一个字节）*/

Unsigned32/* 该字段（4 个字节）为 AREP 接收 ASC_RepPDU 的全局标识符 */

Unsigned32/* 该字段（4 个字节）为 AREP 发送 ASC_RepPDU 的全局标识符 */

Userdata/*FMS 初始请求 PDU。其最大长度为 dlsdu 的最大长度减去 9（FAS AR 首部和 AREP）*/

```
}
ASC_RepPDU=SEQUENCE{
FasArHeader/*FAS AR 首部（一个字节）*/
Userdata/*FMS 初始出错 PDU。其最大长度为 dlsdu 减去 1（FAS AR 首部）*/
}
```

当 FMS 为 FAS 用户时，FasArHeader（FAS 协议规范）b8 ～ b1 各位的信息内容如表 3-5 所示，其中 b8 位总为 0。当 FMS 不为 FAS 用户时，b8 位保留为 1。b7 ～ b3 位是协议标识位，b1、b2 位表示类型。

表 3-5 FasArHeader b8 ～ b1 各位的信息内容（FMS 为 FAS 用户）

b8 位	b7 ～ b3 位	b2、b1 位	FAS-PDU
（FAS 用户）	（协议标识位）	（类型）	（协议类型名称）
0	00000	00	ASC_Rep PDU，建立 AR 请求
0	00000	01	ASC_Rep PDU，建立 AR 请求
0	00000	10	ASC_Rep PDU，建立 AR 出错
0	00000	11	ABT PDU，解除 AR
0	00001	00	DTC_Rep PDU，确认数据传输请求
0	00001	01	DTC_Rsp PDU，确认数据传输响应
0	00001	10	DTC PDU，非确认数据传输
0	00001	11	保留
0	00010	00 ～ 11	保留

6. 传输路径和策略

（1）传输路径 PARE 的传输路径是应用关系中抽象概念上的通信信道。经过这个信道把 FAS-PDU 从一个端点传送到应用关系的另一个端点。传输路径指在任意两个应用关系端点之间发送或者接收 FAS-PDU 的单程通信路径。

如果只发送或只接收 FAS-PDU，则称为具有一个传输路径。具有单个传输路径的应用关系称为单向应用关系。如果发送和接收两者兼有，则称为具有两个传输路径。具有两个传输路径的应用关系称为双向应用关系。

（2）触发策略 当 FAS-PDU 由本地数据链路层发送时规定了两种触发策略，一种为用户触发，另一种为网络调度触发。用户触发的应用关系端点不采用数据链路层调度，当数据链路层收到 FAS-PDU 时，应尽快把它发送出去。这种触发方式不支持后面要谈到的适时性。网络调度触发则不同，它采用了数据链路层的调度作用。通过组态把数据链路层设置为以规定的频率发送 FAS-PDU，而不管其用户何时接收到它们，当本地或远程的 FAS 用户请求本地数据链路层时，就可以把 FAS-PDU 发送到网络上。

（3）传输策略 传输策略是指从发送方到接收方传送 FAS-PDU 的方法。它指明发送 FAS-PDU 的数据链路是按缓冲模式还是按排队模式。如果应用关系端点采用缓冲传输策略，那么就用一个新的 FAS-PDU 去更新其缓冲器，替换掉原有内容。这样，如果缓冲器中被替换的 FAS-PDU 尚未发送出去，它就丢失了。如果 FAS 没有修改缓冲器，那么一个同样的

FAS-PDU 可以被多次读取，也可以被多次发送，而不会毁坏 FAS-PDU 的内容。

如果一个相同的 FAS-PDU 被多次发送，那么接收者的数据链路层实体就向 FAS 指明缓冲器被刷新过，但本次刷新是先前数据的复制件，与先前的内容相同。FAS 将使它的用户得到这个信息，用户便可判断出所收到数据的陈旧性。

对源方和收方应用关系端点来说，本地端点仅通过远程数据链路服务访问的地址（DLSAP-address）来识别远程 AR 端点。而对客户端、服务器端、预订者端点来说，则是通过远程数据链路连接端点地址（DI，CEP-address）识别出远程端点。发行者端点则不知道预订者端点。

对"自由"客户和"自由"服务器端的 AREP 来说，远程地址是在建立应用关系时动态指定的，而不是组态形成的。"自由"源方和"自由"收方的 AREP，由 FAS 的协议数据单元提供远程地址。

3.7.2　现场总线报文规范

现场总线报文规范（Fieldbus Message Specification，FMS）层是通信参考模型应用层中的另一个子层。它和 FAS 共同构成 FF 的应用层。该层描述了用户应用所需要的通信服务、信息格式、行为状态等。

FMS 提供了一组服务和标准的报文格式。用户应用可采用这种标准格式在总线上相互传递信息，并通过 FMS 服务访问 AP 对象以及它们的对象描述。把对象描述收集在一起形成对象字典（OD）。应用进程（AP）中的网络可视对象和相应的 OD 在 FMS 中称为虚拟现场设备（Virtual Fieldbus Device，VFD）。

FMS 服务在 VCR 端点提供给应用进程。FMS 服务分为有确认的服务和非确认的服务，有确认服务用于操作和控制应用进程对象，如读 / 写变量值及访问对象字典，它使用客户 / 服务器 VCR；非确认服务用于发布数据或通报事件，发布数据使用发布方 / 接收方 VCR，而通报事件使用报告分发 VCR。

现场总线报文规范层由以下几个模块组成：虚拟现场设备（VFD）、对象字典（OD）、FMS 通信服务、FMS 编码解码。

1. 虚拟现场设备（VFD）

从通信端点角度来看，虚拟现场设备（VFD）是一个自动化系统的数据和行为的抽象模型。它用于远距离查看对象字典中定义过的本地设备的数据，其基础是 VFD 对象。VFD 对象含有可由通信用户通过服务使用的所有对象及对象描述。对象描述存放在对象字典中，每个 VFD 都有一个对象描述。因而虚拟现场设备可以看作应用进程（AP）的网络可视对象和相应的对象描述的体现。FMS 服务没有规定具体的执行接口，它们以一种可用函数的抽象格式出现。

一个典型的虚拟现场设备模块可有几个虚拟现场设备，至少应该有两个虚拟现场设备。一个用于网络与系统管理，一个作为功能块应用。它提供对网络管理信息库（NMIB）和系统管理信息库（SMIB）的访问。网络管理信息库（NMIB）包括虚拟通信关系、动态变量、统计量和链路活动调度器调度。当该设备成为链路主设备时，它还负责链路活动调度器（LAS）的调度工作。系统管理信息库（SMIB）的数据包括设备标签、地址信息和对功能块执行的调度。

VFD 对象的寻址由虚拟通信关系表（VCRL）中的 VCR 隐含定义。VFD 对象有几个属性，如厂商名、模型名、版本、行规号等，逻辑状态和物理状态属性说明了设备的通信状态及设备总状态；VFD 对象列表具体说明它所包含的对象。

VFD 支持的服务有 3 种：Status、Unsolicited Status 和 Identify。

1）Status，读取状态服务，Status.req/ind（）、Status.rsp/cnf（Logical Status, Physical Status），括号内的服务属性为逻辑状态、物理状态。

2）Unsolicited Status，设备状态的自发传送服务，如 Unsolicited Status.req/ind（Logical Status, Physical Status）。

3）Identify，读 VFD 识别信息服务，如 Identify.req/ind（）、Identify.rsp/cnf（Vendor Name, Model Name, Revison），括号内的服务属性为厂商名、模型名、版本号。

厂商名、模型名、版本号与行规号都属于可视字符串类，由制造商输入。厂商名、模型名、版本号分别表明制造商的厂名、设备功能模型名和设备的版本水平。行规号以固定的两个 8 位字节表示，如果一个设备没有相应的行规与之对应，则这两个 8 位字节都输入“0”。

逻辑状态指有关该设备的通信能力状态。

0：准备通信状态，所有服务都可正常使用。

2：服务限制数，指某种情况下能支持服务的有限数量。

4：非交互 OD 装载，如果对象字典处于这种状态，则不允许执行 Initiate Put OD 服务。

5：交互 OD 装载，如果对象字典处于这种状态，则所有的连接服务将被封锁，并将拒绝建立进一步的连接，只有 Initiate Put OD 服务可以被接收，才能启动对象字典装载。只有在这种连接状态下才允许以下服务：Initiate、Abort、Reject、Status、Identify、PhysRead、Phywite、Get OD、Initiate Put OD、Put OD、Terminate Put OD。

物理状态则给出了实际设备的大致状态。

0：工作状态。

1：部分工作状态。

2：不工作状态。

3：需要维护状态。

Unsolicited Status 是为用户或设备状态的自发传送而采用的服务。它包括逻辑状态、物理状态和指明本地状态的 Local Detail。

Identify 服务用于读取 VFD 的识别信息。

2. 对象字典（OD）

由对象描述说明通信中跨越现场总线的数据内容。把这些对象描述收集在一起，形成对象字典（Object Dictionary，OD）。对象字典包含以下通信对象的对象描述：数据类型、数据类型结构描述、域、程序调用、简单变量、矩阵、记录、变量表事件。

对象字典（OD）由一系列的条目组成。每一个条目都分别描述一个应用进程对象和它的报文数据。为一个对象字典分配统一的 OD 对象描述。OD 对象描述包含关于这个对象字典结构的信息。用一个唯一的目录号来标注这个对象描述。它是一个 16 位无符号数。目录号或名称在对象与对象描述的服务中起到关键作用。可以在系统组态过程中规定对象描述，也可在组态完成后的任何时候，在两个站点之间传送。对象字典的结构如表 3-6 所示。

表 3-6　对象字典的结构

条目号	对象字典内容	包含的对象
0	字典头，OD 对象描述	OD 结构的信息
1 ~ i	静态类型字典（ST-OD）	数据类型和数据结构
k ~ n	静态对象字典（S-OD）	简单变量、数组、记录、域事件的对象描述
p ~ t	动态变量表列表（DV-OD）	变量表的对象描述
u ~ x	动态程序调用表（DP-OD）	程序调用的数据描述

对象字典（OD）可分为字典头、数据类型、数据结构、静态条目及动态条目 5 部分。

（1）字典头　字典头是对象字典中的第一个条目，即目录 0 或 OD 描述。它描述了对象字典的概貌，如每组条目的起始序号、每组内的条目数量等。

（2）数据类型　数据类型（Data Type）对象指出对象字典中的 AP 所采用的数据类型。条目 1 ~ 63 对标准数据类型进行定义，数据结构定义从对象字典的目录 64 开始。数据类型不可以远程定义。它们在静态类型字典（ST-OD）中有固定的配置。数据类型对象不支持任何服务。

（3）数据结构　数据结构（Data Struct）对象说明记录的结构和大小。它在 ST-OD 中有固定的配置。其元素的数据类型必须使用在 ST-OD 中已定义的数据类型。FF 定义的数据结构有块、值和状态、比例尺、模式、访问允许、报警、事件、警示、趋势、功能块链接、仿真、测试、作用等。

（4）静态条目　静态条目是静态定义的 AP 对象的内容，或称为静态对象字典。静态定义的 AP 对象是指那些在 AP 工作期间不可能被动态建立的对象。静态对象字典中包含了简单变量、数组、记录、域、事件等对象的对象描述。对象字典给每一个对象描述都分配一个目录号。除此之外，还可以为对象，如域（Domain）、程序调用（Program Invocation）、简单变量（Simple Variable）、数组（Array）、记录（Record）、变量表（Variable List）、事件（Event）等，赋予一个可视字符串名称。名称长度可以为 0 ~ 32 个字节。这个名称长度的字节数被输入对象描述的名称长度区。长度为 0，表示不存在名称。

（5）动态条目　动态条目包括动态变量表列表和动态程序调用表两部分。前者为变量表的对象描述，后者为程序调用的对象描述。

动态变量表包含变量表对象的对象描述。通过 Define Variable List 服务动态建立的，也可以通过 Delete Variable List 服务删除，还可赋予对象访问权。给每个变量表对象描述都分配一个目录号，还可以分别为它们分配一个字符串名称。动态变量表所包含的基本信息有变量访问对象号、变量访问对象的逻辑地址指针、访问权等。

动态程序调用表包含程序调用对象的对象描述。动态程序调用表通过 Create Program Invocation 服务动态建立，也可以通过 Delete Program Invocation 服务删除，还可赋予对象访问权。给每个程序调用对象描述都分配一个目录号，还可以分别给它们分配一个字符串名称。动态程序调用表所包含的基本信息有"域"对象号及其逻辑地址指针、访问权等。此外，动态程序调用表还可以包含一个预定义的程序调用段。

3. FMS 通信服务

现场总线报文规范（FMS）层的通信服务，为用户提供了各功能模块在现场总线上通信的标准方法，为每个对象类型定义了专门的 FMS 通信服务。FMS 通信服务包括联络关系管理服务、变量访问服务、事件服务、域上传/下载服务及程序调用服务等。

（1）联络关系管理服务　对虚拟通信关系（VCR）的管理称为联络关系管理，相应的服务有以下 3 种。

1）Initiate：开始连接通信关系，是确认性服务，可以采用 3 种 VCR 之一。

2）Abort：解除已连接通信关系，是非确认性服务，可以采用 3 种 VCR 之一。

3）Reject：拒绝不正确的服务，是确认性服务，采用客户/服务器 VCR。

（2）变量访问服务　变量访问对象在 S-OD 中定义，是不可删除的。这些对象有简单变量、数组、记录、变量表、物理访问对象及数据类型对象、数据结构说明对象。

简单变量是由其数据类型定义的单个变量，它存放于 S-OD。

数组是一组结构性的变量，在 S-OD 中静态地存放，它的所有元素都有相同的数据结构。

记录是由不同数据类型的简单变量组成的集合，对应一个数据结构定义。

变量表是上述变量对象的一个集合，其对象包含来自 S-OD 的 Simple Variable、Array、Record 的一个索引表。一个变量表可由 Define Variable 服务创建，或由删除变量表服务删除。

物理访问对象描述一个实际字节串的访问入口。它没有明确的 OD 对象说明，属性是本地地址和长度。

（3）事件服务　事件（Event）是为从一个设备向另外的设备发送重要报文而定义的。由 FMS 使用者监测导致事件发生的条件，当条件发生时，该应用程序激活事件通知服务，并由使用者确认。

相应的事件服务有事件通知、确认事件通知、事件条件监测、带有事件类型的事件通知。事件服务采用报告分发型 VCR，用于报告事件与管理事件处理。

（4）域上传/下载服务　域（Domain）即一部分存储区，可包含程序和数据，它是字符串类型。域的最大字节数在 OD 中定义。域的属性有名称、数字标识、口令、访问组、访问权限、本地地址、域状态等。

相应的服务主要是上传和下载。FMS 服务容许用户应用在一个远程设备中上传（Upload）或下载（Download）域。上传（Upload）指从现场设备中读取数据，下载（Download）指向现场设备发送或装入数据。对一些如可编程控制器等的较为复杂的设备来说，往往需要跨越总线远程上传或下载一些数据与程序。

（5）程序调用服务　FMS 规范规定了不同种类的对象各具有一定的行为规则。一个远程设备能够控制现场总线上的另一设备中的程序状态。程序状态有非活动、空闲、运行、停止、非运行等。例如，远程设备可以利用 FMS 服务中的创建（Create）程序调用，把非活动状态改变为空闲状态，也可以利用 FMS 中的启动（Start）服务把空闲状态改变为运行状态。

程序调用（Program Invocation，PI）服务允许远程控制一个设备中的程序状态。设备可以采用下载服务把一个程序下载到另一个设备的某个域，然后通过发布 PI 服务请求远程操纵该程序。它所提供的服务将域连接为一个程序，并启动、停止或删除它。一个程序调用由一个 DP-OD 条目定义。PI 对象可以预定义或在线定义，对象字典刷新装载时，所有的 PI 都被删除。

PI 服务有 PI 的创建、删除、启动、停止、恢复、复位和废止。表 3-7 中列出了这类服务的服务名称及服务内容。

表 3-7　PI 服务的名称和服务内容

服务名称	服务内容	服务名称	服务内容
Create Program invocation	创建程序调用对象	Resume	恢复程序执行
Delete Program invocation	删除程序调用对象	Reset	复位
Start	启动程序	Kill	废止程序
Stop	停止程序		

4. FMS 编码解码

FMS 编码模块的功能是把用户的服务请求及相应参数编码成 FMS PDU；FMS 解码模块的功能是把接收到的 FMS PDU 解码，按照事先定义的服务数据结构提取相应参数并提交给用户。FMS PDU 数据编码格式如图 3-14 所示。

First ID Info	Invoke ID	Second ID Info	User Data

图 3-14　FMS PDU 数据编码

FMS 协议数据单元由 3 个字节的固定部分和一个可变长度部分组成，并非所有的 FMS-PDU 都需要可变长度部分，固定部分由以下 3 部分组成。

1）第一标识信息（First ID Info）：表示服务类型，如确认请求、确认响应、确认错误、非确认 PDU、拒绝 PDU、初始 PDU 等，是一个可选类型。

2）Invoke ID：一个字节，数据类型为 8 位整数，表示服务的用户标识，由用户层提供。

3）第二标识信息（Second ID Info）：表示服务类型和用户数据格式，以进一步识别该PDU。可变长度部分由用户数据（User Data）组成，用户字节数根据具体元素的类型确定。

3.8　FF 总线应用设计

FF 总线应用设计时，重点考虑 FF 总线网段硬件限制条件、软件限制条件以及链路活动调节器（LAS）的设置等因素。

3.8.1　FF 总线应用需求

1. 链路活动调度器（LAS）的设置

在一个现场总线网段上应有两个 LAS，主 LAS 设置在 FF-H1 卡内，后备 LAS 设置在现场总线上的某一台设备中（一般是在通信任务较轻的设备内）。所有的 FF 现场总线仪表均有 LAS 后备功能，当主 LAS 不能工作时，其调度功能自动转移到后备 LAS 总线仪表上。

2. FF 总线网段硬件限制条件

FF 总线网段的硬件设计应考虑网段总的电流负载、电缆型号、总线干线长度、总线支线长度、电压降和现场设备数量等因素。FF-H1 总线网段上可挂的设备最大数量受到设备之间的通信量、电源的容量、总线可分配的地址、每段电缆的阻抗等因素的影响。设计时可以使用 Emerson 过程管理公司提供的"现场总线网段设计工具"来设计和检查。

（1）总线网段上 FF 设备数量的规定　每个总线网段上最多安装 12 台 FF 现场总线设备。工程设计时，按每个总线网段上安装 9 台 FF 现场总线设备考虑。

（2）总线电缆长度的规定　每根总线电缆长度（主干线加各分支的总电缆长度之和）不应超过 1200m，单根支线长度不应超过 120m。工程中统计，每个分支的电缆长度平均在 20 ～ 40m。

（3）总线网段电源的规定　每个总线网段电源包括主配电电源和 FF 电源调节器，均为冗余配置。冗余的 FF 电源调节器应能热插拔，并不影响正常通信。电源出现故障时，能发出故障信号，通知 DCS 系统。该电源必须对地隔离。

（4）FF 总线电缆连接的规定　根据 IEC/ISA 物理层标准中指定的电缆类型要求，统一规定全装置采用 A 型电缆（18AWS）屏蔽双绞线，并要求所有现场主干线电缆采用钢丝铠装型 A 型电缆（18AWA）。

采用 MTL 的 Megablock 端子块与各 FF 设备连接，每个 Megablock 端子块都具有短路保护作用，保证在某个分支发生短路时不会影响其他分支的 FF 总线设备正常工作，短路保护器将限制每个分支的短路电流不超过 60mA，能保护变送器上的电压不超过 39V。其中终端器具有过电压保护功能，当高于 75V 时对地放电。

（5）FF 电缆的屏蔽接地的规定　关于屏蔽线的连接，在 FF 现场总线设备上，支线电缆的屏蔽线要剪断，并要用绝缘带包好。各段总线电缆的屏蔽线应在接线箱内通过接地端子连接起来，屏蔽线只能在机柜侧的端子接地，其中间任何地方对地绝缘都要良好。如果干线电缆是多芯电缆，则不同总线网段的分屏蔽线不应在接线箱内被相互连接在一起，也不能与总屏蔽线连接在一起。

（6）终端器的安装　终端器应安装在现场总线电缆的两个末端处。每个网段有两个终端器，一个安装在 FF 电源调节器中，另一个安装在现场 Megablock 端子块中。

（7）重要现场总线设备设置原则

1）I 级控制阀。一个总线网段上只允许连接一个 I 级控制阀，该网段只能连接与该控制阀直接相关的测量仪表。

2）II 级控制阀。一个总线网段上允许连接一个 II 级控制阀，该网段还可以连接一个 III 级控制阀，不允许再连接其他的 I 级控制阀和 II 级控制阀。

3）III 级控制阀。一个总线网段上允许连接两个 III 级控制阀，或者一个 III 级控制阀和一个 II 级控制阀，不允许连接 I 级控制阀。

对于一些特定的设备，例如，精馏塔的 FF 总线设备应与塔顶冷却器有关的 FF 设备放置在不同的网段上。

3. FF 总线网段软件限制条件

1）为了限制一个现场总线网段上的通信量，一个总线网段中不应超过两个控制回路。在一个现场总线网段上，功能块总运行周期为 0.25s 的现场总线设备不能超过 3 台。

2）现场总线设备功能是由功能块的软件来执行的，这些功能块嵌装在现场总线设备中，功能块的组态是从现场总线控制系统上下载到现场总线设备中的。可以指定这些功能块是在现场总线设备中执行或是在 DCS 控制器中执行。

3.8.2　FF 总线的设计和组态

为提高 FF 总线工作效率，在设计和组态时应该尽量减少 FF 现场设备在总线上的通信量，应尽量做到以下几点。

1. 有关宏周期和控制模块执行时间的确定

控制回路的宏周期由网段上所有回路的宏周期来确定，不是简单地相加。功能块的执行时间可以重叠，但在网段上的通信时间不能重叠。宏周期时间主要由以下条件来确定。

1）PID 调节模块放在 FF 阀门定位器中。一个网段宏周期的设定时间要大于这个网段计算需要的时间，例如计算需要的时间为 500ms，则网段宏周期的设定时间应为 1s。此时，DCS 控制模块中执行时间的设定对 PID 模块的运算时间没有影响，只是影响 AI 和 AO 模块等数据的采集时间。例如在控制模块中，扫描时间设定为 1s，则数据刷新时间为 1s，但是 PID 调节模块扫描可能运算两次了。

2）PID 调节模块放置在 DCS 系统控制器中。控制模块执行时间的设定对 PID 调节模块的运算时间有影响，控制模块中的执行时间必须大于网段宏周期的设定时间，它必须包括网段中最新数据的采集、PID 调节模块运算和 AO 模块数据传送给网段等时间。

3）控制回路设置在不同的网段中。如果一个控制回路的 AI、PID、AO 分配在两个网段中，那么假如 PID 调节模块放在阀门定位器中，则控制模块中的执行时间是两个网段中最大宏周期时间的两倍。

4）模块的扫描次序是根据各模块组态次序而定的，它可以被人为地改变，从而影响执行时间。

2. 提高 FF 总线的工作效率

为了提高 FF 总线的工作效率，在设计和组态时应关注 FF 现场设备在总线上的通信量。

1）实现单回路控制功能时，尽量将 PID 调节模块放在阀门定位器中。

2）实现复杂控制功能时，将 PID 调节模块放置在 DCS 控制器中。

3）在 DCS 中，只组态一个控制实体。

4）写现场总线参数时，仅写有变化的参数，以节约非易失性存储器（NVM）资源。

5）将外部参数引入现场总线设备的数量减到最小，因为跨功能块、跨网段引用数据会增加通信量。

3. 现场总线段的功能块设置规定

1）为了限制一个现场总线网段上的通信，一个总线网段设计不应超过两个控制回路。

2）在一个现场总线网段上，控制块总运行宏周期为 0.25s 的现场总线设备不能超过 3 台。

3）模拟量输入 AI 功能模块始终放置在现场变送器中。

4）模拟量输出 AO 功能模块始终放置在现场阀门定位器中。

5）标准的单回路 PID 调节功能块放在阀门定位器中。

6）复杂控制回路 PID 调节模块，一般设置在 DCS 控制器中执行。

7）对于串级控制回路，主回路控制 PID 调节模块设置在 DCS 控制器中执行，副回路控制 PID 调节模块则放到阀门定位器中执行。

8）计算和逻辑的功能块设置在 DCS 控制器中执行。

3.8.3 FF 总线的安装和测试

现场总线使用经验表明，现场总线回路故障的主要原因之一是来自网段上的干扰，而干扰的主要原因是现场总线网段和总线设备的不良安装。基金会现场总线系统工程指南（版本 2.0）对安装提出了详细要求。实践证明，为确保现场总线回路正常运行，在现场总线回路安装之后应进行严格的测试，确保总线电缆屏蔽线的正确连接、对地绝缘良好及电气性能（电阻、电容、电感）指标合适等是十分重要的。FF 总线应用经验有以下几点。

1. FF 总线网段安装

现场总线网段对绝缘要求很高，为了防爆和防止总线回路受潮，规定采用增安型（EExe）接线箱，电缆穿入接线箱时使用防爆电缆密封接头。

采用 FF 总线专用端子块与各总线现场设备连接。每个总线专用端子块都具有短路保护作用，短路时指示灯亮，保证一个支路短路时不影响其他支路的正常工作。短路保护器将限制每个支路的短路电流不超过 60mA。

2. FF 总线测试

现场总线电缆和现场设备安装之后应该经过严格测试，电缆线间的绝缘电阻、线间和对地电容以及总线信号的波形测试等应符合基金会现场总线系统工程指南中的技术要求，各端子的连接必须紧固。

目前，MTL 公司的 FBT3、FBT5、FBT6 和 FLUK 公司的 123 示波器等 FF 现场总线网段测试设备，能检测现场总线网段上的各种故障情况，是目前有效的现场总线网段性能测试工具。

3.8.4 FF 总线的设备调试

1）总线网段地址的设置要便于 DCS 访问，可以采用 DCS 资源管理器来调试设备。在调试过程中，必须使现场总线设备中的参数和 DCS 中组态的 FF 设备位号参数一致。设备调试后再将该参数设置到现场设备中。

2）连接步骤如下：首先将 FF 总线现场设备连接到总线电缆上，然后检查新安装的总线设备的参数，依次单击 DCS 中的资源管理器，从而打开资源管理器，此时在 DCS 中的"未调试现场总线设备目录"下方就可以看到这些新设置的设备参数。

3）确认总线设备处于备用状态。在调试现场总线设备前，使此总线设备处于备用状态。要确定总线设备是否处于备用状态，可以选择未调试现场总线设备目录，从菜单栏中单击 View → Details 命令，确定右边的"Type"栏下方出现 Standby Fieldbus Device（备用现场总线设备）说明。

如果总线设备不处于备用状态，则可以在右侧方格中选择该总线设备，单击鼠标右键并选择"备用状态"命令，总线设备转换到备用状态可能需要 1min 左右。

4）现场总线设备内的参数上传到 DCS 中，确认未调试现场设备的属性、类型、产品生产商和设备版本是否与 DCS 中组态的该位号的现场总线设备的属性参数一致。如果要检查属性，可选择该选项，单击鼠标右键并选中"属性"命令，必要时可修改位号和参数，使其与现场总线设备的属性相匹配。

5）组态并下载到 FF 总线现场设备。FF 总线现场设备调试后，单击"Configure"按钮，可以组态资源块和传感器块的参数。这里的"组态"是设定 FF 现场总线设备内的其他参数，如变送器的温度许可报警值等。在 DCS 的 CPU 中还可组态阀门定位器的 PID 控制模块、DO 模块、DI 模块、变送器的 AI 模块等，将这些功能块下载到现场总线设备，下载的速度取决于 DCS 数据库工作是否繁忙，一般需要几分钟时间。

3.8.5　FF 总线使用问题分析

在系统装置回路调试和启动运行过程中，FF 现场总线回路使用情况基本正常。FF 现场总线通信速度能够满足各种复杂控制回路的调节速度要求。FF 总线现场设备工作稳定，性能好。但也出现 FF 总线现场设备从网段上丢失、DCS 的事件记录中出现通信报警、丢失设备的指示值出现 BAD（坏值）标记、阀门保持原来位置、控制模块出现报警（Module Alarm）、调节器从自动切换到手动模式等故障现象。

如果在 DCS 的资源管理器上发现一些总线网段上有故障标记，就表示这个网段上存在 FF 现场设备不正常的情况，如通信不正常、总线现场设备丢失等。出现这些现象的原因有：总线电缆进线盒处的分支电缆外皮被压破，造成总线分支电缆屏蔽线有两端接地现象，出现信号干扰；设备供电断路或端子松动；接线箱进水，局部短路；某些设备供应商 DD 文件版本不匹配；个别变送器质量故障等原因。

在检查故障时，可使用 MTL 的 FBT-3 检查网段上的信号信息，根据测试到的信号异常判断故障原因，从而进行针对性处理。

3.9　FF 总线在石化领域的应用

3.9.1　FF 总线乙烯工程项目

1. 项目简介

中国石油化工股份公司（SINOPEC）乙烯工程项目总投资约 27 亿美元，年产石化产品 340 万 t，共包括以下 5 部分。

- 90 万 t/ 年乙烯装置、50 万 t/ 年芳烃提取装置和 9 万 t/ 年丁二烯提取装置。
- 50 万 t/ 年苯乙烯装置和 30 万 t/ 年聚苯乙烯装置。
- 60 万 t/ 年聚乙烯装置和 25 万 t/ 年聚丙烯装置。
- 26 万 t/ 年丙烯腈装置。
- 公用工程（OSBL）及辅助设施，包括蒸汽生产、发电以及罐区等。

2005 年 3 月 18 日，90 万 t/ 年乙烯装置开车成功，标志着上海赛科乙烯工程所有的生产装置、公用工程及辅助设施进入正常生产试运行。同时也表明，大规模采用 FF 现场总线控制技术在现代化大型石油化工联合装置中的应用获得了成功。

2. 石油乙烯项目组成

90 万 t/ 年乙烯裂解装置的 FCS 是国内外最大的现场总线系统。该系统包括现场仪表 54 000

多台、48000 多个控制回路、总位号数达 168000 多个。其中，FF 现场总线设备占仪表设备总数量的 26% 以上。项目控制系统集成到一个中心控制室，进行高度集中控制和远程操作，即全厂设一个中央控制室，集中进行所有生产装置的操作控制和生产管理。

项目的 FCS 采用 Emerson（艾默生）公司的 Delta V 系统，控制站除常规 I/O 模块外，还配置了 FF-H1 总线模块。每个 FF-H1 总线模块都带有两个端口，分别挂接两个 FF-H1 总线网段，其中，每个网段的 FF-H1 总线设计 9 台仪表（实用 6 台、备用 3 台）。

上海赛科工程 FF 总线设备有 14375 台，2473 个 FF 总线网段，平均每个网段上挂接 5.8 台 FF 现场设备，现场接线箱 5300 多个。现场总线的 PID 控制功能主要在 FF 阀门定位器中完成，这样就实现了集散控制，极大地降低了自动控制系统和现场控制设备间的数据通信负载，增强了系统可靠性。

FF-H1 总线段上集成了不同厂家的现场总线仪表，这些现场设备主要如下。

- Emerson 的温度、压力、流量等仪表。
- E+H 的雷达液位计和流量计等。
- ABB、FISHER、KOSO、耐莱斯等品牌的阀门定位器。
- ROTORK 的电动机控制器、TYCO 的电动机控制器等。

3. Delta V 系统结构及控制网络

（1）Delta V 系统简介　Delta V 系统是构建在 PlantWeb 架构上的全数字化自动控制系统，通过全厂智能化信息无缝集成的方案实现各种高级系统的应用，从而提高过程控制的效果。

Delta V 网络结构的设计基于对整个工厂的生命周期的考虑，采取模块化设计理念。网络的集成有以下几个特点。

- Delta V 的网络架构是星形结构。
- Delta V 的控制网络是一个相对独立的局域以太网。
- 网络节点可以是工作站、Delta V 控制器。
- 所有网络上的节点都必须通过 Delta V 的认证，包括交换机和服务器。
- 所有的外部连接必须通过 Delta V 的工作站。
- 每个 Delta V 网路都必须有且只有一个主工程师站。

（2）Delta V 基本网络　Delta V 系统结构如图 3-15 所示。

Delta V 系统由工作站、控制器及 I/O 子系统等部分组成，各工作站及控制器之间用以太网方式连接。现场总线设备或常用设备的信号将接入 Delta V 卡件，具备 HART、FF 总线、PROFIBUS-DP 总线、AS-i 总线、DEVICENET 总线 以 及 RS485 串口通信的设备也将连接到 Delta V 的各总线卡件上。

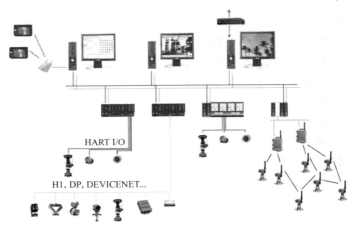

图 3-15　Delta V 系统基本网络结构

　　Delta V 的工作站包括主工程师站、操作站、应用站等。其中，应用站具备 OPC SERVER 功能，并可通过第三块网卡以以太网的方式连接到其他系统，实现系统间的实时数据交换等功能，根据系统配置功能的需要，应用站也可以用作批量数据管理站、Web Server 站等。

　　卡件负责现场信号的采集及处理，由控制器执行控制策略。Delta V 系统可根据应用场合的需要采取冗余控制网络、冗余控制器、冗余电源、冗余卡件等冗余措施。控制器和卡件安装在底板上，各类卡件可根据需要安装在底板上。

　　（3）Delta V 扩展网络　Delta V 系统通过应用站节点可以延伸至企业的工厂网络，将过程数据及有关的历史记录数据上传至上层应用中，如优化分析、实验室分析、工厂生产调度、生产管理等软件系统。Delta V 扩展的网络结构如图 3-16 所示。

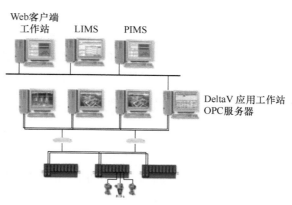

图 3-16　Delta V 扩展的网络结构

　　企业网络作为外部网络不会遵循 Delta V 系统的网络协议，应用站或主工程师站作为系统与外部网络的唯一接口，将利用 OPC 的方式进行数据的传递。

　　对于 Delta V 系统的远程操控，通过直接连接在 Delta V 系统控制网的终端服务器，用户可以从客户端直接执行对系统进行各项操作，根据所制定的工作站的不同属性拥有与网络上实际节点完全相同的功能。

　　（4）Delta V 控制网络　Delta V 控制网络是以 100Mbit/s 的以太网为基础的局域网（LAN）。Delta V 系统的控制网络可以是冗余的网络或单网，Delta V 控制网络是典型的冗余控制网络结构，如图 3-17 所示。

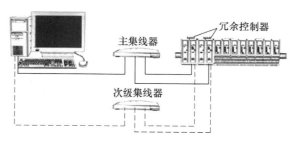

图 3-17　Delta V 冗余控制网络结构

　　Delta V 控制网络采用 TCP/IP 的通信协议，系统自动分配各节点的 IP 地址。每个 Delta V 系统都可支持最多 120 个节点，系统结构灵活，规模可变，易于扩展。

　　在 Delta V 系统中，控制网络采用的设备包括交换机、以太网线及光缆等。Delta V 系统的节点包括工作站、控制器，各节点到交换机的距离小于 100m，需要用光缆进行扩展。Delta V 系统的控制网络考虑到通信的完整性，往往采取冗余方式，并建立两条独立完整的控制网络，即主副控制网络。主副控制网络的交换机、以太网线、工作站和控制器的网络接口也完全是独立的。

　　每个 Delta V 控制器都有主、副两个网络接口。在采用冗余控制器的配置时，每对控制器都会有两个网络接口连接到主交换机上，另两个网络接口连接到副交换机上。Delta V 系统的各工作站都配有 3 块以上的网卡，其中两块用于建立控制网络，另一块用于备用或连接其他系统，如工厂网络等。

3.9.2 FF 总线项目的优点

实践证明，FF 总线技术在大型石油化工装置中大规模应用是可行的。采用现场总线设备，使得工厂自动化水平向数字化、网络化、智能化跨出了重要一步，大大提高企业经济效益，主要表现在减少停机、提高生产灵活性、降低过程可变性、提高资产利用率、减小维护成本、更符合安全和法规要求。

采用 FF 总线的优点如下：

1）减少工程管理总体维护劳动力 50%。

2）对于一个工厂区域的维护，减少操作人员非必要外出现场维护量 60% 以上。

3）在设备投运前，减少组态时间 66%，减少设备标定时间 66%。

4）减少设备调试时间 40% ～ 90%，提高整体效率 1.9%。

5）实现预测性和前瞻性维护，特别是减少事故和非必要停车 25% ～ 92%，给企业带来明显的技术效益和经济效益。

思考题

1. 简要说明 FF 总线的定义。

2. FF 总线的周期性通信和非周期性通信分别用于传输什么类型的参数？

3. 什么是总线供电？简述 FF-H1 的电源调理器作用。

4. FF-H1 网段挂接的节点数受到哪些条件限制？可采取哪些措施提高网段上的节点数？

第 **4** 章

PROFIBUS 总线技术与应用

PROFIBUS 已经在许多领域如生产自动化、过程自动化和楼宇自动化等领域得到了广泛的应用。本章重点介绍 PROFIBUS 总线通信模型、PROFIBUS 总线物理层、PROFIBUS 总线数据链路层、PROFIBUS-DP 现场总线、PROFIBUS-PA 现场总线、PROFIBUS-FMS 现场总线、PROFIBUS 行规和 GSD 文件、PROFIBUS 配置及设备选型、PROFIBUS 总线应用 等。

4.1 PROFIBUS 总线概述

4.1.1 PROFIBUS 总线背景

PROFIBUS 是面向工厂自动化和流程自动化的现场总线标准，它提供了一个从现场传感器直至生产管理层的全方位透明的网络，并凭借其严格的定义、完善的功能、标准而通用的技术成为开放式系统的典范，属于 IEC 国际现场总线标准子集之一。过程现场总线（Process Field Bus，PROFIBUS）是一种国际化、开放式、不依赖设备生产商的现场总线标准。PROFIBUS 为制造业、楼宇和过程自动化提供统一解决方案，广泛适用于制造业自动化、流程工业自动化、楼宇及交通电力等领域自动化。PROFIBUS 是现场总线国际标准 IEC 61158 的类型 3，它既适用于离散生产过程（如机械装备制造过程），也适用于连续生产过程（如石油化工过程等）。截至 2009 年年初，PROFIBUS 全球安装节点已超过 1000 万个。

PROFIBUS 的历史可追溯到 1987 年在德国开始的由政府支持的项目。其目标是实现和建立一个比特串行现场总线，它的基本要求是现场总线设备接口的标准化。PROFIBUS 技术的主要发展历程如下。

- 1987 年，PROFIBUS 由 SIEMENS 公司等 13 家企业和 5 家研究机构联合开发。
- 1989 年，PROFIBUS 被批准为德国工业标准 DIN 19245。
- 1996 年，PROFIBUS 被批准为欧洲标准 EN 50170 V.2（PROFIBUS-FMS/PROFIBUS-DP）。
- 1998 年，PROFIBUS-PA 被批准纳入 EN 50170 V.2。
- 1999 年，PROFIBUS 成为国际标准 IEC 61158 的组成部分（类型 3）。
- 2001 年，PROFIBUS 被批准为我国的行业标准 JB/T 10308.3-2001。
- 2003 年，PROFINET 成为国际标准 IEC 61158 的组成部分（类型 10）。

4.1.2 PROFIBUS 总线分类

PROFIBUS 是不依赖生产厂家的、开放式的现场总线，各种自动化设备可以通过同样的接口交换信息。PROFIBUS 为多主从结构，可方便地构成集中式、集散式和分布式控制系统。PROFIBUS 是唯一的全集成 H1（过程）和 H2（工厂自动化）现场总线解决方案，是一种不依赖于厂家的开放式现场总线标准。针对不同的控制场合，它分为如下 3 个系列。

1）PROFIBUS-DP（H2）。PROFIBUS-DP 用于传感器和执行器级的高速数据传输，以 DIN 19245 的第一部分为基础，根据所需要达到的目标对通信功能加以扩充。PROFIBUS-DP 的传输速率可达 12Mbit/s，一般构成单主站系统，也支持多主站系统。PROFIBUS-DP 主要应用于制造业自动化系统中的单元级和现场级通信。

2）PROFIBUS-PA（H1）。对于安全性要求较高的场合，可选用 PROFIBUS-PA 协议，这由 DIN 19245 的第 4 部分描述。PROFIBUS-PA 具有本质安全特性，实现了 IEC 1158-2 规定的通信规程。PROFIBUS-PA 是 PROFIBUS 的过程自动化解决方案。因此，PROFIBUS-PA 特别适用于化工、石油、冶金等行业的过程自动化控制系统。

3）PROFIBUS-FMS。PROFIBUS-FMS 主要解决车间一级的通用性通信任务，完成中等传输速度进行的循环和非循环的通信任务。由于 PROFIBUS-FMS 完成控制器与智能现场设备之间的通信以及控制器之间的信息交换，所以它考虑的主要问题是系统的功能，而不是系统的响应时间，应用过程通常要求的是随机的信息交换（如改变设定参数等）。PROFIBUS-FMS 给用户提供了广泛的应用范围和更大的灵活性，可用于大范围和复杂的通信系统。

4.2 PROFIBUS 总线通信模型

4.2.1 PROFIBUS 总线结构

典型的工厂自动化系统应该是 3 级网络结构，分别为现场级、车间级、管理级。现场总线 PROFIBUS 是面向现场级与车间级的数字化通信网络。典型的 PROFIBUS 层次结构如图 4-1 所示。

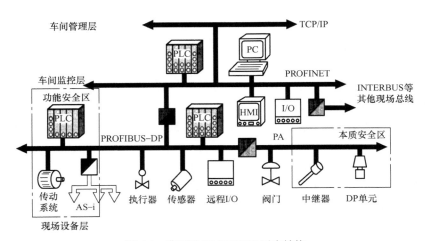

图 4-1　典型的 PROFIBUS 层次结构

1）现场设备层。该层的主要功能是连接现场设备，如分散式 I/O、传感器、驱动器、执行机构、开关设备等，完成现场设备控制及设备间连锁控制。主站（PLC/PC 或其他控制器）负责总线通信管理及所有从站的通信。总线上的所有设备生产工艺控制程序存储在主站中，并由主站执行。

2）车间监控层。车间监控层用来完成车间主生产设备之间的连接，如一个车间 3 条生产线主控制器之间的连接，以完成车间级设备监控。车间级设备监控包括生产设备状态在线监控、设备故障报警及维护等，通常还具有诸如生产统计、生产调度等车间级生产管理功能。车间级监控通常要设立车间监控室，有操作员工作站及打印设备。车间级监控网络早期多采用 PROFIBUS-FMS，它是一个多主站网络，在这一级数据传输速度不是最重要的，重要的是要能够传送大容量信息。现阶段多采用 IEC 802.3、TCP/IP 的通信协议标准的 PROFINET 协议。

3）车间（工厂）管理层。车间操作员工作站可通过集线器与车间办公管理网连接，将车间生产数据送到车间管理层。车间管理网作为工厂主网的一个子网，子网通过交换机、网桥或路由器等连接到厂区骨干网，将车间数据集成到工厂管理层。车间管理层通常所说的以太网，即符合 IEC 802.3、TCP/IP 的通信协议标准。厂区骨干网可根据工厂的实际情况采用 FDDI 或 ATM 等网络。

4.2.2　PROFIBUS 协议结构

1. PROFIBUS 协议分类

PROFIBUS 协议结构依据 ISO 7498 国际标准，以开放式系统互联（Open System Interconnection，OSI）网络作为参考模型。该模型共有 7 层，每个层都精确地处理所定义的任务。PROFIBUS 协议只使用了 OSI 模型的第 1、2、7 层，第 1 层（物理层）规定了线路介质、物理连接和电气特性等；第 2 层（数据链路层）定义了总线存取协议并保证数据传输的正确性；第 7 层（应用层）定义了应用功能。PROFIBUS-DP、PROFIBUS-FMS、PROFIBUS-PA 的协议结构和 PROFIBUS 各协议层及子层的结构如图 4-2 所示。

1）PROFIBUS-DP。定义了第 1、2 层和用户接口。第 3 ～ 7 层未加描述。用户接口规定了用户与系统及相同设备可调用的应用功能，并详细说明了各种不同 PROFIBUS-DP 设备的设备行为。

2）PROFIBUS-FMS。定义了第 1、2、7 层，应用层包括现场总线信息规范（Fieldbus Message Specification，FMS）和低层接口（Lower Layer Interface，LLI）。FMS 包括应用协议并向用户提供了可广泛选用的强有力的通信服务。LLI 协调不同的通信关系并提供不依赖设备的第 2 层访问接口。

3）PROFIBUS-PA。PROFIBUS-PA 的数据传输采用扩展的 PROFIBUS-DP 协议。另外，PROFIBUS-PA 还描述了现场设备行为的 PA 行规。根据 IEC 1158-2 标准，PROFIBUS-PA 的传输技术可确保其本质安全性，而且可通过总线给现场设备供电。使用连接器可在 DP 上扩展 PA 网络。

2. PROFIBUS 网段集成

由于物理层的不同，PROFIBUS-DP 与 PROFIBUS-PA 网段之间必须通过专门的耦合器或者连接器才能够相连，通过耦合器或连接器把 PROFIBUS-PA 网段及其设备集成到

PROFIBUS-DP 网段，实现完整的工业现场总线网络，如图 4-3 所示。

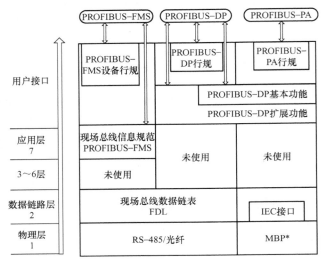

图 4-2　PROFIBUS-DP、PROFIBUS-FMS、PROFIBUS-PA 的协议结构和 PROFIBUS 各协议层及子层的结构

　　注：MBP* 为曼彻斯特电力传输（Manchester Bus Powered）的缩写。

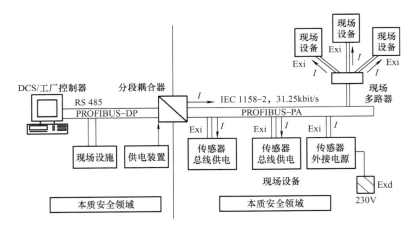

图 4-3　PROFIBUS 网段集成

3. PROFIBUS-DP 总线协议分析

　　PROFIBUS-DP 协议结构与 OSI 参考模型如图 4-4 所示。

　　下面以 PROFIBUS-DP 协议为例说明协议的服务过程。对照 OSI 参考模型，PROFIBUS-DP 协议的第 3 ～ 7 层协议为空；高层的协议由用户接口层和直接数据链路映射层（DDLM）两个子层来实现；在低层，传输物理介质的访问由现场总线数据链路层（FDL）协议来实现，FDL 的技

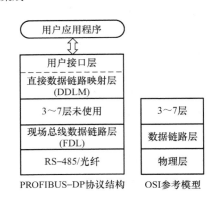

图 4-4　PROFIBUS-DP 协议结构与 OSI 参考模型

术特点与 IEEE 802.4 所描述的令牌总线非常相似，PROFIBUS-DP 协议就是置于 FDL 层之上的。FDL 描述了主动站点或被动站点都可以连接到一个网络上。一个令牌在主动站点之间循环，这样就形成了一个逻辑环，令牌授予站点访问网络的权限。被动站点不能够获取令牌，只能响应主动站点发送过来的请求。拥有令牌的站点可以持有令牌一段时间，这个时间不能多于令牌持有时间（TTH），令牌持有时间等于目标令牌循环时间（TTT）和实际令牌循环时间（TTR）之差。TTT 代表了逻辑环中最大的令牌轮转时间，此参数在组态阶段需要在站点中进行设置。而 TTR 在各个站点每次接收令牌时予以记录。

　　PROFIBUS-DP 协议的两个主要组成部分是用户接口层和直接数据链路映射层（DDLM）。对于主站和从站来说，这两个组成部分分别具有不同的功能。

　　下面对 PROFIBUS-DP 协议结构的用户接口层、直接数据链路映射层、现场总线数据链路层进行介绍。

　　（1）用户接口层　主站用户接口层的主要任务是连接和控制已经指派的从站设备。这项功能是由一组用户接口功能集完成的，而该功能集又是由直接数据链路映射层（DDLM）提供的。电源供电后，从站等待主站对其初始化配置，分别调用两个功能来实现：DDLM_set_prm（设置参数）和 DDLM_chk_cfg（检查组态）。在成功初始化后，从站即进入数据交换阶段，此时通过周期性地调用 DDLM_data_exchange 功能来实现与主站的输入 / 输出数据交换。在数据交换阶段，被轮询的从站可以发送信号通知主站诊断信息已准备好。这时，主站应在当前轮询周期结束末尾通过 DDLM_slave_diag 功能读取从站诊断报文。另外，在数据交换阶段，主站可以发送全局控制命令到从站设备使输入和输出同步，这项功能由 DDL_global_control 来实现，可以用于一个从站或一组从站。

　　（2）现场总线数据链路层（FDL）　直接数据链路映射层（DDLM）的另一个功能是把用户接口层的功能映射到 FDL 层的服务中。为此，现场总线数据链路层（FDL）提供了两种不同的服务：SRD（发送并请求回答的数据）、SDN（发送不要求确认的数据）。

　　SRD 是一种面向无连接的需要确认的服务。从源站点到目的站点，它可以传输最多 246 个字节（8 位）的用户数据，目的站点在正确接收到数据后需要做出确认响应。在响应帧中，可以包含目的站发送给源站的数据，最多不超过 246 个字节。

　　SDN 是一种面向无连接的不要求确认的服务，可以向一个从站或一组从站发送最多 246 个字节的数据。目的站点不需要回送正确接收数据的确认帧，但源站点将会产生一条本地确认信息以表明数据已正确提交到 FDL。

　　（3）直接数据链路映射层（DDLM）　DDLM 使用 SDN 服务来实现 DDLM_global_control 的功能，使用 SRD 服务实现其他功能。SDN 服务不能省略，因为它是 FDL 中唯一可以对一组从站进行操作的服务，这一点正是主站的全局控制命令所必需的。

　　DDLM 使用服务存取点（Service Access Points，SAPs）来识别用户接口层的不同功能。SAPs 定义在 FDL 的协议数据单元（PDU）中（如 PDU 中的 SSAP 表示源服务存取点，DSAP 表示目的服务存取点）。举例说明：DDLM_slave_diag 功能由源服务存取点 SAP62 和目的服务存取点 SAP60 所指定的 SRD 服务实现；DDLM_set_prm 功能由源服务存取点 SAP62 和目的服务存取点 SAP61 来实现。

4.3　PROFIBUS 总线物理层

PROFIBUS 总线提供 3 种传输方式，即用于 PROFIBUS-DP 和 PROFIBUS-FMS 的 RS485 传输、用于 PROFIBUS-PA 的 IEC 1158-2 传输以及光纤（FO）传输。3 种传输方式如下所述。

1. RS485 传输方式

针对工厂制造环境普遍的要求，RS485 传输技术适用于 PROFIBUS-DP、PROFIBUS-FMS 总线；PROFIBUS 经常使用的是 RS485 传输技术。该技术实现简单，总线结构允许增加或移去站点，也可以分步扩展系统而不影响其他站的工作。传输速率范围为 9.6kbit/s ～ 12Mbit/s。一旦系统安装完毕，就只能选定一种传输速率。在一根电缆段上可以连接 32 个站点，如果使用中继器，则总线上最多可以挂接 127 个站点。

2. IEC 1158-2 传输方式

该技术针对过程自动化的要求，具有本质防爆特性，适用于 PROFIBUS-PA 总线。这种技术使用位同步协议，允许通过总线向现场装置供电。每根电缆都仅有一个电源单元，每个现场设备都消耗一定的电流，现场装置作为一个有源电流源，用于总线电缆段两端接有终端器，系统拓扑结构为总线型、树形和星形的场合。

3. 光纤（FO）传输方式

该技术可以增强系统的抗干扰能力和传输距离。在电磁干扰很大的环境下应用 PROFIBUS 系统时，可使用光纤导体来增大高速传输的距离。一般塑料纤维导体用于距离在 50m 以内的场合，玻璃纤维导体用于距离在 1km 以内的场合。许多厂商提供专用的总线插头来将 RS485 信号转换成光纤信号或将光纤信号转换成 RS485 信号，这样就为在同一系统上使用 RS485 和光纤传输技术提供了方便。

在使用不同传输方式的网段间实现互联要使用网关设备。一般的网关有两种：一是耦合器（Coupler），可以完成对用户透明的帧转发；二是具有一定智能过滤功能的链接器（Linker）。

4.4　PROFIBUS 总线数据链路层

4.4.1　PROFIBUS 总线存取协议

根据 OSI 参考模型，第 2 层定义了总线访问控制、传输协议、报文中的数据安全和处理。在 PROFIBUS 中，第 2 层被称为"现场总线数据链路层"。3 种 PROFIBUS（PROFIBUS-DP、PROFIBUS-FMS、PROFIBUS-PA）均使用一致的总线存取协议。总线存取协议包括了数据可靠性、传输协议和报文的处理。在这一层中，由介质存取控制（MAC）子层控制数据的传输，MAC 必须保证在任意一个时刻只能有一个站点在发送数据。

PROFIBUS 总线存取协议包括主站之间采用令牌传送方式，主站与从站之间采用主从方式。PROFIBUS 总线存取协议如图 4-5 所示。

PROFIBUS 协议的设计要满足介质存取控制的如下两个基本要求。

1）在复杂的自动化系统（主站）间的通信，必须保证在确切限定的时间间隔中任何一个站点都要有足够长的时间来完成通信任务。

2）在复杂的程序控制器和简单的 UO 设备（从站）间通信，应尽可能快速又简单地完成数据的实时传输。

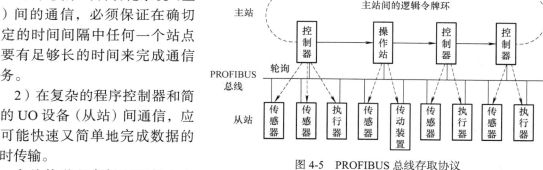

图 4-5　PROFIBUS 总线存取协议

令牌传递程序保证了每个主站都在一个确切规定的时间（Token Hold Time）内得到总线存取权（令牌）。在 PROFIBUS 中，令牌传递仅在各主站之间进行。主从方式允许主站在得到总线存取令牌时可与从站通信，每个主站均可向从站发送或读取信息，而从站只能响应一个主站的请求，它们对总线没有控制权。通过这种方法有可能实现下列系统配置。

- 纯主从系统。
- 纯主主系统（带令牌传递）。
- 混合系统。

图 4-5 中的 4 个主站构成逻辑令牌环，当某主站得到令牌电文后，该主站可在一定的时间内执行主站的工作。在这段时间内，它可依照主从关系表与所有从站通信，也可依照主主关系表与所有主站通信。

令牌环是所有主站的组织链，按照它们的地址构成逻辑环。在这个环中，令牌（总线存取权）在规定的时间内按照次序（地址的升序）在主站中依次传递。

4.4.2　PROFIBUS 总线存取协议特点

令牌环是所有主站的组织链，按照主站的地址构成逻辑环。在这个环中，令牌在规定的时间内按照地址的升序在各主站中依次传递。一旦一个主站获得了令牌，这个主站在一段时间内就成了全网唯一的主站。在这段时间内，它按主从方式控制与管理全网，按优先级进行调度。

在总线系统初建时，主站介质存取控制（MAC）的任务是制定总线上的站点分配并建立逻辑环，在总线运行期间，断电或损坏的主站必须从环中排除，新上电的主站必须加入逻辑环。另外，总线存取控制保证令牌按地址升序依次在各主站间传送，各主站的令牌具体保持时间长短取决于该令牌配置的循环时间。此外，PROFIBUS 介质存取控制的特点是监测传输介质及收发器是否损坏，检查站点地址是否出错（如地址重复）及令牌是否出错（如多个令牌或令牌丢失）。

第 2 层的另一重要任务是保证数据的可靠性。PROFIBUS 第 2 层的数据结构格式可保证数据的高度完整性。PROFIBUS 在第 2 层按照非连接的模式操作，除提供点对点逻辑数据传输外，还提供多点通信，其中包括广播及选择广播功能。

PROFIBUS 总线访问协议具有如下特点。

- 主站或从站可以在任何时间点接入或断开，FDL 将自动重新组织令牌环。

- 令牌环调度确保每个主站都有足够的时间履行它的通信任务，因此用户必须计算全部目标令牌环时间（TTR）。
- 总线访问协议有能力发现有故障的站、失效的令牌、重复的令牌、传输错误和其他所有可能的网络失败。
- 所有信息（包括令牌信息）在传输过程中都应确保高度安全以免传输错误（海明距离 HD=4）。

4.4.3 PROFIBUS 传输服务和报文格式

1. PROFIBUS 传输服务

除逻辑的点对点的数据传输外，PROFIBUS 第 2 层还允许进行广播和群播通信的多点传输。在广播通信中，一个主站发送信息给所有其他站（主站和从站），数据的接收不需应答。在群播通信中，一个主站发送信息给一组站（主站和从站），数据的接收不需应答。第 2 层提供 4 种数据传输服务，如表 4-1 所示。

表 4-1 PROFIBUS 传输服务

服务	功能	PROFIBUS-DP	PROFIBUS-PA	PROFIBUS-FMS
SDA	发送数据需应答	—	—	√
SRD	发送和请求数据需应答	√	√	√
SDN	发送数据不需应答	√	√	√
CSRD	循环地发送和请求数据需应答	—	—	√

2. PROFIBUS 报文格式

几种重要的报文格式如下。

1）无用户数据信息，长度固定的报文格式如下。

SD1	DA	SA	FC	FCS	ED

2）有用户数据信息，长度固定的报文格式如下。

SD3	DA	SA	FC	SSAP	DSAP	DU	FCS	ED

3）有用户数据信息，长度可变的报文格式如下。

LE	LEr	SD2	DA	SA	FC	SSAP	DSAP	DU	FCS	ED

4）短应答，报文格式如下。

SC

5）令牌报文，格式如下。

SD4	DA	SA

其中：

- SDx：开始界定符（Start Delimiter），如 SD1-10H、SD2- 68H、SD3-A2H、SD4-DCH。
- LE：长度（Length），占一个字节，取值范围是 4 ~ 249。
- LEr：重复长度（Repeated Length），占一个字节，取值范围是 4 ~ 249。
- DA：目的地址（Destination Address）。

- SA：源地址（Source Address）。
- FC：功能码（Function Code）。
- FCS：帧检查顺序（Frame Check Sequence）。
- DSAP：目的服务存取点（Destination Service Access Point）。
- SSAP：源服务存取点（Source Service Access Point）。
- DU：数据单元（Data Unit）。
- ED：结束界定符（End Delimiter），16H。

4.5　PROFIBUS-DP 总线

PROFIBUS-DP 通信行规的设计目的是用于现场级快速和高效的数据交换。中央自动化设备（如 PLC、IPC 或过程控制系统）通过快速的串行连接与分散的现场设备（如 I/O、驱动器和阀门及测量变送器等）进行通信。与这些分散设备的数据交换多数是循环的。根据 EN 50170 标准，这些数据交换所需的通信功能由 PROFIBUS-DP 基本功能来定义。除这些基本功能外，PROFIBUS-DP 还提供扩展的非循环的通信服务，用于智能现场设备的参数化、诊断、操作监控和报警处理等。

4.5.1　PROFIBUS-DP 的基本功能

中央控制器（主站）循环地读取从站的输入信息，并循环地向从站写入输出信息。总线循环时间必须比中央控制器程序循环时间短，很多应用场合的程序循环时间约为 10ms。除循环的用户数据传输外，PROFIBUS-DP 还提供强有力的诊断和配置功能，数据通信由主站和从站上的监控功能进行监控。

1. 系统构成

在同一条总线上最多可连接 126 个设备（主站或从站）。由系统组态来定义站点数、站地址、输入 / 输出地址、输入 / 输出数据格式、诊断报文格式和所使用的总线参数。不同的 PROFIBUS-DP 系统由不同类型的设备组成，这些设备分为如下 3 类。

1）PROFIBUS-DP 主站（1 类）（DPM1）。1 类 PROFIBUS-DP 主站是中央处理器，它在确定的周期内与分散的从站循环地交换信息。典型的 1 类主站设备有 PLC 或 PC 等。DPM1 有主动的总线存取权，它可以在固定的时间读现场设备的测量数据（输入）和写执行机构的设定值（输出）。这种连续不断地重复循环是自动化功能的基础。

2）PROFIBUS-DP 主站（2 类）（DPM2）。2 类 PROFIBUS-DP 主站是编程器、组态设备或操作面板。它们在系统投入运行期间主要用于系统维护和诊断，组态所连接的设备，设置测量值和参数，以及请求设备状态等。DPM2 不必永久地连接在总线系统中。DPM2 也有主动总线存取权。

3）PROFIBUS-DP 从站。PROFIBUS-DP 从站是进行输入 / 输出信息采集和发送的外部设备，如 I/O 设备、驱动器、HMI、阀门、变送器、分析装置等。它们读取过程信息并用输出信息去干预过程。也有一些设备只处理输入或输出信息。从通信的角度看，从站是被动设备，它们仅直接响应请求。

2. PROFIBUS-DP 用户数据交换原理

PROFIBUS-DP 数据链路层可提供以下传输服务。

1）发送要求带数据的应答的报文（SRD 服务）。向某个从站发送报文，要求从站发回带数据的应答。SRD 服务过程如图 4-6 所示。

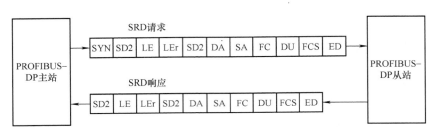

图 4-6　SRD 服务过程

对于 SRD 传输服务，所传输的数据可以是固定长度的，也可以不是固定长度的。对于数据长度固定的和不固定的报文，起始界定符 SD 分别为 A2H 和 68H。SYN 为同步字段，至少需要 33 个位时间。每一个报文发送之前都必须保证至少 33 个位时间长的空载状态。发送时，一个报文的各个字节间没有间隙。

2）不要求应答的广播报文（SDN 服务）。向一组从站发送报文，启动相应的 SDN 服务，不要求从站应答。

3. PROFIBUS-DP 主要功能

PROFIBUS-DP 的主要功能有：PROFIBUS-DP 主站和 PROFIBUS-DP 从站间的循环用户数据传输、控制命令、诊断功能；安全性功能；系统行为、识别号等。

（1）PROFIBUS-DP 主站和 PROFIBUS-DP 从站间的数据传输　PROFIBUS-DP 从站状态机构如图 4-7 所示。

DPM1 与相关 PROFIBUS-DP 从站间的数据传输由 DPM1 按照已确定的循环顺序自动执行。在组态总线系统时，用户确定分配给此 DPM1 的从站，还确定哪些从站纳入循环的用户数据传输，哪些被排斥在外。

DPM1 与所属从站间的数据传输分为 3 个阶段：参数化阶段、组态阶段和数据传输阶段。PROFIBUS-DP 从站的状态机构描述从站在每一种状态下的行为。

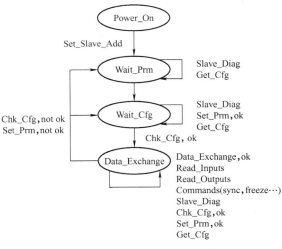

图 4-7　PROFIBUS-DP 从站的状态机构

在参数化阶段，从站由 PROFIBUS-DP 主站用现行总线参数、监控时间和从站的特定参数进行参数化。在参数化报文中，PROFIBUS-DP 主站传送下列信息给 PROFIBUS-DP 从站：从站用不用 Watchdog 控制；定义站延迟时间（TSDR）；支持的锁定同步方式；PROFIBUS-DP 从站对其他主站的锁闭与否；组（Group）的定义；确定相关主站的地址。

PROFIBUS-DP 进入数据传输阶段前，在组态阶段，它检查已设计的组态与实际设备的组态是否相匹配。在此检查过程中，设备类型、数据格式和长度及输入/输出数量必须相符合。这些测试为用户提供可靠的保护以免参数化出错。除了 DPM1 自动执行用户数据传输外，新的参数化数据可以应用户的请求发送给 PROFIBUS-DP 从站，而不必中断数据传输。

（2）控制命令　除了由 DPM1 自动执行与相关从站的循环用户数据传输外，主站还可以向单个从站、一组从站或所有从站发送控制命令。这些控制命令通过可选择的广播命令发送。它们使用同步（Sync）和冻结（Freeze）模式来实现从站的控制事件同步。

当这些从站接收到从它们的主站发送来的同步命令后，即开始进入同步模式，所有被寻址的从站的输出冻结在它们的当前状态。在后继的用户数据传输期间，输出数据存储在此站上，但它们的输出状态保持不变，直到接收到下一个同步命令时，这些存储的输出数据才被发送到输出设备。用非同步（Unsync）命令可以退出同步模式。

类似的，冻结控制命令使被寻址的从站进入冻结模式。在这种模式中，从站的输入状态被冻结在当前值，直到主站发送下一个冻结命令时，输入数据才被更新。用非冻结（Unfreeze）命令可以退出冻结模式。

（3）诊断功能　广泛的 PROFIBUS-DP 诊断功能可对故障进行快速定位。诊断报文在总线上传输并由主站收集。诊断报文分为 3 级。

1）与站有关的诊断。这些诊断报文涉及整个站的一般运行状态，如温度过高、电压过低等。

2）与模块有关的诊断。这些诊断报文指出某个站的某个输入/输出模块出现的故障，如 8 位输出模块出现故障等。

3）与通道有关的诊断。在此情况下，诊断报文指出某个输入/输出位（通道）的故障，如输出断线等。

（4）安全性功能　在分散控制的现场提供有效的安全性功能是十分必要的，PROFIBUS-DP 的安全性功能确保如下检查：参数化错误、站脱落、传输介质脱落、EMC（电磁兼容性）、硬件和软件失效等。

（5）系统行为　PROFIBUS-DP 规范包括了系统行为特性的详细描述以保证设备的可互换性。系统行为主要取决于 DPM1 的运行状态。DPM1 可以由本设备或通过总线由组态设备来控制。主要有以下 3 种状态。

- 停止（Stop）。在此状态下，DPM1 与从站间没有数据传输。
- 清除（Clear）。在此状态下，DPM1 读取从站的输入信息，并将输出信息保持在故障安全状态。
- 运行（Operate）。在此状态下，DPM1 处于数据传输阶段。在循环数据通信时，DPM1 从 PROFIBUS-DP 从站读取数据，并向从站写入输出数据。

在 DPM1 的数据传输阶段，系统对某个错误（如一个从站故障）的反应由组态参数"auto_clear"来决定。如果此参数设置为"真"（True），则一旦从站不再传输数据，DPM1 就立即将从属的所有从站的输出数据转入故障安全状态，然后 DPM1 转换为清除状态；如果此参数设置为"假"（False），则 DPM1 即使在从站出现故障时仍保留在运行状态，然后由用户指定系统的反应。

（6）识别号　每一类 PROFIBUS-DP 从设备和每一类 PROFIBUS-DP 主设备（1 类）都必须分别有一个识别号。PROFIBUS-DP 主站能用一个识别号识别已连接的 PROFIBUS-DP

从站的类型，而无须在前面特别约定。如果设备类型和设备地址都正确，就为在总线上运行做好了准备，此时 PROFIBUS-DP 主站将开始用户数据传输。识别号用 0FFFF 的十六进制数表示，识别号由 PROFIBUS 用户组织发放（如德国的 PNO、美国的 PTO）。

4. PROFIBUS-DP 使用的服务存取点

PROFIBUS-DP 所使用的服务存取点（SAP）被用来选择不同的 PROFIBUS-DP 功能。

- Default-SAP：用户数据交换。
- SAP54：主主功能。
- SAP55：设定 / 更改从地址。
- SAP56：读输入。
- SAP57：读输出。
- SAP58：控制命令。
- SAP59：读组态数据。
- SAP60：读诊断数据。
- SAP61：设定参数化数据。
- SAP62：检查组态数据。

4.5.2 PROFIBUS-DP 的扩展功能

扩展的 PROFIBUS-DP 功能允许在主站与从站间传送非循环的读和写功能及报警，而且可以实现与循环用户数据通信相并行的操作。这样，用户就可以用工程工具（DPM2）去优化所连接的现场设备（从站）的设备参数或读取这些设备的状态，而不致影响系统的运行。扩展 PROFIBUS-DP 功能的数据交换原理如图 4-8 所示。

图 4-8 扩展 PROFIBUS-DP 功能的数据交换原理

这些扩展的功能使得 PROFIBUS-DP 满足了复杂设备的需要，但这些设备往往必须在运行期间进行参数化。现今，扩展的 PROFIBUS-DP 功能主要由工程工具对现场设备进行在线操作。具有低优先权的非循环数据的传输，与快速循环用户数据的传输并行地进行。主站需要附加的时间来执行非循环的通信服务，这一点在整个系统的参数化中必须加以考虑。为此，参数化工具往往增大令牌循环时间以使主站不仅能执行循环的数据传输，也能执行非循环的通信服务。扩展的 PROFIBUS-DP 功能是可选的，与 PROFIBUS-DP 基本功能兼容。由于扩展的功能仅对现有的基本功能做补充，因此对不想使用或不必使用这些扩展功能的现有设备不会产生影响。

1. 使用槽号和索引编址

为寻址数据，PROFIBUS 假设从站由物理组件块或内部的逻辑功能单元（也称为模块）

构成。对循环的数据传输，在 PROFIBUS-DP 基本功能中也使用这些模块，每个模块都具有固定的输入或输出字节数，在用户数据报文中，该模块的传输数据占有固定的位置。这种编址过程以标识符为基础，标识符表示模块的类型，如输入、输出或两者的组合。所有标识符一起给定一个从站的配置，并在系统启动时由 DPM1 进行检查。

新的非循环的服务也以这种模块化的概念为基础。这些模块用槽号（Slot）和索引（Index）来寻址。槽号表示模块，索引表示属于此模块的数据块，每个数据块最多为 244 个字节。对于模块型设备，将槽号分配给模块，模块从 1 号开始按升序连续地编号，槽号 0 用于该设备本身。紧凑型设备可以看作含有多个虚拟模块装置的单元，因此也使用槽号和索引来编址。

在读或写请求中有长度规定时，可以读或写一个数据块的部分数据。如果数据块的存取访问成功，则从站给出读或写成功应答（积极应答）。如果不成功，则从站给出消极应答，并在应答中给出故障类别。

2. DPM1 与从站间非循环的数据传输

下列功能用于中央自动化系统（DPM1）与从站间的非循环的数据传输。

1）MSAC1_Read：主站由从站读数据块。

2）MSAC1_Write：主站向从站写数据块。

3）MSAC1_Alarm：由从站向主站传送报警。报警的接收明确地由主站应答，从站只有在接收到报警应答后才可以发送新的报警报文。也就是说，报警报文不能重写。

4）MSAC1_Alarm_Acknowlege：主站向所属从站应答报警报文的接收。

5）MSAC1_Status：由从站向主站传输状态报文，主站对状态报文的接收不做出应答，因此状态报文可以被重写。通过 MSAC_11 连接实现面向连接的数据传输，此连接由 DPM1 来建立，它非常紧密地连接到用于 DPM1 与从站间循环数据通信的连接，且只能由参数化和组态此从站的主站所使用。

3. DPM2 与从站间非循环的数据传输

下列功能可用于工程和操作员工具（DPM2）与从站间非循环的数据通信。

1）MSAC2_Initiate 和 MSAC2_Abort：用于 DPM2 与从站间非循环的数据通信连接的建立和终止。

2）MSAC2_Read：用于主站由从站读数据块。

3）MSAC2_Write：用于主站向从站写数据块。

4）MSAC2_Data_Transport：使用这种服务，主站可以非循环地向从站写数据，如果需要，在同一个服务循环中主站还可以由从站读数据。此数据的含义定义在专用行规中。

非循环的数据通信是通过连接来实现的，该连接称为 MSAC2。在开始非循环的数据通信之前，由 DPM2 使用 MSAC2_Initiate 服务来建立连接。连接建立后，该连接就可以用于 MSAC2_Read、MSAC2_Write 和 MSAC2_Data_Transport 服务。当不再需要连接时，由 DPM2 使用 MSAC2_Abort 服务来终止该连接。对于一个从站而言，在同一时间通常可以存在若干个活动的 MSAC2 连接。在同一时间可同时存在的活动连接的个数受限于从站的有效资源，并且随设备类型的不同而改变。

非循环的数据传输按预定义的顺序来实现。现通过 MSAC2_Read 服务来描述此顺序。

首先，由主站发送一个 MSAC2_Read 请求给从站，请求中所需的数据用槽号和索引来寻址。该请求被从站接收后，从站就有时机去安排有效的所需数据。此时，主站为了向从站收集所需要的数据仍向从站发送正常的轮询报文，而从站以不带数据的简短确认来回答主站的轮询报文，直到它已处理了此数据。然后，以 MSAC2_Read 响应来回答主站的下一个轮询请求，直到读出的数据发送给主站。数据传输是受时间监控的，在连接建立时，用 DDLM_Initiate 服务来规定监控的时间间隔。如果连接监视器发现了故障，则此连接将自动地在主站和从站两方面解除连接。然后，可以再次建立此连接或由其他站使用。在从站上的服务存取点 SAP40 ~ SAP48 和在 DPM2 上的服务存取点 SAP50 是用于 MSAC2 连接的。

4.5.3　PROFIBUS-DP 的系统结构

PROFIBUS-DP 从构成上可以分为单主站系统和多主站系统。

1. 单主站系统

在单主站系统中，总线系统运行时只有一个主站在总线上活动。主站是中央控制部件，从站通过传输介质分散地与主站连接。单主站系统可实现最短的总线循环时间，如图 4-9 所示。

2. 多主站系统

在多主站系统中，总线上可连接若干个主站。这些主站可能是它与各自的从站构成的相对独

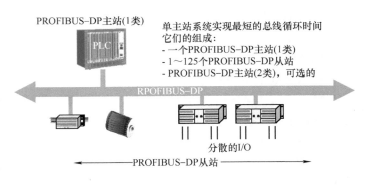

图 4-9　PROFIBUS-DP 单主站系统

立的子系统，包括一个 DPM1、指定的若干从站及可能的 DPM2 设备。任何一个主站均可读取从站的输入和输出映像，但只有在组态时指定为 DPM1 的主站才能向它所属的从站写输出数据。PROFIBUS-DP 多主站系统如图 4-10 所示。

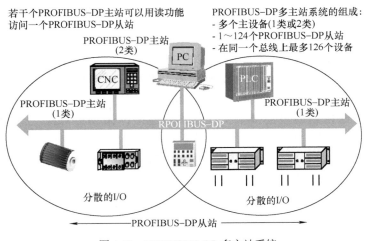

图 4-10　PROFIBUS-DP 多主站系统

PROFIBUS-DP 允许构成单主站或多主站的系统,这为系统组态提供了高度的灵活性。在同一条总线上最多可连接 126 个站点(主站或从站)。系统配置的描述包括站数、地址、I/O 的地址分配、I/O 数据格式、诊断信息以及所使用的总线参数。每个 PROFIBUS-DP 系统都包括 3 种类型的设备。

(1)1 类 PROFIBUS-DP 主站(DPM1)　1 类 PROFIBUS-DP 主站是中央处理器,它在确定的周期内与分散的从站循环地交换信息。典型的 1 类主站设备有 PLC 或 PC 等。

(2)2 类 PROFIBUS-DP 主站(DPM2)　2 类 PROFIBUS-DP 主站是编程器、组态设备或操作面板。它们在系统投入运行期间使用,主要用于系统维护和诊断,组态所连接的设备,设置测量值和参数,以及请求设备状态等。

(3)PROFIBUS-DP 从站　PROFIBUS-DP 从站是进行输入 / 输出信息采集和发送的外部设备,如 I/O 设备、驱动器、HMI、阀门、变送器、分析装置等。

4.6　PROFIBUS-PA 总线

PROFIBUS-PA 是 PROFIBUS-DP 在现场级过程控制领域的通信扩展,它采用总线机制,能够满足过程工业的本质安全以及系统和产品互操作性的要求,保证在危险环境下的变送器和执行器与中央控制器之间的通信。PROFIBUS-PA 是转为过程自动化系统特别设计的总线,可以替代 4 ~ 20mA 的模拟技术。

4.6.1　PROFIBUS-PA 的基本功能

PROFIBUS-PA 采用 PROFIBUS-DP 的基本功能来传送测量值和状态,并用扩展的 PROFIBUS-DP 功能来制定现场设备的参数和进行设备操作,PROFIBUS-PA 的第 1 层采用 IEC1158-2 技术,第 2 层和第 1 层的接口在 DIN 19245 系列标准的第四部分做出了规定。

4.6.2　PROFIBUS-PA 的设备行规

PROFIBUS-PA 行规保证了不同厂商所生产的现场设备的互换性和互操作性,是 PROFIBUS-PA 的一个组成部分,行规的任务是选用各种类型的现场设备真正需要的通信功能,并提供这些设备功能和设备行为的一切必要规格。

目前,PROFIBUS-PA 行规已经对所有的通用测量变送器和其他的一些设备类型做了具体规定,如压力、液位、流量的变送器等;数字量输入和输出;模拟量输入和输出;阀门、定位器等。

4.6.3　PROFIBUS-PA 总线的特性

PROFIBUS-PA 具有如下特性。

- 适合过程自动化应用的行规,使得不同厂家的现场设备具有互操作性。
- 即使在本质安全区域,增加和拆除总线站点也不会影响其他站点的正常运行。
- 在 PROFIBUS-PA 段和 PROFIBUS-DP 段之间通过耦合器连接,可实现段间透明通信。
- 适用与 IEC1158-2 技术相同的双绞线完成远程供电和数据传输。
- 在潜在的爆炸区,可使用防爆型"本质安全"或"非本质安全"。

4.7 PROFIBUS-FMS 总线

PROFIBUS-FMS 的设计旨在解决车间一级的通信问题。在这一级，PLC 与 PC 可以 PROFIBUS-FMS 方式互相通信，强有力的 FMS 服务向人们提供了广泛的应用范围和更大的灵活性。

4.7.1 PROFIBUS-FMS 的基本功能

下面介绍 PROFIBUS-FMS 的基本功能。

1）提供 PROFIBUS-FMS 服务。
- 建立和释放逻辑连接。
- 读 / 写变量。
- 装载和读出数据区。
- 连接、开始和停止程序。
- 高 / 低优先权的发送事件信息。
- 状态请求和设备辨认。
- 对象字典的管理服务。

2）提供现场总线的通信关系。
- 主主连接。
- 数据循环和非循环的主从连接。
- 具有从站启动的数据循环和非循环连接。
- 非连接的通信关系。
- 连接属性（开放、定义、开始）。

3）提供点对点、有选择广播 / 广播通信。

4）提供带可调监视时间间隔的自动连接。

5）提供本地和远程网络管理功能。
- 上下文环境管理。
- 故障管理。
- 组态管理。

6）进行主站和从站设备、单主站或多主站系统配置。

4.7.2 PROFIBUS-FMS 应用层

PROFIBUS-FMS 应用层提供了用户使用的通信服务，这些服务包括访问变量、程序传递、事件控制等。PROFIBUS-FMS 应用层包括下列两部分。
- PROFIBUS-FMS 信息规范（FMS）：描述了通信对象和应用服务。
- 低层接口（Lower Layer Interface，LLI）：PROFIBUS-FMS 服务到第 2 层的接口。

4.7.3 PROFIBUS-FMS 通信模型

PROFIBUS-FMS 利用通信关系将分散的应用过程统一到一个共同的过程中，在应用过程中，可用来通信的那部分现场设备称为虚拟现场设备（VFD），在实际现场设备与 VFD 之间建立一个通信关系表，VFD 通过通信关系表完成对实际现场设备的通信。通信关系表是 VFD 通信变量的集合，如零件数、故障率、停机时间等。

4.7.4　通信对象和通信字典

PROFIBUS-FMS 面向对象通信，它确认 5 种静态通信对象，即简单变量、数组、记录、域和事件，还确认 2 种动态通信：程序调用和变量表。

每个 PROFIBUS-FMS 设备的所有通信对象都填入对象字典（OD）。对于简单设备，OD 可以预定义；对于复杂设备，OD 可以在本地或远程通过组态加到设备中去。静态通信对象进入静态对象字典，动态通信对象进入动态通信字典。每个对象均有一个唯一的索引，为避免非授权存取，每个通信对象可选用存取保护。

4.7.5　PROFIBUS-FMS 服务

PROFIBUS-FMS 服务项目是 ISO 9506 制造信息规范（Manufacturing Message Specification, MMS）服务项目的子集。这些服务项目在现场总线应用中已经被优化，而且还加上了通信对象的管理和网络管理。

PROFIBUS-FMS 提供大量的管理和服务，满足了不同设备对通信提出的广泛需求。通信项目的选用取决于不同的应用，具体的应用领域在 PROFIBUS-FMS 行规中规定。

4.7.6　PROFIBUS-FMS 与 PROFIBUS-DP 的连接

PROFIBUS-FMS 与 PROFIBUS-DP 设备在一条总线上进行混合操作，是 PROFIBUS 的一个优点。两个协议也可以同时在一台设备上执行，这些设备被称为混合设备。之所以可以进行混合操作，是因为 PROFIBUS-FMS 和 PROFIBUS-DP 均使用统一的传输技术和总线存取协议，不同的应用功能是通过第 2 层不同的服务点来分开的。

4.8　PROFIBUS 行规和 GSD 文件

为保证自动化系统中总线节点的交互作用，节点的基本功用与服务必须匹配，因此定义了应用行规，应用行规是与独立于设备厂商的标准规范，确认了不同厂商提供的类似设备有一致的机能。应用行规分：通用设备类功用特性、特定设备功用特性、特定行业功用特性三大类。PROFIBUS 行规分通用应用行规和专用应用行规。

4.8.1　通用应用行规

通用应用行规描述多于一个应用的功能和特性。它们也可以与专用应用行规联合使用。通用应用行规主要针对设备故障安全、总线集成、系统时间同步、从站冗余等方面。

1. PROFIsafe 故障安全

长期以来，用于工厂自动化和过程自动化的分布式现场总线技术受到的约束是安全任务只能使用第 2 层的传统技术或分布式专用总线来解决。现在，PROFIBUS 使用 PROFIsafe

建立了一种全面的开放解决方案，它符合大多数重要的安全准则。

PROFIsafe定义故障安全（Fail-safe）设备（如紧急停机按钮、发光阵列、溢出停车等）如何通过PROFIBUS与故障安全控制器安全通信，以使它们用于与安全有关的自动化任务，达到符合EN954、AK6或SIL3（Safety Integrity Level）的KAT4。通过行规也就是通过用户数据的特殊格式和特殊协议来实现安全通信。

制造商、用户、标准化委员会及检查机构已经联合制定了PROFIsafe规范。它以有关标准为基础，主要是IEC 61508，这些标准特别注重软件开发。

PROFIsafe考虑了许多在连续总线通信中出现的各种可能的出错，如延误、数据的丢失或重复、错误的顺序、寻址或不可靠的数据等。可以选择如下一些用于PROFIsafe的补救措施。

- 安全报文的连续编号。
- 用于输入报文帧和它们的确认的暂停时间（Timeout）。
- 发送者与接收者之间的标识（Password）。
- 附加的数据安全性（Cyclic Redundancy Check，CRC）。

这些补救措施与有关专利"SIL monitor"（故障报文频率的监视）巧妙结合，使PROFIsafe安全等级可以达到SIL 3，并可超过此等级。

PROFIsafe是一个单通道的"软件解决方案"，它在设备中作为PROFIBUS以及PROFINET之上的附加层，采用PROFIsafe的故障安全模式，如图4-11所示，标准的PROFIBUS部件（如总线、接插件/网络组件、ASIC或协议）保持不变。

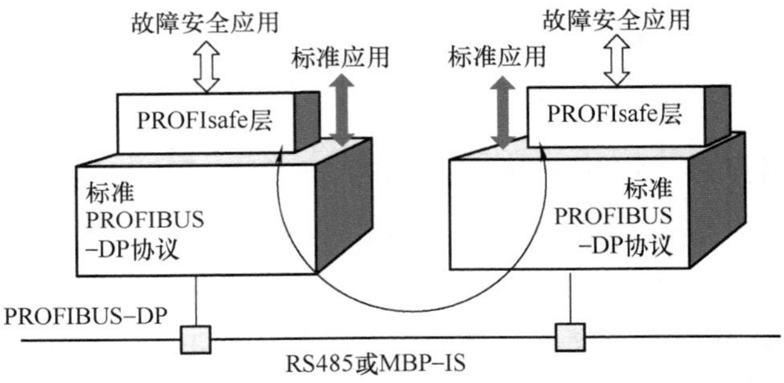

图4-11 采用PROFIsafe的故障安全模式

使用PROFIsafe行规的设备能够与PROFIBUS标准设备无限制地在同一条总线（电缆）上共同运行。

PROFIsafe使用非循环的通信，并可以用RS485、光纤或MBP传输技术，这就确保了快速响应时间（对于制造工业是很重要的）和本质安全操作（对于过程工业是很重要的）。

在应用期间（SIL2运行可靠性）可以组态故障安全功能，因此在处理技术方面只需提供和准备一个用于故障安全的标准设备类型或标准的操作。

像通用的软件驱动程序一样，PROFIsafe可用于广泛的开发和运行环境。

2. PROFIBUS上的HART集成

HART客户机应用被集成在PROFIBUS主站中，而HART主站被集成在PROFIBUS从站中，如图4-12所示，PROFIBUS作为一个多路器并处理HART设备的通信。

PROFIBUS的"HART"规范为解决此问题提供了一种开放的解决方案。它结合了PROFIBUS通信机制的优点，而对PROFIBUS协议和服务、PROFIBUS PDU、状态机和功能特性等无须做任何改变。

此规范定义为一种PROFIBUS的行规，在第7层之上的主站和从站中实现它，这样可以使HART客户机—主站—服务器（Client-Master-Server）模型映像到PROFIBUS上。在规范制定工作方面，HART 基金会保证了本规范与 HART 规范的完全一致性。

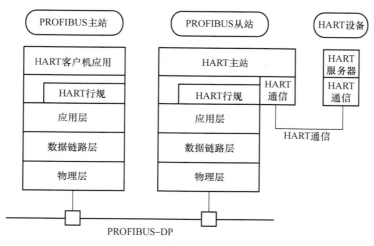

图 4-12　在 PROFIBUS 上运行 HART 设备

用于 HART 报文传输的通信通道的操作与 MS1 和 MS2 的连接无关。HMD（HART Master Device）可以支持若干个客户机。客户机的个数取决于它的实际要求。

HART 设备可以通过不同的元件将 HMD 连接到 PROFIBUS。

3. 时间标签（Time Stamps）

时间标签和报警报文如图 4-13 所示。

在记录网络中的定时功能（如记录诊断和故障位置）时，能提供带有时间标签的某些事件和动作是十分有用的，时间标签可精确地对时间赋值。为达到此目的，PROFIBUS 提供时间标签（Time

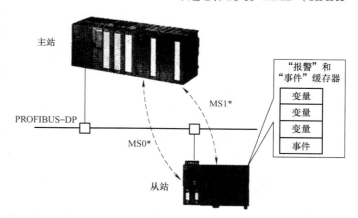

图 4-13　时间标签和报警报文

注：MS0*—周期性数据通信。
　　MS1*—与 1 类主站的非周期性数据通信。

Stamp）行规。前提条件是在 MS3 类服务（无连接型）上由时钟主站对从站中的时钟进行控制。系统可以给事件一个精确的系统时间标签并相应地读出。"报警"（Alerts）包含不同等级的报文类型，报文类型分为高优先权的"报警"（Alarms）和低优先权的"事件"。在这两种情况下，主站从现场设备的警报和事件缓存器中非循环地（采用 MS1 服务）读出贴有时间标签的过程值和报警报文。

4. 从站冗余

在许多应用中都要求安装具有冗余通信特性的现场设备。为此，PROFIBUS 已经制定了用于从站冗余机制的规范，PROFIBUS 中的从站冗余如图 4-14 所示。

从站设备包含两种不同的 PROFIBUS 接口，称为"第一"（Primary）和"后备"（Backup）从站接口。它们既可以在同一个设备中，也可以分布在两个设备中。

这些设备需装有两个具有特殊冗余扩展的独立的协议栈（Stack）。

在两个协议栈之间运行冗余通信（RedCom），这两个协议栈可在一个设备内或在两个设备之间。冗余通信是独立于 PROFIBUS，并且主要由冗余转换次数（Reversing Times）来决定设备的执行能力（Performance Capability）。

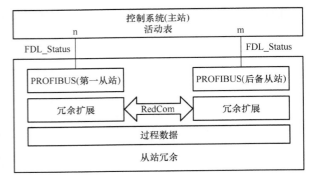

图 4-14　PROFIBUS 中的从站冗余

在正常模式下，只在第一从站上发送通信，仅组态第一从站，此从站也可以发送后备从站的诊断数据。在第一从站出现故障的情况下，后备从站完成它的功能。出现此事件的原因是检查出第一从站本身有故障或主站有此请求。此外，主站监视所有从站，一旦后备从站出现故障且无其他的冗余，则发送诊断报文。

冗余从站设备可以在一条 PROFIBUS 总线上运行，在有附加冗余总线的情况下也可以在两条 PROFIBUS 总线上运行。对于用户来说，这种冗余解决方案有以下优点。

- 一种设备类型可实现不同的冗余结构。
- 主站、总线和从站冗余是可以彼此独立实现的。
- 对于后备从站无须额外地配置，这样就不需要使用复杂组态的工具进行组态。
- 可以完全监视从站的两个部分（第一从站和后备从站）。
- 从站设备对总线负载无影响，因此也不影响 PROFIBUS 的动态响应。

PROFIBUS 从站设备的冗余提供高有效性，缩短了转换时间，无数据丢失，从而确保了容错。

4.8.2　专用应用行规

PROFIBUS 具有非常广泛的应用行业，因此 PROFIBUS 与其他主要现场总线相比有突出的优势。PROFIBUS 的观念已经纳入新的国际标准中。它不仅已经开发了满足特殊工业用户要求的多种专用行规，还成功地兼备了多种标准的、开放的现场总线系统的所有应用中的重要方面。表 4-2 列出了全部现有的及正在制定的 PROFIBUS 专用应用行规。

表 4-2　PROFIBUS 专用应用行规

名称	行规内容	版本现状
PROFIdrive	本行规规定了在 PROFIBUS 上工作的调速装置的设备行为和存取数据的规程	V2 3.072 V3 3.172
PA Devices	本行规规定了 PROFIBUS 上的过程控制自动化设备特性	V3.0 3.042
Robots/NC	本行规描述怎样通过 PROFIBUS 来控制加工机械和装配机器人设备	V1.0 3.052

（续）

名称	行规内容	版本现状
Panel Devices	本行规描述简单人机界面（HMI）设备与高层自动化部件的接口	V1.0D 3.082
Encoders	本行规描述具有单圈或多圈分辨率的旋转编码器、角度编码器和线性编码器的接口	V1.1 3.062
Fluid Power	本行规描述了在 PROFIBUS 上工作的液压驱动器的控制，符合 VDMA	V1.5 3.112
SEMI	本行规描述在半导体制造中使用的 PROFIBUS 设备的特性（SEMI 标准）	3.152
Low-voltage Switchgear	本行规定义在 PROFIBUS-DP 上工作的低压开关设备（断路开关、电动机起动器等）的数据交换	3.122
Dosing/weighing	本行规描述 PROFIBUS-DP 上的称重和计量系统的实现	3.162
Ident Systems	本行规描述用于标识识别用途的设备（如条码、无线收发器）之间的通信	3.142
Liquid Pumps	本行规定义 PROFIBUS-DP 上的液压泵的实现，符合 VDMA	3.172
Remote I/O for PA Devices	由于远程 I/O 在总线操作中的特殊位置，因此本行规定义不同于 PROFIBUS-PA 设备的远程 I/O 设备模型和数据类型	3.132

4.8.3　GSD 文件

PROFIBUS 系 统 中 的 GSD 文件如图 4-15 所示。

PROFIBUS 设 备 具 有 不 同 的性能，表现为功能（即 I/O 信号的数量和诊断信息）的不同和总线参数（如波特率和时间的监控）的不同。这些参数对每种设备类型和每家生产商来说各有差别，为达到 PROFIBUS 简单的即插即用配置，这些特性均在电子设备数据文件中具体说明，有时称为设备数据库文件或 GSD 文件。

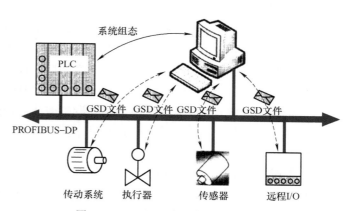

图 4-15　PROFIBUS 系统中的 GSD 文件

标准化的 GSD 数据将通信扩大到操作人员控制一级，使用基于 GSD 的组态工具可将不同厂商生产的设备集成在一个总线系统中。

GSD 文件是用于识别不同 PROFIBUS-DP/PROFIBUS-PA 设备的文本文件。它使得 PROFIBUS-DP/ PROFIBUS-PA 设备可以被不同厂商的组态工具（如西门子公司提供的 COM PROFIBUS、WinCC 等）所识别。一个典型的 GSD 文件通常包含设备的制造厂商信息、所支持的波特率、I/O 定义、功能定义及诊断信息定义等。

GSD 文件分为总体说明、PROFIBUS-DP 主设备相关规定、从设备相关规定 3 部分。

1. 总体说明

总体说明包括厂商和设备名称、软硬件版本情况、支持的波特率、可能的监控时间间隔及总线插头的信号分配。

2. PROFIBUS-DP 主设备相关规定

它包括所有只适用于 PROFIBUS-DP 主设备的参数（如可连接的从设备的最多台数或加载和卸载能力）。从设备没有这些规定。

3. 从设备相关规定

它包括与从设备有关的所有规定（如 I/O 通道的数量和类型、诊断测试的规格及 I/O 数据的一致性信息）。

GSD 文件是 ASCII 文件，可以用 ASCII 文本编辑程序来建立和编辑。对于一些标准的关键字和 GSD 文件所需要的结构，可以参见参考文献 GSD 文件标准。GSD 文件的名称与 PROFIBUS-DP 设备制造商和设备规定有关，并且必须符合 GSD 文件的 PROFIBUS-DP 命名规则。

PROFIBUS 用户组织提供 GSD 文件编辑工具，可以用来编辑或检查 GSD 文件。

4.9 PROFIBUS 配置及设备选型

4.9.1 PROFIBUS 系统的规划

PROFIBUS 总线系统规划主要包括两点：一是系统的结构形式，二是总线的选型。

在考虑系统的结构形式时，主要考虑以下 3 个方面的因素。

- 系统是否分层，分几层，是否需要车间层监控。
- 有无从站，有多少，分布如何，从站设备如何连接，现场设备是否有总线接口，可否采用分散式 I/O 连接从站，哪些设备需选用智能型 I/O 控制，是否可以根据现场设备的地理分布进行分组并确定从站个数及从站功能的划分。
- 有多少主站，如何划分总线段，如何连接。

在考虑总线的选型时，要注意以下几点。

- 根据系统是离散量控制还是流程控制，确定选用 PROFIBUS-DP 还是 PROFIBUS-PA，是否需要考虑本质安全。
- 根据系统对实时性的要求及传输距离，决定现场总线的数据传输速率。
- 根据是否需要车间级监控和监控站，确定是否用 FMS 及连接形式。
- 根据系统的可靠性要求及工程投入资金，决定主站形式及产品。

4.9.2 PROFIBUS 系统的组成

PROFIBUS 总线控制系统主要由下列设备组成。

1. 一类主站

一类主站指 PC、PLC 或者某些控制器。一类主站完成总线通信的控制与管理。

2. 二类主站

二类主站指操作员工作站（如 PC、图形监控软件）、编程器、操作员接口等。二类主站完成站点的数据读 / 写、系统配置、故障诊断等。

3. 从站

从站包括 PLC、分布式 I/O、驱动器、传感器、执行机构等现场设备。

4.9.3　PROFIBUS 系统的配置

PROFIBUS-DP 是一种经过优化的模块，有较高的数据传输速率，适用于系统和外部设备之间的通信，远程 I/O 系统尤为适合。PROFIBUS 总线根据不同方式可分为以下两大类。

1. 按照现场设备类型分类

（1）总线接口形　现场设备不具有 PROFIBUS 接口，采用分散式 I/O 进行总线接口与现场设备的连接，这种形式在现场总线初期容易推广。如果现场设备能分组，则组内设备会相对集中，这种形式会很好地发挥现场总线技术的优点。

（2）单一总线形　现场设备都具有 PROFIBUS 接口。这是一种理想情况，可使用现场总线技术实现完全的分布式结构，这种方案成本较高。

（3）混合形　现场设备部分具有 PROFIBUS 接口，这是一种相当普遍的现象。应采用 PROFIBUS 现场设备加分散式 I/O 混合使用的方法，全部使用具有 PROFIBUS 接口设备的场合不多，分散式 I/O 可作为通用的现场总线接口。

2. 按照实际应用需求分类

根据实际需要，分为如下几种结构类型。

1）以 PLC 或控制器作为一类主站，不设监控站，用编程设备调试。这种结构类型以 PLC 或控制器完成总线通信管理、从站数据读 / 写、从站远程参数化工作。

2）以 PLC 或控制器作为一类主站，监控站通过串口与 PLC 一对一地连接。这种结构类监控站不在 PROFIBUS 网上，不是二类主站，不能直接读取从站数据和完成远程参数化工作。监控站所需的从站数据只能从 PLC 中读取。

3）以 PLC 或其他控制器作为一类主站，监控站作为二类主站（或监控站），通过以太网或总线与一类主站连接，其他 PLC 与作为一类主站的 PLC 连接在 PROFIBUS 总线上。这种结构类型，监控站可完成远程编程、参数化及在线监控功能。

4）使用 PC 加 PROFIBUS 网卡作为一类主站，监控站与一类主站一体化。这是一个低成本方案，但 PC 应选用具有高可靠性、能长时间连续运行的工业级 PC。对于这种结构类型，PC 故障将导致整个系统瘫痪。

5）工控机 +PROFIBUS 网卡 +SOFTPLC 的结构形式。这是一台监控站与一类主站一体化控制器工作站，具有如下功能。

- 支持编程，包括主站应用程序开发、编辑、调试。
- 执行应用程序。
- 通过总线接口对从站的数据读 / 写。
- 从站远程参数化设置。
- 主从站故障报警与记录。
- 图形监控画面设计、数据库建立等监控程序的开发与调试。
- 设备组态、在线图形监控、数据存储与统计等。

SOFTPLC 指将 PC 改造成一台软件实现的 PLC，完成 PLC 的编程、调试、应用程序运行、操作员监控等功能，形成一个 PLC 与监控站一体的控制器工作站。

6）采用两级网络结构。

4.9.4 全厂自动化系统的集成

要实现与车间自动化系统或全厂自动化系统的集成，设备层数据需要进入车间管理层数据库。设备层数据首先进入监控层的监控站，监控站的监控软件包具有一个在线监控数据库，这个数据库的数据分为以下两类。

1）一类是在线数据，如设备状态、数值数据、报警信息等。

2）另一类是历史数据，是对在线数据进行了一些统计分类后存储的数据，可作为生产数据完成日、月、年报表及设备运行记录报表。这部分历史数据通常需要进入车间级管理数据库。

自动化行业流行的实时监控软件，如 FIX、INTOUCH、CITECT、WinCC 等，都具有 Access、Sybase 等数据库的接口。工厂管理层数据库通过车间管理层得到设备层数据。

4.9.5 PROFIBUS 系统的设备选型

下面以 SIEMENS 公司产品为例介绍 PROFIBUS 系统设备选型。

1. PROFIBUS 主站的选型

（1）选择 PLC 作为一类主站　选择 PLC 作为一类主站有两种形式。

1）处理器 CPU 带内置 PROFIBUS 接口。这种 CPU 通常具有一个 PROFIBUS-DP 和一个 MPI 接口，如 S7-300 系列的 CPU 315-2DP、S7-400 系列的 CPU 413-DP 等。

2）PROFIBUS 通信处理器。CPU 不带 PROFIBUS 接口，需要配置 PROFIBUS 通信处理器模块，如 IM308-C 接口模板、CP5431 FMS/DP 通信处理器等。

（2）选择 PC 加网卡作为一类主站　PC 加 PROFIBUS 网卡可作为主站，这类网卡具有 PROFIBUS-DP/PROFIBUS-PA/PROFIBUS-FMS 接口。要注意选择与网卡配合使用的软件包，软件功能决定 PC 作为一类主站还是只作为编程和监控的二类主站，如 CP5411、CP5511、CP5611 网卡及 CP5412 通信处理器。

2. PROFIBUS 从站的选型

根据实际需要，选择带 PROFIBUS 接口的分散式 I/O、传感器、驱动器等从站。从站性能指标一定要首先满足现场设备控制需要，再考虑 PROFIBUS 接口问题。如果从站不具备 PROFIBUS 接口，则可考虑分散式 I/O 方案。

1）分散式 I/O（选择具有 PROFIBUS-DP 接口的 ET200 系列产品），如 ET200M、ET200L 等。

2）PLC 作为从站，即智能型 I/O 从站，如 S5-95U/DP、CPU 215-2DP 等。

3）PROFIBUS-DP/ PROFIBUS-PA 耦合器和链路，如果使用 PROFIBUS-PA，则可能会采用 PROFIBUS-DP 到 PROFIBUS-PA 扩展的方案。这样，需选 PROFIBUS-DP/ PROFIBUS-PA 耦合器和链路，如 IM 157 DP/PA Linker、DP/PA Coupler 实现 PROFIBUS-DP 到 PROFIBUS-PA 的电气性能转换等。

4）CNC 数控装置，如 SINUMERIK 840D、SINUMERIK 840C、IM 382-N、IM 392-N、数字直流驱动器 6RA24/CB24 等。

3. 以 PC 为主机的设备选型

（1）主机　具有 AT 总线、Microsoft DOS/Windows 的 PC、笔记本计算机、工业级计算机可配置成 PROFIBUS 的编程、监控、操作工作站。SIEMENS 公司为其自动化系统设计提供了坚固结构的工业级工作站，即 PG。

1）PG720 及笔记本计算机。PG720 是一种坚固型笔记本计算机，有一个集成的 PROFIBUS-DP 接口，数据传输速率为 1.5Mbit/s。和其他笔记本计算机一样，配合使用 CP5511 TYPE II PCMCIA 卡可连接到 PROFIBUS-DP 上，数据传输速率为 12Mbit/s。通常配置 STEP7 编程软件包作为便携式编程设备。

2）PG740 工业级坚固型携式编程设备。PG740 是一种工业级坚固型携式编程设备，具有 COM1、MPI、COM2、LPTI 接口，并有扩展槽（两个 PCUISA、一个 PCMCIA/II）。PG740 有一个集成的 PROFIBUS-DP 接口，数据传输速率为 1.5Mbit/s。应用 CP5411（ISA）、CP5511（PCMCI）、CP5411（PCI）或 CP5412（A2）（ISA），可连接到 PROFIBUS-DP 上。配置 STEP7 编程软件包可作为编程设备使用。

（2）网卡或编程接口

1）CP5411、CP5511、CP5611 网卡。CPSX 11 自身不带微处理器；CP5411 是短 ISA 卡，CP5511 是 TYPE II PCMCIA 卡，CP5611 是短 PCI 卡。CPSX 11 可运行多种软件包，9 针 D 型插头可成为 PROFIBUS-DP 或 MPI 接口。CPSX 11 运行软件包 SOFTNET-DP/Windows 95、NT4.0 for PROFIBUS，具有如下功能。

PROFIBUS-DP 功能：PG/PC 作为一个 PROFIBUS-DP 一类主站，可连接 PROFIBUS-DP 分型 I/O 设备。主站具有 PROFIBUS-DP 协议，包括初始化、数据库管理、故障诊断、数据传送及控制等功能。

S7 FUNCTION：实现 SIMATIC S7 设备之间的通信。用户可使用 PG/PC 对 SIMATIC S5/S7 编程。

支持 SEND/RECEIVE 功能。

PG FUNCTION：使用 STEP7 PG/PC，支持 MPI 接口。

2）CP5412 通信处理器。CP5412 通信处理器用于 PG 或 AT 兼容机、ISA 总线卡、9 针 D 型接口。具有 DOS、Wdows 3.11、Wdows 95、Wdows NT、UNIX 操作系统下的驱动软件包。支持 FMS、DP、FDL、S7 FUNCTION、PG FUNCTION。具有 C 语言接口。数据传输速率范围为 9.6kbit/s ～ 12Mbit/s。

（3）操作员面板 SIMATIC HMI/COROS　操作员面板用于操作员控制，如设定修改参数、设备起停等；可在线监视设备运行状态，如流程图、趋势图、数值、故障报警、诊断信息等。

1）字符型操作员面板：OP5、OP7、OP15、OP17。

2）图形操作员面板：OP25、OP35、OP37。

（4）SIMATIC WinCC 组态软件　在 PC 基础上的操作员监控系统已得到了很大发展，SIMATIC WinCC（Windows Control Center，Windows 控制中心）使用最新软件技术，在 Windows 环境中提供各种监控功能，确保安全、可靠地控制生产过程。

1）WinCC 主要系统特性。

① 以 PC 为基础的标准操作系统。

该操作系统可在所有标准奔腾处理器的 PC 上运行，是基于 Windows 95 和 Windows NT

的 32 位软件, 可直接使用 PC 提供的硬件和软件, 如 LAN 网卡。

②容量规模可选。

运行不同版本的软件可有不同的变量数, 即 128—64000。借助各种可选软件包、标准软件和帮助文件可方便地完成扩展。可选用单用户系统或客户机 / 服务器结构的多用户系统。选择相应平台 (如 Windows NT 下的多处理器系统) 可获得不同的性能。

③开放的系统内核集成了所有 SCADA 系统功能。

- 图形功能。可自由组态画面, 可完全通过图形对象 (WinCC 图形、Windows、OLE、OCX 对象) 进行操作。图形对象具有动态属性并可对属性进行在线配置。
- 处理功能。用 ANSI-C 语法原理编辑组态图形对象的操作, 该编辑系统内部的 C 编译器执行。
- 报警信息系统。可记录和存储事件并给予显示, 操作简便, 符合德国 DIN 19235 标准。可自由选择信息分类、显示、报表。
- 数据存储。可采集、记录、压缩和测量值, 并有曲线、图表显示及进一步的编辑功能。用户档案库可选。用于存储有关的用户数据记录, 如数据管理及配方参数。
- 标准接口。是 WinCC 的一个集成部分, 通过 ODBC 和 SQL 访问用于组态和过程控制的 Sybase 数据库。
- 应用接口 (API)。可在所有编程模块中使用, 并可提供便利的访问函数和数据功能。开放的开发工具 (ODK) 允许用户编写可用于扩展 WinCC 基本功能的标准应用程序。

④各种 PLC 系统的驱动软件。

SIEMENS 产品: SIMATIC S5、SIMATIC S7、SIMADYN D、SIPART DR、TELEPERM。

与制造商无关的产品: PROFIBUS-DP、FMS、DDE、OPC。

其他制造商产品: AEG Modicon、Allen-Bradley、GE Fanuc、Tlelemecanige、Omron、Mitsubishi。

2) WinCC 与 SIMATIC S5 通信。

① WinCC 与 SIMATIC S5 连接。

- 与编程口的串行连接 (AS511 协议)。
- 用 3964R 串行连接 (RK512 协议)。
- 以太网的第 4 层 (数据块传送)。
- TF 以太网 (TF FUNCTION)。
- S5-PMC 以太网 (PMC 通信)。
- S5-PMC PROFIBUS (PMC 通信)。
- S5-FDL。

② WinCC 与 SIMATIC S7 连接。

- MPI (S7 协议)。
- PROFIBUS (S7 协议)。
- 工业以太网 (S7 协议)。
- TCP/IP。
- SLOT/PLC。
- ST-PMC PROFIBUS (PMC 通信)。

4.9.6　PROFIBUS 系统软件

使用 PROFIBUS 系统，在系统启动前先要对系统及各站点进行配置和参数化工作。完成此项工作的支持软件有两种：一种是 SIMATIC S7，其主要设备的所有 PROFIBUS 通信功能都集成在 STEP7 编程软件中；另一种是 SIMATIC S5 及 PC 网卡，它们的参数化配置由 COM PROFIBUS 软件完成。使用这两种软件可完成 PROFIBUS 系统及各站点的配置参数化、组态、编程、测试、诊断等功能。

1. PROFIBUS 系统配置内容

（1）远程 I/O 从站的配置　STEP7 编程软件和 COM PROFIBUS 参数化软件可完成 PROFIBUS 远程 I/O 从站（包括 PLC 智能型 I/O 从站）的配置，具体包括如下几项。

- PROFIBUS 参数配置：站点、数据传输速率。
- 远程 I/O 从站硬件配置：电源、通信适配器、I/O 模块。
- 远程 I/O 从站的 I/O 模块地址分配。
- 主从站传输输入 / 输出字或字节数及通信映像区地址。
- 设定故障模式。

（2）系统诊断　在线监测下可以找到故障站，并可进一步读到故障提示信息。

（3）第三方设备集成及 GSD 文件　当 PROFIBUS 系统中需要使用第三方设备时，应该得到设备厂商提供的 GSD 文件。将 GSD 文件复制到 STEP7 或 COM PROFIBUS 软件指定目录下，使用 STEP7 或 COM PROFIBUS 软件可在友好的界面指导下完成第三方产品在系统中的配置及参数化工作。

2. STEP7 编程软件

1）STEP7 BASIC 软件可用于 SIMATIC S7、SIMATIC M7 和 SIMATIC C7 可编程序控制器。该软件具有友好的用户界面，可帮助用户很容易地利用上述系统资源。它提供的功能包括系统硬件配置和参数设置、通信配置、编程、测试、起停、维护等。STEP7 可运行在 PG720/720C、PG740、PG760 及 PC/Windows 95 环境下。

2）STEP7 BASIC 软件自动化工程开发提供了各种工具，包括如下几项。

- SIMATIC 管理器：集中管理有关 SIMATIC S7、SIMATIC M7 和 SIMATIC C7 的所有工具软件和数据。
- 符号编辑器：可用于定义符号名称、数据类型和全局变量的注释。
- 硬件组态：用于系统组态和各种模板的参数设置。
- 通信配置：用于 MPI、PROFIBUS-DP/ PROFIBUS-FMS 网络配置。
- 信息功能：用于快速浏览 CPU 数据及用户程序在运行中的故障原因。

3）STEP7 BASIC 软件提供了标准化编程语言，包括语句表（STL）、梯形图（LAD）、控制系统流程图（CSF）。

3. COM PROFIBUS 参数化软件

COM PROFUIBUS 参数化软件可完成如下设备的 PROFIBUS 系统配置。

1）主站：

- IM308-C。

- S5-95U/DP 主站。
- 其他 DP 主站模块。

2）从站：

- 分布式 I/O：ET200U、ET200M、ET200B、ET20OL、ET200X。
- DP/AS 接口、PROFIBUS-DP/ PROFIBUS-PA 接口。
- S5-95U/DP 从站。
- 作为从站的 S7-200、S7-300 PLC。
- 其他从站现场设备。

4. PROFIBUS 系统组态步骤与过程

PROFIBUS 系统结构如图 4-16 所示，由于本例着重介绍系统组态过程，因此分布 I/O ET200M 以下没有连接任何现场设备。

SIMATIC NET 软件组态步骤如下。

1）打开计算机中的 SIMATIC NET 软件，进行工作站的配置。

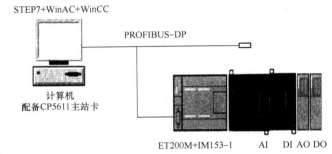

图 4-16　PROFIBUS 系统结构

2）打开"SIMATIC Manager"窗口，在项目中建立用 WinCC 作为控制器的 PC Station。

3）设置通信接口，下装硬件组态到软 CPU（即 WinCC），检查通信是否正常。

4）编写 PLC 程序并下装调试。

5）建立与 WinCC 监控画面的连接。

4.9.7　PROFIBUS 应考虑的问题

任何一种先进的技术都有一定的适用范围，超出这个范围可能不会产生所期望的结果。应用现场总线技术构建一个系统时，应着重考虑以下几个问题。

1）现场受控设备是否分散。现场总线技术适合分散的、具有通信接口的现场受控设备的系统。现场总线的优势在于节省大量的现场布线成本，使系统故障易于诊断与维护。

2）系统对底层设备是否有信息集成要求。现场总线技术适合对数据集成有较高要求的系统，如需要建立车间监控的系统或需要建立全厂的系统。在底层使用现场总线技术可将大量丰富的设备及生产数据集成到管理层，为全厂的信息系统提供重要的底层数据。

3）系统对底层设备是否有较高的远程诊断、故障报警及参数化优化要求等。现场总线技术特别适合用于有远程操作及监控的系统。

4）系统对实时性的要求。实时性是指系统必须在规定的时间范围内响应事件，实时并不是指单纯的快速性，重要的是系统的响应时间可定义且在不利条件下也可被保证。系统的实时性是指现场设备之间在最坏的情况下完成一次数据交换时系统所能保证的最小时间。

4.10　PROFIBUS 总线在监控系统应用

基于 PROFIBUS 总线的过程控制和远程监控系统，底层通过 PROFIBUS 现场总线对过程控制装置进行控制，同时通过位于现场监控层的上位机实时监控运行状态，并将现场采集的实时数据经过局域网送到数据库服务器保存，由 Web 应用服务器以动态网页的形式实时发布，实现远程监控。

4.10.1　系统结构

基于 PROFIBUS 的过程控制和远程监控系统结构由 3 层组成：底层控制层（又称现场智能设备层）、现场监控层（又称监控和数据采集，Supervisory Control and Data Acquisition，SCADA）、远程监视层。它包括 PROFIBUS 节点、上位组态控制和监视平台及远程监视平台，过程控制与远程监控系统的整体 3 层网络结构如图 4-17 所示。

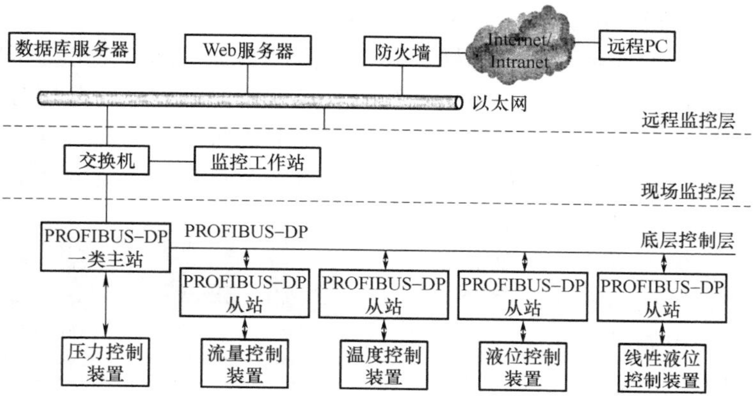

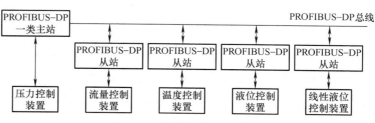

图 4-17　过程控制与远程监控系统的整体 3 层网络结构

1. 底层控制层

底层的核心是现场总线，过程控制设备以网络节点的形式挂接在现场总线上。底层智能设备采用了功能块的结构，通过组态设计实现数据采集、A/D 转换、数字滤波、温度压力补偿、PID 控制及阀位补偿等功能。

（1）底层网络结构　被控对象中，过程控制装置中的液位变送器、压力变送器、温度变送器、流量变送器及电动机、气动调节阀都不具备 PROFIBUS 接口，还有一些设备使用传统的模拟仪表。因此，这里研究和开发的远程监控系统采用总线型结构。系统以一台 PLC 作为主站，其他 4 台 PLC 作为从站，通过 PROFIBUS-DP 总线连接底层的控制网络。底层控制层网络结构如图 4-18 所示。

图 4-18　底层控制层网络结构

（2）PROFIBUS-DP 控制网络　底层控制网络采用西门子 S7-300 PLC 构成 PROFIBUS-DP 网，采用 STEP7 编程软件进行现场集中控制编程、诊断测试等。作为 PROFIBUS-DP 一类主站的 PLC，其 CPU 为 315-2DP，速度高、存储量大，保证系统（包括从站）信息的采集、综合分析和传送能够可靠、准确地进行。另外，主站设有通信模块 CP343-1，用于 PLC 主站以工业以太网的形式与监控计算机通信，其速率为 10Mbit/s/100Mbit/s。从站选用 PROFIBUS-DP 分布式 I/O ET200M，带有两个信号处理模块（DI16/DO16 和 AI4/AO2），由于分布式 I/O 不具有程序存储和程序执行功能，所以从站没有中央处理器单元，各从站之间经 IM153 接口模块通过 PROFIBUS-DP 总线并行连接，IM153 接口模块接收主站指令，按主站指令驱动 I/O，并将 I/O 输入及故障诊断等信息返回给主站。

2. 现场监控层

现场监控层从底层设备中获取数据，实现各种控制、运行参数的监测、报警和趋势分析等功能。另外，该层还包括控制组态的设计和下装。现场监控层通过扩展槽中的网络接口板与现场总线相连，协调网络节点之间的数据通信，主要负责现场总线协议与以太网协议的转换，保证数据报的正确解释和传输。

（1）现场监控层选择　计算机监控系统大体上可分为集中式计算机监控系统和分布式计算机监控系统。分布式计算机监控系统的结构分为分层分布式结构和全分布开放式结构两种。全分布开放式结构，是指系统上的每个节点都可安装与本节点应用相关的数据库及有关的控制和执行程序。对系统而言，节点功能、资源相对独立，而又便于与其他节点共享，同时便于分期投运等。

综上所述，把全分布开放式结构与作为底层的现场总线控制结合起来，充分体现了现场总线的开放性。现场监控层计算机监控系统全分布结构如图 4-19 所示。

主控计算机作为过程控制系统的监控设备，对现场控制层进行数据采集和监控。在本系统中，现场监控层由 5 台计算机组成，运行

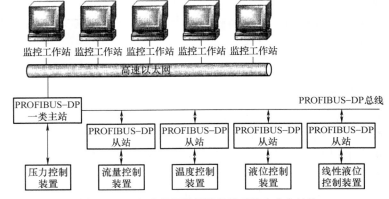

图 4-19　现场监控层计算机监控系统全分布结构

相同的监控软件，可以选择不同的控制对象。多台主控计算机选择同一个被控对象时，不能同时更改、下发运行参数。

（2）现场监控设计　计算机系统监控层将 PLC 采集来的信息集中显示，并根据实际情况集中控制。本系统中，上位机软件采用的是西门子的组态软件 WinCC，包含动态显示、报警、趋势、控制策略、控制网络通信等组件，提供了一个友好的用户界面，而且提供所有主要 PLC 系统的通信通道，还包括 PROFIBUS-DP、DDE 和 OPC 等非特定控制器的通信通道。

本系统中采用的是西门子的 S7-300 的 PLC，并有专门的驱动程序 SIMATIC NET 来与 PLC 进行通信，所以上位机与下位机之间的通信问题不需要考虑。上位机完成的功能如下。

1）数据连接。PLC 是数据源，必须在 WinCC 中制作许多数据标签与每一个数据源连接，这样才能在上位机中显示。

2）画面制作。为了使操作人员操作起来更加直观，人机界面应该与现场一致，这样显得界面比较友好，也易于操作。

3）趋势显示。利用图形的形式将数据在一段时间内的变化显示出来，以便对过去的控制状况有所了解。

4）故障报警。生产现场的故障在上位机以声光电的形式显示，及时通知操作人员，以

便采取措施。

5）打印报表。将控制过程中的数据从历史或实时数据库中取出并打印，便于总结控制情况，提出新的方案。

除此之外，WinCC 还提供了 OLE、DDE、ActiveX、OPC 服务器及客户机等接口及控件，可以很方便地与其他应用程序交换数据。

3. 远程监控层

远程监控层的主要目的是在分布式网络环境下构建一个安全的远程监控系统。首先，要将现场监控层的数据库中的信息转入上层的关系数据库中，这样远程用户就能随时通过浏览器查询网络运行状态及现场设备的工作状况，对生产过程进行实时的远程监控。

远程监控要与现场监控系统相结合，利用网络达到现场和远程同步监测的目的。远程监控信息流程如图 4-20 所示。

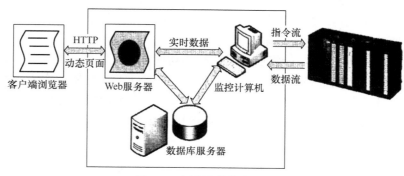

图 4-20　远程监控信息流程

本系统采用 Web 监控方式、浏览器 / 服务器结构，采用工业以太网连接，需要实现的功能有：在客户端的实时显示和刷新；通过浏览器直接控制现场设备，实现远程调试；利用棒图和曲线图观看历史和实时变量曲线。PLC 从现场的监测仪表中采集数据，传送到监控计算机，同时接收来自监控计算机的指令，并将指令传递到执行器。

监控计算机位于现场的监控中心，执行现场监控的任务，处理来自现场的数据，同时将数据写入数据库中作为历史数据。操作人员还可以根据现场情况和控制要求向执行器发送动作指令。

现场监测仪表、PLC、监控计算机等组成了现场监控网络，实现了现场对控制过程的监视、调度、控制。远程监控系统是现场监控系统的 Internet 的扩展，并不直接去采集现场的数据和向现场的执行器或 PLC 发送指令，而是通过现场监控系统与现场仪表交换信息。

Web 服务器是远程监控系统中主要的部分，其主要功能是提供远程监控的 Web 网页，具体包括如下几项。

- 接收来自客户的 HTTP 请求，如显示历史数据曲线，读取实时数据或向下发送命令。
- 向用户发布动态页面，动态显示数据、图形等。
- 可以内嵌插件进行数据的实时交互，获取实时数据，下发实时命令等。

远程实时监控软件的功能由局域网数据传送和 Internet 数据发布两部分完成，运行在局域网中的远程控制计算机上。远程控制计算机部署了数据库服务器功能和 Web 服务器功能：一方面作为数据库服务器，负责接收来自现场监控层的连接请求并把数据存放到数据库中；另一方面作为 Web 服务器，向 Internet 发布数据。

局域网数据传送部分是在远程控制计算机上部署数据库服务器，监听上位监控计算机的连接请求，在与上位监控计算机建立连接后，远程控制计算机对现场上位监控计算机发送过来的数据进行分类，通过 ODBC 把数据存入数据库中的相应数据表中。

Internet 数据发布功能主要是部署 Web 服务器，建立 Web 服务器和数据库服务器的连接，对 Web 服务器进行开发，使之具有动态网页的发布功能。

4.10.2 系统特点

本系统具有 3 个主要特点：通用性、易操作性、实时性。

1）通用性。本系统可实现常见的开关控制、PID 控制等多种控制算法，并可针对不同控制对象进行组态监视，具备通用性。

2）易操作性。I/O 节点与现场设备相连接，完成组网和实时监控功能；上位组态监控平台具备图形组态性和可视化编辑性的特点，以一种可视化的、图形化的、组件化的轻松方式完成传统复杂控制功能的组建过程；远程的用户只需通过浏览器输入 IP 地址，即可方便地浏览现场设备状况。

3）实时性。能将所完成的控制功能程序下装到一类主站中，使 PROFIBUS-DP 节点根据所接收到的控制功能算法对现场设备进行实时控制，并且它还能随时在线下装和在线修改各控制功能算法的参数。WinCC 监视组态平台能通过与一类主站的通信在线实时监视现场设备的运行状况，并可在线修改监视画面。远程监视平台则可通过动态网页的形式完成现场数据的网上实时发布功能。

思考题

1. 简要介绍 PROFIBUS 总线。
2. 选用 PROFIBUS 总线需要考虑的因素有哪些？
3. 概述 PROFIBUS 总线协议组成。
4. 简要说明 PROFIBUS 总线专用行规的内容。
5. 概述 PROFIBUS 总线设备描述的基本内容。
6. 简要说明 PROFIBUS 总线的开发设计步骤。

第 5 章

CAN 总线技术与应用

本章重点介绍 CAN 总线通信模型、典型 CAN 控制器、典型 CAN 收发器、嵌入式 CAN 控制器 P8×C591、CAN 总线系统选型、CAN 现场总线系统应用等。

5.1 CAN 总线概述

CAN（Controller Area Network，控制器局域网络）具有高性能、高可靠性及独特的设计特点，CAN 应用越来越受到人们的重视。国外已有许多大公司的产品采用了这一技术。CAN 最初是由德国的 BOSCH 公司为汽车监测、控制而设计的。据资料介绍，世界上一些著名的汽车制造厂商，如 BENZ（奔驰）、BMW（宝马）、PORSCHE（保时捷）、ROLLS-ROYCE（劳斯莱斯）和 JAGUAR（捷豹）等，都已开始采用 CAN 总线技术来实现汽车内部系统与各检测和执行机构间的数据通信。由于 CAN 总线本身的特点，其应用范围目前已不再局限于汽车行业，CAN 已经形成国际标准，并已被公认为几种最具前途的现场总线之一。

CAN 属于总线式串行通信网络。由于采用了许多新技术及独特设计，因此与其他通信总线相比，CAN 总线的数据通信具有突出的可靠性、实时性和灵活性。其特点可概括如下。

1）CAN 为多主方式工作，网络上的任意一个节点均可在任意时刻主动地向网络上的其他节点发送信息，不分主从，通信方式灵活，并且无需站地址等节点信息。利用这一特点可方便地构成多机备份系统。

2）CAN 网络上的节点信息分成不同的优先级，可满足不同的实时要求，高优先级的数据最快可在 134μs 内得到传输。

3）CAN 采用非破坏性总线仲裁技术，当多个节点同时向总线发送信息时，优先级较低的节点会主动地退出发送，而最高优先级的节点可不受影响地继续传输数据，从而大大地节省了总线冲突仲裁时间。在网络负载很重的情况下也不会出现网络瘫痪情况。

4）CAN 网络具有点对点、一点对多点和全局广播等几种通信方式。

5）CAN 的直接通信距离最远可达 10km（速率在 5kbit/s 以下）；通信速率最高可达 1Mbit/s（此时通信距离最长为 40m）。

6）CAN 上的节点数主要取决于总线驱动电路，目前可达 110 个；报文标识符可达 2032 种（CAN 2.0A），而扩展标准（CAN 2.0B）的报文标识个数几乎不受限制。

7）采用短帧结构，传输时间短，受干扰概率低，具有极好的检错效果。

8）CAN 的每帧信息都有 CRC 校验及其他检错措施，保证了极低的数据出错率。

9）CAN 的通信介质可为双绞线、同轴电缆或光纤，选择灵活。

10）CAN 节点在错误严重的情况下具有自动关闭输出功能，以使总线上其他节点的操作不受影响。

5.2 CAN 总线通信模型

5.2.1 CAN 协议结构

CAN 遵从 OSI 参考模型。按照 OSI 参考模型，CAN 结构划分为两层：数据链路层和物理层。数据链路层又包括逻辑链路控制（LLC）子层和媒体访问控制（MAC）子层，而在 CAN 技术规范 2.0A 的版本中，数据链路层的 LLC 子层和 MAC 子层的服务及功能被描述为"目标层"和"传送层"。CAN 的分层结构和功能如图 5-1 所示。

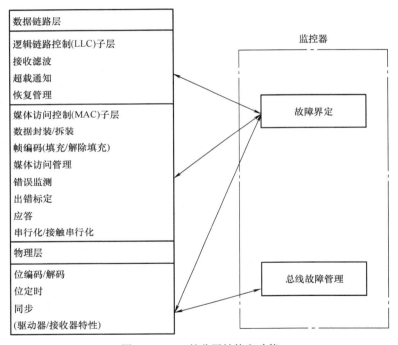

图 5-1　CAN 的分层结构和功能

LLC 子层的主要功能：为数据传送和远程数据请求提供服务，确认由 LLC 子层接收的报文已被实际接收。在定义目标处理时，存在许多灵活性。

MAC 子层的主要功能：定义传送规则，即控制帧结构、执行仲裁、错误检测、出错标定和故障界定。MAC 子层要确定何时开始一次新的发送时，总线是否开放或是否马上开始接收。位定时特性也是 MAC 子层的一部分。MAC 子层特性不存在修改的灵活性。MAC 子层是 CAN 协议的核心，它描述由 LLC 子层接收到的报文和对 LLC 子层发送的认可报文。MAC 子层可响应报文帧、仲裁、应答、错误检测和标定。MAC 子层由称为故障界定的一个管理实体监测控制。

物理层的功能是实现有关全部电气特性在不同节点间的实际传送。在一个网络内，物理层的所有节点必须是相同的，但在选择物理层时存在很大的灵活性。

CAN 技术规范 2.0B 定义了数据链路层中的 MAC 子层和 LLC 子层的一部分，并描述与 CAN 有关的外层。物理层定义信号怎样发送，因而涉及位定时、位编码和同步的描述。在这部分技术规范中，未定义物理层中的驱动器、接收器特性，以便允许用户根据具体应用对发送媒体和信号电平进行优化。

5.2.2　报文传送与帧结构

在进行数据传送时，发出报文的单元称为该报文的发送器。该单元在总线空闲或丢失仲裁前恒为发送器。如果一个单元不是报文发送器，并且总线不处于空闲状态，则该单元为接收器。

对于报文发送器和接收器，报文的实际有效时刻是不同的。对于发送器而言，如果到帧结束末尾一直未出错，则对于发送器报文有效。如果报文受损，则将允许按照优先权顺序自动重发。为了能同其他报文进行总线访问竞争，总线一旦空闲，重发送就会立即开始。对于接收器而言，如果到帧结束的最后一位一直未出错，则对于接收器报文有效。

构成一帧的帧起始、仲裁场、控制场、数据场和 CRC 场均借助位填充规则进行编码。当发送器在发送的位流中检测到 5 位连续的相同数值时，将自动在实际发送的位流中插入一个补码位。数据帧和远程帧的其余位场采用固定格式，不进行填充；出错帧和超载帧同样是固定格式，也不进行位填充。位填充方法如图 5-2 所示。

报文中的位流按照非归零（NRZ）码方法编码，这意味着一个完整位的位电平要么是显性的，要么是隐性的。

| 未填充位流 | 100000xyz | 011111xyz |
| 填充位流 | 1000001xyz | 0111110xyz |

图 5-2　位填充方法

CAN 报文传送由以下 4 种不同类型的帧表示和控制。

1）数据帧将数据由发送器传送到接收器。

2）远程帧通过总线单元发送，以请求发送具有相同标识符的数据帧。

3）出错帧由检测出总线错误的任何单元发送。

4）超载帧用于提供当前的和后续的数据帧的附加延迟。

CAN 的帧结构如下所述。

1. 数据帧

数据帧由 7 个不同的位场组成，即帧起始、仲裁场、控制场、数据场、CRC 场、ACK（应答）场和帧结束。其中，根据仲裁段 ID 码长度的不同，分为标准帧和扩展帧。数据场的长度可以为 0。CAN 数据帧的组成如图 5-3 所示。

图 5-3　CAN 数据帧的组成

CAN 中存在两种不同的帧格式，其主要区别在于仲裁场 ID 标识符的长度，具有 11 位标识符的帧称为标准帧，包括 29 位标识符的帧称为扩展帧。标准格式和扩展格式的数据帧如图 5-4 所示。

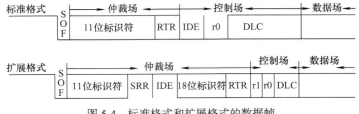

图 5-4　标准格式和扩展格式的数据帧

为使控制器设计相对简单，并不要求执行完全的扩展格式（如以扩展格式发送报文或由报文接收数据），但必须不加限制地执行标准格式。例如，新型控制器至少具有下列特性才可被认为同 CAN 技术规范兼容：每个控制器均支持标准格式；每个控制器均接收扩展格式报文，即不至于因为它们的格式而破坏扩展帧。

（1）帧起始（SOF）　SOF 标志数据帧和远程帧的起始，它仅由一个显性位构成。只有在总线处于空闲状态时，才允许站开始发送数据。所有站都必须同步于首先开始发送的那个站的帧起始前沿。

（2）仲裁场　仲裁场的组成如图 5-5 所示。

图 5-5　仲裁场的组成

CAN2.0A 仲裁场格式由标识符和远程发送请求（RTR）组成。标识符的长度为 11 位，这些位以从高位到低位的顺序发送，最低位为 ID.0，其中最高 7 位（ID.10 ～ ID.4）不能全为隐性位；RTR 位在数据帧中必须是显性位，而在远程帧中必须为隐性位。

CAN 2.0B 仲裁场有标准格式和扩展格式两种。在 CAN 2.0B 标准格式中，仲裁场的格式与 CAN2.0A 相同；在 CAN 2.0B 扩展格式中，CAN2.0B 仲裁场扩展格式由标识符、SRR 位、IDE 位和远程发送请求（RTR）位组成。①仲裁场 29 位标识符，标识符位为 ID.28~ID.0，分基本 ID（ID.28 ～ ID.18）和扩展 ID（ID.17 ～ ID.0）。②替代远程请求（SRR）位。③标识（IDE）位。④远程发送请求（RTR）位。

为区别标准格式和扩展格式，将 CAN 2.0B 标准中的 r1 改记为 IDE 位。在扩展格式中，先发送基本 ID，其后是 IDE 位和 SRR 位，扩展 ID 在 SRR 位后发送。

SRR 位为隐性位，在扩展格式中，它在标准格式的 RTR 位上被发送，并替代标准格式中的 RTR 位。这样，标准格式和扩展格式的冲突由于扩展格式的基本 ID 与标准格式的 ID 相同而得以解决。

IDE 位对于扩展格式，属于仲裁场，对于标准格式属于控制场。IDE 在标准格式中以显性电平发送，而在扩展格式中以隐性电平发送。

（3）控制场　控制场由 6 位组成，如图 5-6 所示。控制场包括数据长度码和两个保留位，这两个保留位必须发送显性位，但接收器认可显性位与隐性位的全部组合。

数据长度码（DLC）指出数据场的字节数目。数据长度码为 4 位，在控制场中被发送。数据长度码中的数据字节数目编码如表 5-1 所示。表 5-1 中，d 表示显性位，r 表示隐性位。

数据字节的允许使用数目为 0 ～ 8，不能使用其他数值。

图 5-6　控制场的组成

表 5-1　数据长度码中的数据场字节数目编码

数据场字节数目	数据长度码			
	DLC3	DLC2	DLC1	DLC0
0	d	d	d	d
1	d	d	d	r
2	d	d	r	d
3	d	d	r	r
4	d	r	d	d
5	d	r	d	r
6	d	r	r	d
7	d	r	r	r
8	r	d	d	d

（4）数据场　数据场由数据帧中被发送的数据组成，它可包括 0 ～ 8 个字节，每个字节 8 位。首先发送的是最高有效位。

（5）CRC 场　CRC 场包括 CRC 序列，后随 CRC 界定符，CRC 场结构如图 5-7 所示。

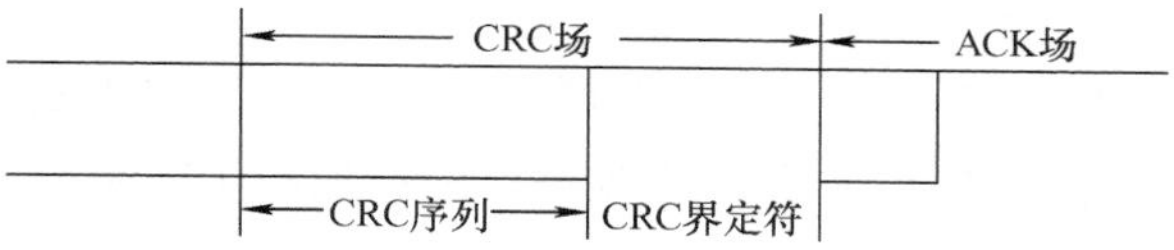

CRC 序列由循环冗余码求得的帧检查序列组成，最适用于位数小于 127（BCD 码）的帧。为实现 CRC 计算，被除的多项式系数由包括帧起始、仲裁场、控制场、数据场（若存在）在内的无填充的位给出，其 15 个低位的系数为 0，此多项式被发生器产生的下列多项式除（系数为模 2 运算）：

$$X^{15}+X^{14}+X^{8}+X^{7}+X^{4}+X^{3}+X^{1}+1 \tag{5-1}$$

发送 / 接收数据场的最后一位后，CRC-RG 包含 CRC 序列。CRC 序列后面是 CRC 界定符，它只包括一个隐性位。

（6）ACK 场（应答场）　ACK 场的长度为两位，包括 ACK 间隙和 ACK 界定符，应答界定符如图 5-8 所示。

在 ACK 场中，发送器送出两个隐性位。当接收器正确地接收到有效报文时，接收器在应答间隙向发送器发送一个显性位以示应答。所有接收到匹配 CRC 序列的站，通过在应答间隙内把显性位写入发送器的隐性位来报告。

应答界定符是应答场的第 2 位，

图 5-7　CRC 场结构

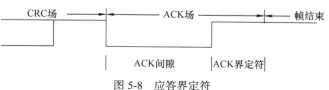

图 5-8　应答界定符

并且必须是隐性位，因此，应答间隙被两个隐性位（CRC 界定符和应答界定符）包围。

（7）帧结束 每个数据帧和远程帧均由 7 个隐性位组成的标志序列界定。

2. 远程帧

远程帧由 6 个不同分位场组成：帧起始、仲裁场、控制场、CRC 场、ACK 场和帧结束。远程帧的组成如图 5-9 所示。

图 5-9 远程帧的组成

同数据帧相反，远程帧的 RTR 位是隐性位。远程帧不存在数据场。DLC 的数据值是没有意义的，它可以是 0 ～ 8 中的任何数值。

3. 出错帧

出错帧由两个不同的场组成，第一个场由来自各帧的错误标志叠加得到，第二个场是错误界定符。出错帧的组成如图 5-10 所示。

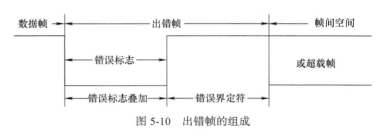

图 5-10 出错帧的组成

为了正确地终止出错帧，一种"错误认可"节点可以使总线处于空闲状态至少 3 位时间（如果"错误认可"接收器存在本地错误），因而总线不允许被加载 100%。

错误标志具有两种形式：一种是主动错误标志（Active Error Flag），由 6 个连续的显性位组成；另一种是被动错误标志（Passive Error Flag），由 6 个连续的隐性位组成，被动错误标志可以被来自其他节点的显性位改写。

错误界定符包括 8 个隐性位。错误标志发送后，每个节点都送出隐性位，并监控总线，直到检测到隐性位，然后开始发送其余的 7 个隐性位。

4. 超载帧

超载帧包括两个位场：超载标志和超载界定符，如图 5-11 所示。

存在两种导致发送超载标志的超载条件：一个是要求延迟下一个数据帧或远程帧的接收器的内部条

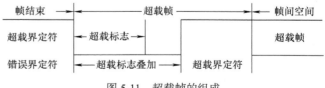

图 5-11 超载帧的组成

件；另一个是在间歇场检测到显性位。由前一个超载条件引起的超载帧起点，仅允许在期望间歇场的第一位时间开始，而由后一个超载条件引起的超载帧在检测到显性位的后位开始。在大多数情况下，为延迟下一个数据帧或远程帧，两种超载帧均可产生。

超载标志由 6 个显性位组成。全部形式对应于活动错误标志形式。超载标志形式破坏了间歇场的固定格式，因而，所有其他站都将检测到一个超载条件，并且由它们开始发送超载标志（在间歇场第 3 位期间检测到显性位的情况下，节点将不能正确理解超载标志，而将 6 个显性位的第 1 位理解为帧起始）。第 6 个显性位违背了引起出错条件的位填充规则。

　　超载界定符由 8 个隐性位组成。超载界定符与错误界定符具有相同的形式。发送超载标志后，节点就一直监视总线，直到检测到由一个显性位到隐性位的发送，即出现显性位到隐性位的跳变。此时，总线上的每一个节点均完成了超载标志的发送，并开始同时发送剩余的 7 个隐性位。

5. 帧间空间

　　数据帧和远程帧同前面的帧相同，不管是何种帧（数据帧、远程帧、出错帧或超载帧）均以称为帧间空间的位场分开。相反，在超载帧和出错帧前面没有帧间空间，多个超载帧前面也不被帧间空间分隔。

　　帧间空间包括间歇场和总线空闲场。对于非"错误认可"或已经完成前面报文的接收器，其帧间空间如图 5-12 所示。

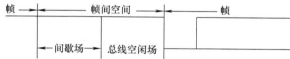

图 5-12　非"错误认可"或已经完成前面报文接收器的帧间空间

　　对于已经完成前面报文发送的"错误认可"站，其帧间空间如图 5-13 所示。间歇场由 3 个隐性位组成。间歇期间，不允许启动发送数据帧，它仅起标注超载条件的作用。

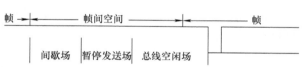

图 5-13　已经完成前面报文发送的"错误认可"的帧间空间

　　总线空闲周期可为任意长度。此时，总线是开放的，任何需要发送的站均可访问总线。在其他报文发送期间，暂时被挂起的待发报文紧随间歇场从第 1 位开始发送。此时，总线上的显性位被理解为帧起始。

　　对于暂停发送场，"错误认可"站发送完一个报文后，在开始下一次报文发送或认可总线空闲之前，它紧随间歇场后送出 8 个隐性位。如果期间开始一次发送（由其他站引起），则本站将变为报文接收器。

5.2.3　错误类型与界定

1. 错误类型

　　在 CAN 总线中存在 5 种错误类型（它们并不互相排斥）。

　　1）位错误。向总线送出一位的某个单元同时也在监视总线，当监视到总线位数值与送出的位数值不同时，则在该位时刻检测到一个位错误。例外情况是，在仲裁场的填充位流期间或应答间隙送出隐性位而检测到显性位时，不视为位错误。送出认可错误标志的发送器，在检测到显性位时，也不视为位错误。

　　2）填充错误。在使用位填充方法进行编码的报文中，出现了 6 个连续相同的位电平时，将检出一个位填充错误。

　　3）CRC 错误。CRC 序列是由发送器 CRC 计算的结果组成的。接收器以与发送器相同的方法计算 CRC。如果计算结果与接收到的 CRC 序列不同，则检出一个 CRC 错误。

　　4）形式错误。当固定形式的位场中出现一个或多个非法位时，则检出一个形式错误。

5）应答错误。在应答间隙，发送器未检测到显性位时，则由它检出一个应答错误。

2. 错误信号发出

检测到出错条件的站通过发送错误标志进行标定。当任何站检出位错误、填充错误、形式错误或应答错误时，由该站在下一位开始发送出错标志。

当检测到 CRC 错误时，出错标志在应答界定符后面的一位开始发送，除非其他出错条件的错误标志已经开始发送。

在 CAN 总线中，任何一个单元都可能处于下列 3 种故障状态之一：错误激活（Error Active）、错误认可（Error Passive）和总线关闭。

对于错误激活节点，其为活动错误标志；而对于错误认可节点，其为错误认可标志。

错误激活单元可以照常参与总线通信，并且当检测到错误时，送出一个活动错误标志。不允许错误认可节点送出活动错误标志，它可参与总线通信，但当检测到错误时，只能送出错误认可标志，并且发送后仍被错误认可，直到下一次发送初始化。总线关闭状态不允许单元对总线有任何影响（如输出驱动器关闭）。

为了界定故障，在每个总线单元中都设有两种计数：发送出错计数和接收出错计数。这些计数按照下列规则进行（在给定报文传送期间，可应用其中一个以上的规则）。

1）接收器检出错误时，接收器出错计数加 1，除非所检测错误是发送活动错误标志或超载标志期间的位错误。

2）接收器在送出错误标志后的第 1 位检出一个显性位时，接收器错误计数加 8。

3）发送器送出一个错误标志时，发送错误计数加 8。其中有两个例外情况：一个是如果发送器为错误认可，由于未检测到显性位应答或检测到一个应答错误，并且在送出其错误认可标志时未检测到显性位；另一个是如果由于仲裁期间发生填充错误，发送器送出一个隐性位错误标志，但发送器送出隐性位而检测到显性位。在以上两种例外情况下，发送器错误计数不改变。

4）发送器送出一个活动错误标志或超载标志时，它检测到位错误，则发送器错误计数加 8。

5）接收器送出一个活动错误标志或超载标志时，它检测到位错误，则接收器错误计数加 8。

6）在送出活动错误标志、错误认可标志或超载标志后，任何节点都允许多达 7 个连续的显性位。在检测的第 11 个连续的显性位后（在活动错误标志或超载标志情况下），或紧随错误认可标志检测到第 8 个连续的显性位后，以及检测到附加的 8 个连续的显性位的每个序列后，每个发送器的发送错误计数都加 8，并且每个接收器的接收错误计数也加 8。

7）报文成功发送后（得到应答，并且直到帧结束未出现错误），则发送错误计数减 1，若它已经为 0，则仍保持为 0。

8）报文成功接收后（直到应答间隙无错误接收，并且成功地送出应答位），若它处于 1～127 之间，则接收错误计数减 1；若接收错误计数为 0，则仍保持为 0。而若大于 127，则将其值计为 119～127 之间的某个数值。

9）当发送错误计数器或接收错误计数器等于或大于 128 时，节点为错误认可。导致节点变为错误认可的错误条件是节点送出一个活动错误标志。

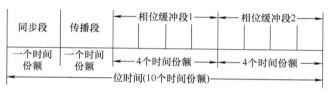

10）当发送错误计数大于或等于 256 时，节点为总线关闭状态。

11）当发送错误计数和接收错误计数两者均小于或等于 127 时，错误认可节点再次变为错误激活节点。

12）在监测到总线上 11 个连续的隐性位发生 128 次后，总线关闭节点将变为两个错误计数器的值均为 0 的错误激活节点。

当错误计数数值大于 96 时，说明总线被严重干扰。它提供测试此状态的一种手段。

若系统启动期间仅有一个节点在线，此节点发出报文后将得不到应答，检出错误并重复该报文。它可以变为错误认可，但不会因此关闭总线。

5.2.4　位定时与同步要求

1. 位定时

（1）标称位速率　标称位速率指在非重同步情况下，借助理想发送器每秒发出的位数。

（2）标称位时间　标称位时间即正常位速率的倒数。

标称位时间可分为几个互不重叠的时间段。这些时间段包括同步段（SYNC-SEG）、传播段（PROP-SEG）、相位缓冲段 1（PHASE-SEG1）和相位缓冲段 2（PHASE-SEG2），如图 5-14 所示。

图 5-14　标称位时间的各组成部分

1）同步段。同步段用于同步总线上的各个节点，此段内需要有一个跳变沿。

2）传播段。传播段用于补偿网络内的传输延迟时间，它是信号在总线上的传播时间、输入比较器延迟和驱动器延迟之和的两倍。

3）相位缓冲段 1 和相位缓冲段 2。相位缓冲段用于补偿沿的相位误差，通过重同步，这两个时间段可被延长或缩短。

4）采样点。采样点是一个时点，在此时点上，读总线电平，并将其解释为相应位的数值，采样点位于相位缓冲段 1 的终点。

（3）信息处理时间　信息处理时间指由采样点开始，保留用于计算子序列位电平的时间。

（4）时间份额　时间份额指由振荡器周期派生出的一个固定时间单元。存在一个可编程的分度值，其整体数值范围为 1 ～ 32，以最小时间份额为起点，时间份额为：

时间份额 $=m \times$ 最小时间份额

其中，m 为分度值。

（5）时间段的长度　标称位时间中的各时间段长度数值：同步段为 1 个时间份额；传播段长度可编程为 1 ～ 8 个时间份额；相位缓冲段 1 可编程为 1 ～ 8 个时间份额；相位缓冲段 2 长度为相位缓冲段 1 和信息处理时间的最大值；信息处理时间长度小于或等于两个时间份额。在位时间内，时间份额的总数必须至少被编程为 8 ～ 25。

2. 同步

为补偿总线上各节点时钟振荡器之间的相移，每一个 CAN 控制器都必须能够与输入信号的相关信号沿同步。CAN 的同步形式有以下两种。

（1）硬同步　硬同步后，内部位时间从同步段重新开始，因而，硬同步迫使触发该硬同步的跳变沿处于新的位时间的同步段之内。

（2）重同步跳转宽度　由于重同步，相位缓冲段 1 可被延长，或相位缓冲段 2 可被缩短。这两个相位缓冲段的延长或缩短的总和上限由重同步跳转宽度给定。重同步跳转宽度可编程为 1 ～ 4（相位缓冲段 1）之间。

时钟信息可由一位到另一位的跳转获得。由于总线上出现连续相同位的位数的最大值是确定的，这提供了在帧期间重新将总线单元同步于位流的可能性。可被用于重新同步的两次跳变之间的最大长度为 29 个位时间。

（3）边沿相位误差　边沿相位误差 e 由边沿相对于同步段的位置给定，以时间份额度量。相位误差的符号定义如下。

1）若边沿处于同步段之内，则 $e=0$；

2）若边沿处于采样点之前，则 $e>0$；

3）若边沿处于前一位的采样点之后，则 $e<0$。

（4）重同步　当引起重同步沿的相位误差小于或等于重同步跳转宽度的编程值时，重同步的作用与硬同步相同。当相位误差大于重同步跳转宽度且相位误差为正时，则 PHASE-SEG1 延长总数位为重同步跳转宽度；当相位误差大于重同步跳转宽度且相位误差为负时，则 PHASE-SEG2 缩短总数为重同步跳转宽度。

（5）同步规则

硬同步和重同步是同步的两种形式，它们遵从下列规则。

1）在一个位时间内仅允许一种同步。

2）对于一个跳变沿，仅当其前面的第一个采样点上的数值与总线数值不同时，才把该跳变沿用于同步。

3）在总线空闲期间，当存在一个隐性位至显性位的跳变沿时，则执行一次硬同步。

4）符合以上规则 1）和 2）的从隐性位至显性位的跳变沿都将被用于重同步。例外情况是，若只有隐性位至显性位的跳变沿用于重新同步，则对于具有正相位误差的隐性位至显性位的跳变沿将不会导致重同步。

5.2.5　电气连接与通信距离

1. CAN 总线电气连接

假设在总线上连接多个节点（汽车中常将每个 ECU 作为一个节点），ISO 11898 建议的电气连接如图 5-15 所示，总线的每个末端均接有以 R_T 表示的抑制反射的终端负载电阻，而位于节点内部的 R_T 应予取消。总线驱动可采用单线上拉、单线下拉或双线驱动，接收采用差分比较器。

2. CAN 总线位数值表示

CAN 总线采用 NRZ 编码方法。总线电平

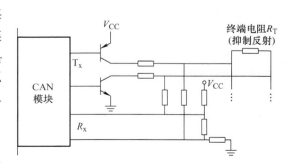

图 5-15　ISO 11898 建议的电气连接

用"显性"（Dominant）和"隐性"（Recessive）两个互补的逻辑值表示"0"和"1"。当在总线上同时发送显性位和隐性位时，其结果是总线数值位显性（即"0"与"1"的结果为"0"）。如图 5-16 所示，V_{CAN_H} 和 V_{CAN_L} 分别为 CAN 总线收发器与总线之间的两个引脚，信号以两线之间的"差分"电压 V_{diff} 形式出现。在隐性状态下，V_{CAN_H} 和 V_{CAN_L} 被固定在平均电压附近，V_{diff} 近似于 0。在总线空闲或隐性位期间，发送隐性位。在显性状态，V_{CAN_H} 和 V_{CAN_L} 的差分电压 V_{diff} 大于最小阈值，一般为 2 ～ 3V。

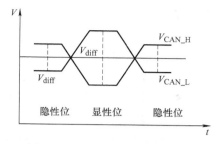

图 5-16　CAN 总线的位电平表示

3. CAN 总线通信距离

CAN 总线上任意两个节点之间的最大传输距离与其位速率有关，表 5-2 列举了相关的数据。

表 5-2　CAN 总线上任意两个节点之间的最大传输距离及其位速率

位速率（kbit/s）	1000	500	250	125	100	50	20	10	5
最大传输距离（m）	40	130	270	530	620	1300	3300	6700	10000

注：这里的最大传输距离是指在同一条总线上两个节点之间的距离。

5.3　典型 CAN 控制器

5.3.1　SJA1000 特点

SJA1000 是一种独立控制器，用于汽车和一般工业环境中的局域网络控制。它是 Philips 公司的 PCA82C200 CAN 控制器（Basic CAN）的替代产品，在 CAN 2.0A 协议基础上增加了新的工作模式（PeIi CAN），这种模式支持具有很多新特点的 CAN 2.0B 协议。SJA1000 具有如下特点。

1）与 PCA82C200 独立 CAN 控制器引脚和电气兼容。

2）具有 PCA82C200 模式（即默认的 Basic CAN 模式）。

3）具有扩展的接收缓冲器（64 字节，FIFO）。

4）与 CAN 2.0B 协议兼容（PCA82C200 兼容模式中的无源扩展结构）。

5）同时支持 11 位和 29 位标识符。

6）位速率可达 1Mbit/s。

7）具有 PeIiCAN 模式扩展功能。

● 可读 / 写访问的错误计数器。

● 可编程的错误报警限制。

● 最近一次错误代码寄存器。

● 对每一个 CAN 总线错误中断。

● 具有详细位号（Bit Position）的仲裁丢失中断。

- 单次发送（无重发）。
- 只听模式（无确认、无激活的出错标志）。
- 支持热插拔（软件位速率检测）。
- 接收过滤器扩展（4B 代码、4B 屏蔽）。
- 自身信息接收（自接收请求）。
- 24MHz 时钟频率。
- 可编程的 CAN 输出驱动器配置。
- 增强的温度范围（-40 ～ +125℃）。

```
          ┌────┐
    AD6  1 │    │ 28  AD5
    AD7  2 │    │ 27  AD4
 ALE/AS  3 │    │ 26  AD3
     CS̄  4 │    │ 25  AD2
   RD̄/E  5 │    │ 24  AD1
     WR̄  6 │    │ 23  AD0
 CLKOUT  7 │SJA │ 22  V_DD1
   V_SS1 8 │1000│ 21  V_SS2
  XTAL1  9 │    │ 20  RX1
  XTAL2 10 │    │ 19  RX0
   MODE 11 │    │ 18  V_DD2
  V_DD3 12 │    │ 17  RS̄T
    TX0 13 │    │ 16  ĪNT
    TX1 14 │    │ 15  V_SS3
          └────┘
```

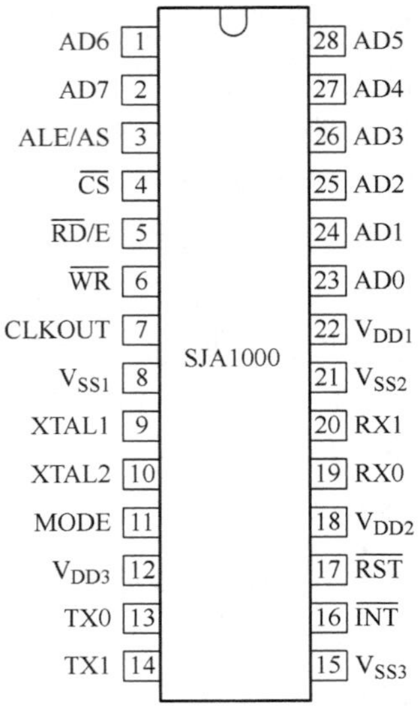

图 5-17 SJA1000 引脚（DIP28）

5.3.2 SJA1000 引脚

SJA 1000 为 28 引脚 DIP 和 SO 封装，引脚如图 5-17 所示。引脚功能介绍如下。

AD7 ～ AD0：地址 / 数据复用总线。

ALE/AS：ALE 输入信号（Intel 模式），AS 输入信号（Motorola 模式）。

$\overline{CS}$：片选输入，低电平允许访问 SJA1000。

$\overline{RD}/E$：微控制器的 $\overline{RD}$ 信号（Intel 模式）或 E 使能信号（Motorola 模式）。

$\overline{WR}$：微控制器的 $\overline{WR}$ 信号（Intel 模式）或 R/$\overline{W}$ 信号（Motorola 模式）。

CLKOUT：SJA1000 产生的提供给微控制器的时钟输出信号；此时钟信号通过可编程分频器由内部晶振产生；时钟分频寄存器的时钟关闭位可禁止该引脚。

V_{SS1}：接地端。

XTAL1：振荡器放大电路输入，外部振荡信号由此输入。

XTAL2：振荡器放大电路输出，使用外部振荡信号时，此引脚必须保持开路。

MODE：模式选择输入，1 为 Intel 模式，0 为 Motorola 模式。

V_{DD3}：输出驱动的 5V 电压源。

TX0：输出驱动器 0 到物理线路的输出端。

TX1：输出驱动器 1 到物理线路的输出端。

$\overline{INT}$：中断输出，用于中断微控制器；$\overline{INT}$ 在内部中断寄存器的各位都被置位时被激活；$\overline{INT}$ 是开漏输出，并且与系统中的其他 $\overline{INT}$ 是线或的；此引脚上的低电平可以把 IC 从睡眠模式中激活。

$\overline{RST}$：复位输入，用于复位 CAN 接口（低电平有效）；把 $\overline{RST}$ 引脚通过电容连到 V_{SS}，通过电阻连到 V_{DD} 可自动上电复位（如 C= 1μf, R=50kΩ）。

V_{DD2}：输入比较器的 5V 电压源。

RX0、RX1：由物理总线到 SJA1000 输入比较器的输入端；显性电平将会唤醒 SJA1000 的睡眠模式；如果 RX1 比 RX0 的电平高，则读出为显性电平，反之读出为隐性电平。

V_{SS2}：输入比较器的接地端。

V_{DD1}：逻辑电路的 5V 电压源。

V_{SS3}：逻辑电路的接地端。

5.3.3　SJA1000 结构

SJA1000 的内部结构如图 5-18 所示。

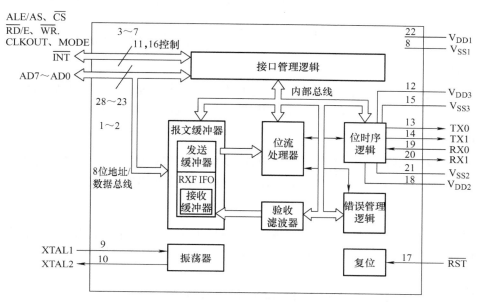

图 5-18　SJA1000 的内部结构

SJA1000 CAN 控制器主要由以下几个控制模块构成：接口管理逻辑（IML）、发送缓冲器（TXB）、接收缓冲器、验收滤波器、位流处理器、位时序逻辑和错误管理逻辑。SJA1000 CAN 控制器的模块结构如图 5-19 所示。

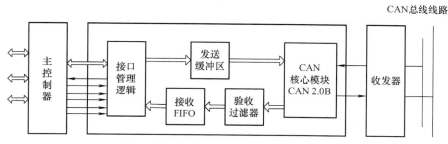

图 5-19　SJA1000 CAN 控制器的模块结构

1. 接口管理逻辑

接口管理逻辑（IML）用于解释来自 CPU 的命令，控制 CAN 寄存器的寻址，向主控制器（CPU）提供中断信息和状态信息。

2. 发送缓冲器

发送缓冲器（TXB）是 CPU 和 BSP（位流处理器）之间的接口，它能够存储要通过 CAN 网络发送的一条完整报文。发送缓冲器长 13 个字节，由 CPU 写入、BSP 读出。

3. 接收缓冲器

接收缓冲器（RXB、RXFIFO）是接收滤波器和 CPU 之间的接口，用来存储从 CAN 总线上接收并被确认的信息。接收缓冲器（RXB，13 字节）作为接收 FIFO（RXFIFO，长 64 字节）的一个窗口，可被 CPU 访问。

CPU 在此 FIFO 的支持下，可以在处理一条报文的同时接收其他报文。

4. 验收滤波器

验收滤波器（ACF）把它的内容与接收到的标识码相比较，以决定是否接收这条报文。在验收测试通过后，这条完整的报文就被保存在 RXFIFO 中。

5. 位流处理器

位流处理器（BSP）是一个在发送缓冲器、RXFIFO 和 CAN 总线之间控制数据流的队列（序列）发生器。它还执行总线上的错误检测、仲载、填充和错误处理。

6. 位时序逻辑

位时序逻辑（BTL）监视串行的 CAN 总线和位时序。在一条报文开头，在总线传输出现从隐性到显性时，它同步于 CAN 总线上的位流（硬同步），并在其后接收一条报文的传输过程中再同步（软同步）。

位时序逻辑还提供了可编程的时间段来补偿传播延时、相位偏移（如振荡器漂移）及定义采样点和每一位的采样次数。

7. 错误管理逻辑

错误管理（EMI）负责限制传输层模块的错误。它接收来自 BSP 的出错报告，然后把有关错误统计告诉位流处理器（BSP）和接口管理逻辑（IML）。

5.4 典型 CAN 收发器

5.4.1 PCA82C 收发器

PCA82C 系列收发器主要包括 PCA82C250 和 PCA82C251 两个芯片。

1. PCA82C250/251 特征

PCA82C250/251 收发器是协议控制器和物理传输线路之间的接口。此器件对总线提供差动发送能力，对 CAN 控制器提供差动接收能力，可以在汽车和一般的工业领域中使用。

PCA82C250/251 收发器的主要特点如下。

1）完全符合 ISO 11898 标准。

2）具有高速率（最高达 1Mbit/s）。

3）具有抗汽车环境中的瞬变干扰、保护总线的能力。

4）可斜率控制，降低射频干扰（RFI）。

5）具有差分收发器，抗宽范围的共模干扰，抗电磁干扰（EMI）。

6）具有热保护功能。

7）防止电源和地之间发生短路。

8）具有低电流待机模式。

9）未上电的节点对总线无影响。

10）可连接 110 个节点。

11）工作温度范围为 -40 ～ 125℃。

2. 引脚介绍

TXD：发送数据输入。

RXD：接收数据输出。

GND：接地。

V_{CC}：电源电压 4.5 ～ 5.5V。

V_{REF}：参考电压输出。

CANL：低电平 CAN 电压输入 / 输出。

CANH：高电平 CAN 电压输入 / 输出。

R_S：斜率电阻输入。

PCA82C250/251 收发器是协议控制器和物理传输线路之间的接口。正如在 ISO 11898 标准中描述的，它可以用高达 1Mbit/s 的位速率在两条有差动电压的总线电缆上传输数据。

这两个器件都可以在额定电源电压分别是 12V（PCA82C250）和 24V（PCA82C251）的 CAN 总线系统中使用。它们的功能相同，根据相关的标准，可以在汽车和普通的工业领域中使用。PCA82C250 和 PCA82C251 还可以在同一网络中互相通信，而且它们的引脚和功能兼容。

3. 功能结构

PCA82C250/251 的功能框图如图 5-20 所示。PCA82C250/251 驱动电路内部具有限流电路，可防止发送输出级对电源、地或负载短路。虽然短路出现时功耗增加，但不至于使输出级损坏。若结温超过大约 160℃，则两个发送器输出端极限电流将减小，由于发送器是功耗的主要部分，因而限制了芯片的温升。器件的所有其他部分将继续工作。PCA82C250 采用双线差分驱动，

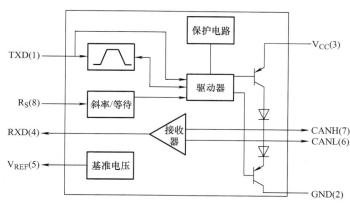

图 5-20　PCA82C 250/251 的功能框图

有助于抑制汽车等恶劣尾气环境下的瞬变干扰。

引脚 R_S 用于选定 PCA82C250/251 的工作模式。有 3 种不同的工作模式可供选择：高速、斜率控制和待机，如表 5-3 所示。

当 V_{RS} 为低电平，$0<R_S<1.8\text{k}\Omega$ 时，收发器工作于高速模式，发送器输出级晶体管被尽可能快地启动和关闭。在这种模式下，不采取任何措施限制上升和下降的斜率。此时，建议采用屏蔽电缆以避免射频干扰问题的出现。通过把引脚 R_S 接地可选择高速工作模式。

表 5-3 引脚 R_S 的用法

R_S 提供条件	工作模式	R_S 电压或电流
$V_{RS}>0.75V_{CC}$	待机	$|I_{RS}|<10\mu A$
$-10MA<I_{RS}<-200\mu A$	斜率控制	$0.3V_{CC}<V_{RS}<0.6V_{CC}$
$V_{RS}<0.3V_{CC}$	高速	$I_{RS}<-500\mu A$

当 V_{RS} 为低电平，$16k\Omega<R_S<140k\Omega$ 时，收发器工作于斜率控制模式，对于较低速度或较短的总线长度，可使用非屏蔽双绞线或平行线作总线。为降低射频干扰，应限制上升和下降的斜率。上升和下降的斜率可以通过由引脚 8 至地连接的电阻进行控制，斜率正比于引脚 R_S 上的电流输出。

当 V_{RS} 为高电平，收发器工作于待机模式。在这种模式下，发送器被关闭，接收器转至低电流。如果检测到显性位，RXD 将转至低电平。微控制器应通过引脚 8 将驱动器变为正常工作状态。由于在待机模式下接收器是慢速的，因此将丢失第一个报文。PCA82C250/251 真值表如表 5-4 所示。

表 5-4 PCA82C250/251 真值表

电源	TXD	CANH	CANL	总线状态	RXD
4.5～5.5V	0	高	低	显性	0
4.5～5.5V	1 或悬空	悬空	悬空	隐性	1
<2V（未上电）	X	悬空	悬空	隐性	X
$2V<V_{CC}<4.5V$	$>0.75V_{CC}$	悬空	悬空	隐性	X
$2V<V_{CC}<4.5V$	X	若 $V_{RS}>0.75V_{CC}$ 悬空	若 $V_{RS}>0.75V_{CC}$ 悬空	隐性	X

注：X= 任意值。

利用 PCA82C250/251 还可方便地在 CAN 控制器与驱动器之间建立光电隔离，以实现总线上各节点间的电气隔离。

双绞线并不是 CAN 总线的唯一传输介质。利用光电转换接口器件及星形光纤耦合器可建立光纤介质的 CAN 总线通信系统。此时，光纤中有光表示显性位，无光表示隐性位。

利用 CAN 控制器的双相位输出模式，通过设计适当的接口电路，也不难实现电源线与 CAN 通信线的复用。另外，CAN 协议中卓越的错误检出及自动重发功能为建立高效的基于电力线载波或无线电介质的 CAN 通信系统提供了方便。

5.4.2 TJA1050 收发器

1. TJA1050 特征

TJA1050 是 Philips 公司生产的、用以替代 PCA82C250 的高速 CAN 总线收发器。该器件提供了 CAN 控制器与物理总线之间的接口，以及对 CAN 总线的差动发送和接收功能。TJA1050 除了具有 PCA82C250 的主要特性以外，对某些方面的性能还做了很大的改善。

TJA1050 的主要特性如下。

1）与 ISO 11898 标准完全兼容。

2）高速率（最高可达 1Mbit/s）。

3）总线与电源及地之间的短路保护。

4）待机模式下，关闭发送器。

5）优化了输出信号 CANH 和 CANL 之间耦合，大大降低了信号的电磁辐射（EMI）。

6）具有强电磁干扰下宽共模范围的差动接收能力。

7）对于 TXD 端的显性位，具有超时检测能力。

8）输入电平与 3.3V 器件兼容。

9）未上电节点不会干扰总线（对于未上电节点的性能做了优化）。

10）具有过热保护功能。

11）总线至少可连接 110 个节点。

2. 引脚介绍

TJA1050 的引脚如图 5-21 所示。

引脚介绍如下。

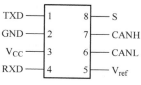

图 5-21　TJA1050 的引脚图

TXD：发送数据输入，从 CAN 总线控制器中输入的数据发送到总线上。

GND：接地。

V_{CC}：电源。

RXD：接收数据输出，将从总线接收的数据发送给 CAN 总线控制器。

V_{ref}：参考电压输出。

CANL：低电平 CAN 电压输入 / 输出。

CANH：高电平 CAN 电压输入 / 输出。

S：模式选定输入端，高速或静音模式。

3. 功能结构

TJA1050 的功能框图如图 5-22 所示。

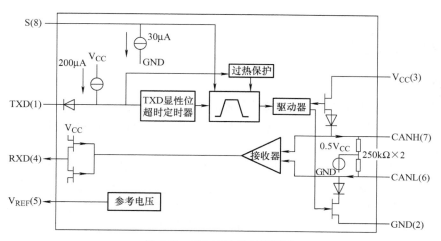

图 5-22　TJA1050 的功能框图

TJA1050 的总线收发器与 ISO 11898 标准完全兼容。TJA1050 主要用于通信速度在 69kbit/s ～ 1Mbit/s 的高速应用领域。在驱动电路中，TJA1050 具有与 PCA82C250 相同的限流电路，可防止发送输出级对电源、地或负载短路，从而起到保护作用。其过热保护措施与 PCA82C250 也大致相同，当节点温度超过了 160℃时，两个发送器输出端极限电流将减小。由于发送器是功耗的主要部分，因而限制了芯片的温升，器件其他部分将继续工作。

引脚 S 用于选定 TJA1050 的工作模式。有两种工作模式可供选择：高速和静音。

如果引脚 S 接地，则 TJA1050 进入高速模式。当 S 端悬空时，其默认工作模式也是高速模式。高速模式是 TJA1050 的正常工作模式。如果引脚 S 接高电平，则 TJA1050 进入静音模式。在这种模式下，发送器被关闭，器件的所有其他部分仍继续工作。该模式可防止由于 CAN 控制器失控而造成网络阻塞。TJA1050 真值表如表 5-5 所示。

表 5-5　TJA1050 真值表

电源	TXD	S	CANH	CANL	总线状态	RXD
4.75 ～ 5.25V	0	0 或悬空	高	低	显性	0
4.75 ～ 5.25V	X	1	$0.5V_{CC}$	$0.5V_{CC}$	隐性	1
4.75 ～ 5.25V	1 或悬空	X	$0.5V_{CC}$	$0.5V_{CC}$	隐性	1
<2V（未上电）	X	X	$0V<V_{CANH}<V_{CC}$	$0V<V_{CANL}<V_{CC}$	隐性	X
$2V<V_{CC}<4.75V$	> 2V	X	$0V<V_{CANH}<V_{CC}$	$0V<V_{CANL}<V_{CC}$	隐性	X

注：X= 任意值。

在 TJA1050 中设计了一个超时定时器，用于对 TXD 端的低电位（此时 CAN 总线上为显性位）进行监视。该功能可以避免由于系统硬件或软件故障而造成 TXD 端长时间为低电位时，总线上所有其他节点也将无法进行通信的情况出现。这也是 TJA1050 与 PCA82C250 相比较改进较大的地方之一。TXD 端信号的下降沿可启动该定时器。当 TXD 端低电位持续的时间超过了定时器的内部定时时间时，将关闭发送器，使 CAN 总线回到隐性位状态。而在 TXD 端信号的上升沿，定时器将被复位，使 TAJ1050 恢复正常工作。定时器的典型定时时间为 450μs。

5.4.3　CAN 总线通信节点

1. 拓扑结构

CAN 总线通信节点主要由 CAN 总线控制器和 CAN 总线收发器组成，CAN 总线控制器（SJA1000）和 CAN 总线收发器（PCA82C250/251 或 TJA1050）在现场总线系统中的位置如图 5-23 所示。

CAN 总线控制器（SJA1000）用于实现 CAN 总线的协议底层以及数据链路层，用于生成 CAN 帧并以二进制码流的方式发送，在此过程中进行位填充、添加 CRC 校验、应答检测等操作；将接收到的二进制码流进行解析，在此过程中进行收发比对、去位填充、执行 CRC 校验等操作。此外还需要进行冲突判断、错误处理等诸多任务。

CAN 总线收发器（PCA82C250/251）是一种将 CAN 数据发送器与数据接收器组合在一

起的单片集成电路。CAN 总线收发器的作用是将 CAN 总线控制器提供的数据转换成电信号，然后通过数据总线发送出去。同时，它也接收总线数据，并将数据传送给 CAN 总线控制器。

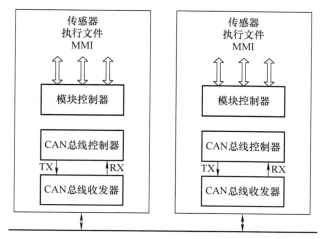

图 5-23　CAN 总线控制器和 CAN 总线收发器在现场总线系统中的位置

2. 应用电路

SJA1000 和 PCA82C250 的典型应用如图 5-24 所示。

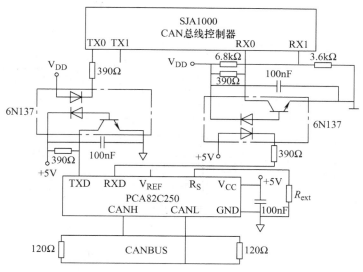

图 5-24　SJA1000 和 PCA82C250 的典型应用

控制器 SJA1000 的串行数据输出线（TX）和串行数据输入线（RX）分别通过光电隔离电路连接到收发器 PCA82C250，收发器 PCA82C250 通过有差动发送和接收功能的两个总线终端 CANH 和 CANL 连接到总线电缆。输入 R_S 用于模式控制。参考电压输出 V_{REF} 的输出电压是 $0.5 \times$ 额定 V_{CC}。其中，收发器 PCA82C250 的额定电源电压是 5V。

5.5 嵌入 CAN 控制器 P8xC591

Philips 公司生产的 P8xC591 单片机内嵌 CAN 控制器，将会大大简化应用系统的硬件设计，系统的可靠性也会有很大的提高。

5.5.1 P8xC591 特点

P8xC591 是一个 8 位高性能的单片机微控制器，具有片内 CAN 控制器。它从 MCS-51 微控制器家族派生而来，采用了强大的 80C51 指令集，并成功地集成了 Philips 公司的 SJA1000 CAN 控制器的 PeliCAN 功能。全静态内核提供了扩展的节电方式。振荡器可停止和恢复，并且不会丢失数据。改进的 1：1 内部时钟分频器在 12MHz 外部时钟频率时实现 500ns 指令周期。P8xC591 功能图如图 5-25 所示。

P8xC591 具有如下的特点或功能。

1）16KB 内部程序存储器。

2）256 字节片内数据 RAM。

3）3 个 16 位定时 / 计数器 T0、T1（标准 80C51）和 T2（捕获和比较）。

4）CAN 控制器。

5）带 6 路模拟输入的 10 位 ADC，可选择快速的 8 位 ADC。

6）两个 8 分辨率的脉宽调制输出（PWM）。

7）带字节方式主从功能的 I²C 总线串行 I/O 口。

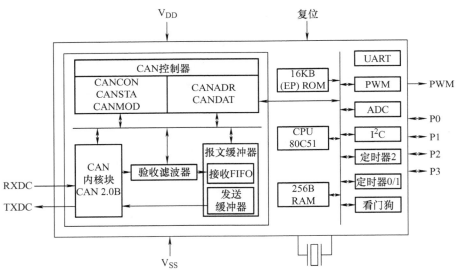

图 5-25　P8xC591 功能图

8）片内看门狗定时器 T3。

9）保密位，32 字节加密阵列。

10）4 个中断优先级，15 个中断源。

11）电源控制模式：时钟可停止和恢复、具有空闲模式、具有掉电模式。

12）空闲模式中 ADC 有效。

13）可利用数据指针寄存器 DPTR。

14）可禁止 ALE 实现低 EMI。

15）软件复位（AUXR1.5）。

16）上电检测复位。

17）ONCE（On-Circuit Emulation）模式（在线仿真）。

P8xC591 组合了 P87C554（微控制器）和 SJA1000（独立的 CAN 控制器）的功能，并在 SJA1000 的基础上增加了以下 CAN 的特性。

- 增强的 CAN 接收终端。
- 扩展的验收滤波器。
- 验收滤波器可在"运行中改变"（Change on the Fly）。

5.5.2　P8xC591 引脚

P8xC591 为 PLCC44 封装和 QFP44 封装。QFP44 封装如图 5-26 所示。

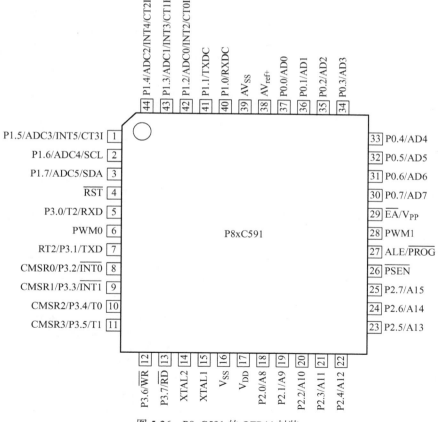

图 5-26　P8xC591 的 QFP44 封装

P8xC591 的 QFP44 和 PLCC44 引脚功能说明如表 5-6 所示。

表 5-6 P8xC591 的 QFP44 和 PLCC44 引脚功能说明

符 号	引脚号		功能说明
	QFP44	PLCC44	
$\overline{RST}$	4	10	复位：P8xC591 复位输入，当定时器 T3 溢出时，提供复位脉冲输出
P3.0 ～ P3.7			P3 口：8 位可编程 I/O；P3 可驱动和 LSTTL 输入， P3 口还提供其他功能
P3.0/T2/RXD	5	11	RXD：串行输入口 RT2：时间输出
P3.1/TXD/RT2	7	13	TXD：串行输出口 RT2：T2 定时器复位信号，上升沿触发
P3.2/ $\overline{INT0}$ /CMSR0	8	14	$\overline{INT0}$：外部中断 0 CMSR0：定时器 T2 比较和设置 / 复位输出
P3.3/$\overline{INT1}$/CMSR1	9	15	RST：外部中断 1 CMSR1：定时器 T2 比较和设置 / 复位输出
P3.4/T0 /CMSR2	10	16	T0：定时器 0 外部输入 CMSR2：定时器 T2 比较和设置 / 复位输出
P3.5/T1/CMSR3	11	17	T1：定时器外部输入 CMSR3：定时器 T2 比较和设置 / 复位输出
P3.6/$\overline{WR}$	12	18	$\overline{WR}$：外部数据存储器写选通
P3.7/$\overline{RD}$	13	19	$\overline{RD}$：外部数据存储器读选通复位时，P3 异步驱动为高 P3M1 和 P3M2 寄存器可将 P3 口设置为 4 种模式之一：<table><tr><td>P3M1.x</td><td>P3M2.x</td><td>模式描述</td></tr><tr><td>0</td><td>0</td><td>准双向（默认标准 C51 配置）</td></tr><tr><td>0</td><td>1</td><td>推挽</td></tr><tr><td>1</td><td>0</td><td>高阻</td></tr><tr><td>1</td><td>1</td><td>开漏</td></tr></table>
XTAL2	14	20	晶振引脚 2：反相震荡放大器输出，当使用外部振荡器时钟时开始
XTAL1	15	21	晶振引脚 1：反相震荡放大器输入和内部时钟发生电路输入，使用外部振荡器时钟时作为外部时钟输入端
V_{SS}	16	22	地：0V 参考点
V_{DD}	17	23	电源：提供正常、空闲和掉电工作电压
P2.0/A8 ～ P2.7/A15	18 ～ 25	24 ～ 31	P2 口：8 位可编程 I/O A8 ～ A15：外部存储器高地址。具有如下功能： •外部存储器（A8 ～ A15）高地址字节，还可作为 EPROM •编程和校验时的高地址 •复位时，P2 异步驱动为高 P2M1 和 P2M2 寄存器可将 P2 口设置为 4 种模式之一：<table><tr><td>P2M1.x</td><td>P2M2.x</td><td>模式描述</td></tr><tr><td>0</td><td>0</td><td>准双向（默认的标准 C51 配置）</td></tr><tr><td>0</td><td>1</td><td>推挽</td></tr><tr><td>1</td><td>0</td><td>高阻</td></tr><tr><td>1</td><td>1</td><td>开漏</td></tr></table>

（续）

符 号	引脚号		功能说明
	QFP44	PLCC44	
$\overline{PSEN}$	26	32	程序存储器使能：外部程序存储器的读选通
ALE/$\overline{PROG}$	27	33	ALE 地址锁存使能：正常操作中，在访问外部存储器时锁存地址的低字节 $\overline{PROG}$：编程脉冲输入
$\overline{EA}$/V$_{PP}$	29	35	$\overline{EA}$：外部存储器访问允许。若 $\overline{EA}$ 为低电平，则 CPU 通过 P0 和 P2 执行外部编程存储器程序。$\overline{EA}$ 不允许浮动 VPP：给 P8xC591 提供编程电压
P0.7/AD7 ～ P0.0/AD0	30 ～ 37	36 ～ 43	P0 口：8 位三态双向 I/O 口。复位时，P0 口为高阻态 AD7 ～ AD0：复位的数据和地址总线低地址，P0 口可驱动 8 个 LSTTL 输入
AV$_{ref+}$	38	44	A/D 转换参考电阻：高端
AV$_{SS}$	39	1	模拟地
P1.0 ～ P1.4 P1.5 ～ P1.7			P1 口：用户可配置输出类型的 8 位 I/O 口。每个口都可独立配置，P1 口还提供其他功能
P1.0 P1.1	40 41	2 3	RXDC：CAN 接收器输入引脚 TXDC：CAN 发送器输出引脚 复位时，P1.0 和 P1.1 异步驱动为高，P1.2 ～ P1.7 为高组态（三态）
P1.2 ～ P1.4	42 ～ 44	4 ～ 6	ADC0 ～ ADC2：可选功能。ADC 输入通道
P1.5 P1.6 P1.7	1 2 3	7 8 9	CT31/INT5：T2 捕获定时器输入或外部中断输入 SCL：I²C 串行时钟线，用于 I²C 时不可使用推挽或准双向模式 SDA：I²C 串行数据线，用于 I²C 时不可使用推挽或准双向模式 通过 P1M1 和 P1M2 可将 P1 口设置为 4 种模式： | P1M1.x	P1M2.x	模式描述
0	0	准双向（默认的标准 C51 配置）
0	1	推挽
1	0	高阻
1	1	开漏	
PWM0	6	12	脉宽调制：输出 0
PWM1	28	34	脉宽调制：输出 1

5.5.3　P8xC591 结构

1. P8xC591 PeliCAN 功能

P8xC591 内嵌了 Philips 公司生产的独立 CAN 控制器 SJA 1000，具有其所有功能，P8xC591 PeliCAN 增强了如下功能。

1）增强的 CAN 接收中断：

● 具有接收缓冲区级的接收终端。

● 具有用于接收中断的高优先级验收滤波器。

2）扩展的验收滤波器：

● 8 个滤波器用于标准帧格式。

- 4个滤波器用于扩展格式。
- 验收滤波器的"运行中改变"（Change on the Fly）特性。

80C51 CPU 接口将 PeliCAN 与 P8xC591 微控制器内部总线相连。通过 5 个特殊功能寄存器 CANADR、ANDAT、CANMOD、CANSTA 和 CANCON 对 PeliCAN 进行访问。

2. P8xC591 PeliCAN 结构

PeliCAN 内部结构图如图 5-27 所示。

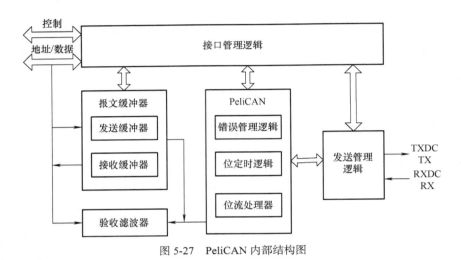

图 5-27　PeliCAN 内部结构图

它的各功能模块如下：

- ➢ 接口管理逻辑（IML）；
- ➢ 发送缓冲器（TXB）；
- ➢ 接收缓冲器（RXB、RXFIFO）；
- ➢ 验收滤波器（ACF）；
- ➢ 位流处理器（BSP）；
- ➢ 错误管理逻辑（EML）；
- ➢ 位定时逻辑（BTL）；
- ➢ 发送管理逻辑（TML）。

发送管理逻辑提供驱动器信号，用于推挽式的 CAN TX 晶体管级控制。外部晶体管根据可编程的配置打开或关闭。

5.5.4　P8xC591 扩展

80C51 CPU 接口将 PeliCAN 与 P8xC591 微控制器的内部总线相连，如图 5-28 所示。

通过 SFR（特殊功能寄存器）可对 PeliCAN 寄存器和 RAM 区进行快速的访问。由于支持大范围的地址，基于寻址的间接指针允许使用地址自动增加模式对寄存器进行快速访问。这样，就将所需 SFR 的数目减少到 5 个。下面要介绍的主要内容是：

1）5 个特殊功能寄存器（SFR）。

2）自动增加模式中的寄存器寻址。

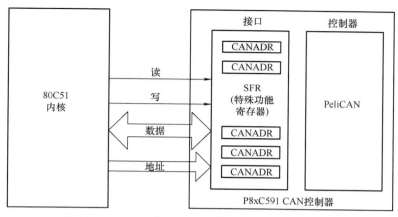

图 5-28　PeliCAN 与 P8xC591 微控制器的内部总线相连

3）对 PeliCAN 整个地址范围的访问。

CPU 通过 5 个特殊功能寄存器 CANADR（地址寄存器）、CANDAT（数据寄存器）、CANMOD（模式寄存器）、CANSTA（状态寄存器）和 CANCON（控制寄存器）对 PeliCAN 模块进行访问，如图 5-29 所示。需要注意的是，CANCON 和 CANSTA 根据访问方向的不同而具有不同的寄存器结构。

PeliCAN 寄存器可以通过两种不同的方式访问。那些控制 PeliCAN 主要功能的重要的几个寄存器都支持软件轮询，可以像单独的 SFR 一样直接访问，而 PeliCAN 模块中的其他部分通过一个间接的指针机制进行访

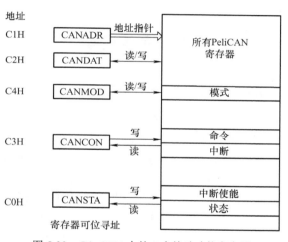

图 5-29　P8xC591 中的 5 个特殊功能寄存器

问。为了达到高数据吞吐量，在使用间接寻址时也包含了地址自动增加的特性。

1）CANADR（地址寄存器）：该读 / 写寄存器定义通过 CANDAT 访问 PeliCAN 内部寄存器的地址。可将其解释为对 PeliCAN 的一个指针。对 PeliCAN 块寄存器的读 / 写访问通过 CANDAT 寄存器执行。通过地址自动增加模式，为 CAN 控制器内部的寄存器提供了快速的类似栈的读 / 写操作。如果 CANADR 内当前定义的地址大于或等于 32（十进制），那么 CANADR 的内容在任意对 CANDAT 进行读或写操作后自动增加。

例如，将一个报文装入发送缓冲区可将发送缓冲区的首地址 70H（112）写入 CANADR，然后将报文字节一个接一个地写入 CANDAT，CANADR 超过 FFH 后复位为 00H。如果 CANADR 的地址小于 32，则不会执行自动地址增加。即使 CANDAT 执行了读或写操作，CANADR 的值也会保持不变。这允许在 PeliCAN 控制器的低地址空间进行寄存器轮询。

2）CANDAT（数据寄存器）：作为一个读 / 写寄存器，CANDAT 是对 CANADR 所选的 CAN 控制器内部数据寄存器的一个端口。对 CANDAT 的读 / 写等效于对该内部寄存器的访问。如果 CANADR 中当前的地址大于或等于 32，那么任何对 CANDAT 的访问都将使 CANADR 所定义的地址自动增加。

3）CANMOD（模式寄存器）：CANMOD 是可直接进行读 / 写访问的寄存器，位于 PeliCAN 模块的地址 00H。

4）CANSTA（状态寄存器）：根据访问方向的不同，CANSTA 提供对 PeliCAN 的状态寄存器和中断使能寄存器的直接访问。对 CANSTA 的读操作是对 PeliCAN 的状态寄存器（地址 2）进行访问；对 CANSTA 的写操作是对中断使能寄存器（地址 4）进行访问。

5）CANCON（控制寄存器）：根据访问方向的不同，CANCON 提供对 PeliCAN 的中断寄存器和命令寄存器的直接访问。对 CANCON 的读操作是对 PeliCAN 的中断寄存器（地址 3）进行访问；对 CANCON 的写操作是对命令寄存器（地址 1）进行访问。

除了 CANMOD、CANSTA、CANCON 等 PeliCAN 常用特殊寄存器可以进行直接读 / 写访问外，所有其他的 CAN 寄存器都需要进行间接寻址。CANADR 指向 PeliCAN 寄存器的地址，在写操作时，将要送到被寻址寄存器的数据写入 CANDAT；读操作时，被寻址寄存器的数据可从 CANDAT 中送出。

5.6 CAN 总线系统选型

5.6.1 通信距离与节点数量

在 CAN 总线系统的实际应用中，经常会遇到要估算一个网络的最大总线长度和节点数目的情况。下面分析当采用 PCA82C250 作为总线收发器时，影响网络的最大总线长度和节点数的相关因素及估算的方法。若采用其他收发器，也可以参照该方法进行估算。

由 CAN 总线所构成的网络，其最大总线长度主要由以下 3 个方面的因素所决定：

1）互连总线节点的回路延时和总线线路延时；

2）由各节点振荡器频率的相对误差而导致的位时钟周期的偏差；

3）由总线电缆串联等效电阻和总线节点的输入电阻而导致的信号幅度的下降。

传输延迟时间对总线长度的影响主要是由 CAN 总线的特点（非破坏性总线仲裁和帧内应答）所决定的。举例来说，在每帧报文的应答场（ACK 场），要求接收报文正确的节点，在应答间隙将发送节点的隐性电平拉为显性电平，作为对发送节点的应答，这些过程必须在一个位时间内完成，所以总线线路延时及其他延时之和必须小于 1/2 个位时钟周期。非破坏性总线仲裁和帧内应答本来是 CAN 总线区别于其他现场总线最显著的优点之一，在这里却成了一个缺点。缺点主要表现在其限制了 CAN 总线速度进一步提高的可能性，当需要更高的速度时无法满足要求。如表 5-7 所示，位速率与最大总线长度之间的关系就是这种缺点的直接体现。

表 5-7 位速率与最大总线长度的关系

位速率（kbit/s）	最大总线长度（m）
1000	30
500	100
250	250
125	500
62.5	1000

　　在静态条件下，总线节点的差动输入电压由流过该节点电阻的电流决定，如图 5-30 所示。

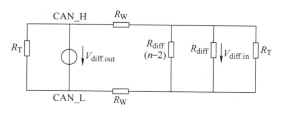

图 5-30　网络分布等效电路图

　　节点的差动输入电压主要取决于发送节点的差动输出电压 $V_{\text{diff.out}}$、总线电缆的电阻 $R_{\text{W}}=\rho \times L$ 和接收节点的差动输入电阻 R_{diff}。当发送节点在总线的一端而接收节点在总线的另一端时为最坏情况，这时接收节点的差动输入电压可按下式计算：

$$V_{\text{diff.in}} = \frac{V_{\text{diff.out}}}{1 + 2R_{\text{W}}\left(\dfrac{1}{R_{\text{T}}} + \dfrac{n-1}{R_{\text{diff}}}\right)} \tag{5-2}$$

式中，R_{W} 为总线电缆电阻；R_{T} 为终端匹配电阻；R_{diff} 为差动输入电阻；n 为节点总数。

　　当差动输入电压小于 0.5V 或 0.4V 时，接收节点检测为隐性位；当差动输入电压大于 0.9V 或 1.0V 时，接收节点检测为显性位。所以为了正确地检测到显性位，接收节点必须能接收到一定的差动输入电压，这个电压取决于接收显性位的阈值电压 V_{th} 和用户定义的安全区电压所需的差动输入电压，可由下式表示：

$$V_{\text{diff.in.req}} = V_{\text{th}} + K_{\text{sm}}\ (V_{\text{diff.out}} - V_{\text{th}}) \tag{5-3}$$

　　其中，K_{sm} 为决定安全区电压的差动系数，在 0 ~ 1 之间取值。由于接收的差动输入电压必须大于检测显性位所需的电压，所以在极限情况下，可以得到如下表达式：

$$V_{\text{diff.in.min}} = \frac{V_{\text{diff.out.min}}}{1 + 2R_{\text{W.max}}\left(\dfrac{1}{R_{\text{T.min}}} + \dfrac{n_{\text{max}}-1}{R_{\text{diff.min}}}\right)} \geqslant V_{\text{diff.in.req}} \tag{5-4}$$

　　根据关系 $R_{\text{W.max}} = \rho_{\text{max}} L_{\text{max}}$，上式经变换后可得到：

$$L_{\text{max}} \leqslant \frac{1}{2\rho_{\text{max}}}\left[\frac{V_{\text{diff.out.min}}}{V_{\text{th.max}} + K_{\text{sm}}(V_{\text{diff.out.min}} - V_{\text{th.max}})} - 1\right]\frac{R_{\text{T.max}}\ R_{\text{diff.min}}}{R_{\text{diff.min}} + (n_{\text{max}}-1)R_{\text{T.min}}} \tag{5-5}$$

式中，n_{max} 为系统接入的最大节点数；ρ_{max} 为所用电缆的单位长度的最大电阻率；$V_{\text{diff.out.min}}$（1.5V）为输出显性位时的最小差动输出电压；$V_{\text{th.max}}$（1V）为接收显性位最大阈值电压；$R_{\text{diff.min}}$（20kΩ）为节点最小差动输入电阻；$R_{\text{T.min}}$（118Ω）为最小终端电阻。

　　从式（5-5）可以很清楚地看出，最大总线长度除了与终端电阻、节点数等有关外，还与总线电缆单位长度的电阻率成反比。由于不同类型电缆的电阻率不同，所以其最大总线长度也有很大差别。若差动系数 K_{sm} 为 0.2，则在最坏情况下，可得出总线电缆电阻 R_{W} 必须小于 15Ω。

　　正常情况下，$V_{\text{diff.out}}$ 为 2V，V_{th} 为 0.9V，R_{diff} 为 50kΩ，R_{T} 为 120Ω。在差动系数 K_{sm} 为 0.2 时，总线电缆电阻 R_{W} 小于 45Ω 即可。表 5-8 列出了几种不同类型的电缆和节点数条件下最大总线长度的情况。最大总线长度是在最坏情况下计算得到的。

表 5-8　在不同类型的电缆和节点数条件下的最大总线长度

电缆类型	最大总线长度（m）(K_{sm}=0.2）			最大总线长度（m）(K_{sm}=0.1）		
	N=32	N=64	N=100	N=32	N=64	N=100
DebiceNet（细缆）	200	170	150	230	200	170
DebiceNet（粗缆）	800	690	600	940	810	700
0.5mm² （或 AWG20）	360	310	270	420	360	320
0.75mm² （或 AWG18）	550	470	410	640	550	480

上面所讲的是总线电缆电阻与总线长度之间的关系，那么网络中所能连接的最大节点数又与什么因素有关呢？一个网络中所能连接的最大节点数主要取决于 CAN 收发器所能驱动的最小负载电阻 $R_{L.min}$。CAN 收发器 PCA82C250 提供的负载驱动能力为 $R_{L.min}$=45Ω。从图 5-30 中可得到用于计算最大节点数的如下关系式（假设总线电阻 R_w 为 0，此为最坏情况）：

$$\frac{R_{T.\,max}\ R_{diff.\,min}}{(n_{max}-1)R_{T.\,min}+2R_{diff.\,min}} > R_{L.\,min} \tag{5-6}$$

则有：

$$n_{max} < 1 + R_{diff.\,max}\left(\frac{1}{R_{L.\,max}}\ \frac{2}{R_{T.\,max}}\right)$$

假设 PCA82C250 的最小差动输入电阻为 $R_{diff.min}$=20kΩ，当 R_T=118Ω 和 R_L=45Ω 时，能连接的最大节点数为 106 个；当 R_T=120Ω 和 R_L=45Ω 时，则为 112 个。其实影响节点数的因素除了 PCA82C250 的驱动能力以外，与总线长度也有密切关系。只有总线长度在合适的范围以内时，才有可能达到上面的最大节点数。

5.6.2　网络结构及总线终端

1. CAN 网络结构

一般来说，CAN 总线国际标准 ISO 11898 采用总线结构作为网络拓扑，在总线的两端各接有一个终端电阻。在实际情况中，网络拓扑并非严格的总线结构，有些节点具有一定的支线长度（几米）。另外，在某些应用中，从 EMC 的角度考虑，对终端网络进行一些调整效果可能会更好。下面将对 CAN 总线网络拓扑结构及终端接法进行介绍。

一个典型的 CAN 总线网络拓扑结构如图 5-31 所示，注意两端的终端电阻是必需的。CAN 总线网络拓扑结构：

- 若隐性电平相遇，则总线表现为隐性电平；
- 若显性电平相遇，则总线表现为显性电平；
- 若隐性电平和显性电平相遇，则总线表现为显性电平。

一般在 CAN 总线的终端两端都会匹配两个终端电阻，而一般根据各种规范手册里的规定，基本都是 120Ω 或者两个 60Ω 的电阻。

终端电阻的作用主要有：

- 提高抗干扰能力，让高频低能量的信号迅速走掉；

- 确保总线快速进入隐性状态，让寄生电容的能量更快走掉；
- 提高信号质量，放置在总线的两端，让反射能量降低。

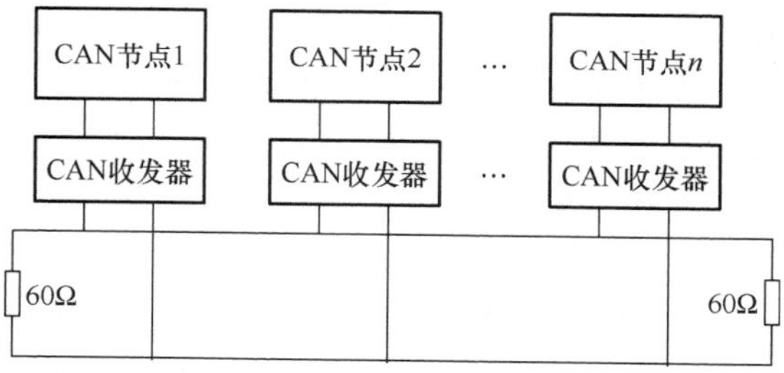

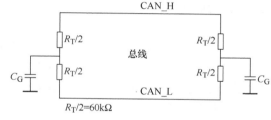

图 5-31　CAN 总线网络拓扑结构

2. CAN 总线终端

考虑到 EMC、通信速率、延时时间等因素，对总线的拓扑结构做一些改变优化，主要有以下几种。

（1）双终端总线

对于标准的双终端总线网络拓扑结构，在总线的两端分别接一个 120Ω 的终端电阻，总线总阻值为 60Ω。该拓扑结构接线简单，可靠性好，传输距离远，是目前电梯上最常用的总线拓扑结构。

（2）单终端总线

CAN 总线匹配的最简单方法就是在总线上并联一个 60Ω 的终端电阻。这种拓扑下，总线电阻为 60Ω，阻抗匹配。但在这种拓扑结构中，很多节点实际上都不在总线上，而在支线上，其传输距离受限，这种拓扑结构的总线长度只有标准双终端总线接法总线长度的50%。

（3）分离终端总线

分离终端总线就是在双终端总线的基础上，将单个终端电阻分成两个阻值相同的电阻，在两电阻之间通过一个电容接地。分离终端总线是不改变总线的 DC 特性且能增强 EMC 性能的终端配置方法。

分离终端连接图如图 5-32 所示。

图 5-32　分离终端连接图

分离终端是将单个终端电阻分成两个阻值相等的电阻。例如，将一个 124Ω 的电阻用两个 62Ω 的电阻替换。这种方法的特点是可以在两个分离终端的中间抽头上得到所谓的共模信号。理想情况下，共模信号就是 DC 电压信号，并可以通过一个 10nF 或 100nF 的电容将中间抽头接地。当然，电容应该连接到真正的地电平上。例如，如果终端位于总线节点内部，则建议通过单独的地线与连接器的地引脚相连。

通常情况下，下面提到的分离终端的两种连接方法各有优缺点。第一种方法是两个终端均采用分离形式并单独接地，但是两个终端电阻都接地以后，可能会通过地电流形成干扰性的同路电流。第二种方法是只将一个终端电阻接地，这种接法在中频到低频的范围内特性会更好。总线结构接线复杂，一般只在特定情况下使用。第二种接法并没有改变终端电缆的 DC 特性。

（4）多终端总线

多终端总线拓扑结构类似于星形拓扑结构。多终端总线结构就是把终端电阻（60Ω）分成两个以上的电阻，总线上的电阻仍为 60Ω，总的等效终端电阻不变。图 5-33 所示是多终端连接，

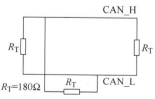

图 5-33　多终端连接图（举例）

在这种情况下，每个分支都可以看作一个终端，每个终端电阻都为 180Ω。

在这种拓扑结构下，如果去除其中一个终端，那么总线上的阻抗将不再完全匹配，但是在短距离传输情况下仍可以正常使用。因此，这种拓扑情况下，CAN 总线通信距离将远小于双终端拓扑结构。

如图 5-33 所示，以具有 3 个分支的多终端总线拓扑结构为例，可以将每个分支都视为一个终端，其终端电阻为总的终端电阻的 3 倍（180Ω）。采用这种接法，总的等效终端电阻（所有电阻并联在一起）必须与总线驱动器的输出驱动能力相匹配。

根据经验，这种接法的总线长度（包括所有分支在内）将比相同配置下采用总线拓扑结构的总线长度要短。举例来说，总线长度为 100m 的总线结构网络，若采用 3 个分支的星形拓扑结构，每个分支的终端电阻都为 180Ω，那么每个分支的长度将会小于 33m，除可选终端以外的基本网络至少应保留总终端数目的 50%。

（5）非匹配终端总线

1）非匹配终端总线结构。

这种接法有意使终端电阻与线路的热性阻抗不匹配。该接法可减少对线路中双绞线的要求，从而在同等匹配下增加驱动能力或降低功耗。实质上，这种接法的终端电阻阻值高于电缆的特性阻抗值。从 CAN 位定时要求方面考虑，如果系统配置提供了足够的安全余地，那么也允许采用这种接法。采用这种接法与采用标准终端接法相比，位速率或总线长度将会急剧地降低。这主要是由于当终端电阻增大时，相应的总线延时将会急剧地增加。

不论何种情况，建议不同终端的等效电阻应小于 500Ω。例如，2×1kΩ 被认为是终端电阻的上限，这与采用的位速率无关。应注意到，双向总线的传输延迟时间与总线的时间常数有关，时间常数等于整个网络的电容值和等效放电电阻值（如 60Ω）的乘积。同时也应该考虑到，各总线节点之间的地偏置电平也会增加网络电容的放电时间。

2）非匹配终端支线电缆长度计算。

非匹配终端 CAN 总线的基本拓扑结构被近似看作总线结构。但在某些情况下，可能需要不同于这种拓扑的网络结构（如临时连上总线的诊断设备）。经常有某些总线节点，通过非终端的支线电缆连上总线。当连接某些非终端的支线电缆时，总线上将会产生反射作用。由于网络提供了某种可靠性（如收发器的滞后特性和 CAN 协议的重同步规则），反射不一定会产生干扰。反射波一旦到达总线终端（该终端电阻与电缆特性阻抗匹配），就会消失。在一定总线和支线长度下，反射是否能容忍，实际上取决于位定时参数。

一般情况下，建议为支线和所谓的累计支线长度制定一个上限。累计支线长度是所有支线电缆长度之和。下面的关系式可用于支线电缆长度的粗略计算：

$$L_u < \frac{t_{PROPSEG}}{50 \times t_p} \tag{5-7}$$

式中，$t_{PROPSEG}$ 为位周期中的传输段长度，即时间 1（TSEG 1）的长度减去重同步跳转宽度（SJW）；t_p 为单位长度的特定线路延时（如 5ns/m）；L_u 表示非终端电缆支线长度。

累计支线长度则可用以下表达式粗略地计算：

$$\sum_{i=1}^{n} L_{ui} < \frac{t_{PROPSEG}}{10 \times t_p} \tag{5-8}$$

除上面提到的以外，总线的实际传输延时应该基于总的线路长度（即干线长度和全部支线长度之和）进行计算。在同等位速率情况下，由于受实际累计支线电缆长度的影响，会使最大干线长度明显降低。如果上面的表达式能得到满足，那么反射造成的影响是很小的。

下面提供一个计算支线长度的例子，位速率 =500kbit/s、t_{PROPSEG}=12 × 125ns，t_p=5ns/m。

$$L_u \frac{t_{\text{PROPSEG}}}{50 \times t_p} = \frac{1500\text{ns}}{50 \times 5(\text{ns/m})} 6\text{m}$$

$$L_{ui} \frac{t_{\text{PROPSEG}}}{10 \times t_p} = \frac{1500\text{ns}}{10 \times 5(\text{ns/m})} 30\text{m}$$

根据上面的粗略估算，对于一个 CAN 传输段（PROP_SEG）延时长度为 1500ns 的系统，其非终端支线电缆长度应小于 6m，累计支线长度电缆长度应小于 30m。

3. CAN 信号表示

CAN 总线采用两条双绞线 CAN_H 和 CAN_L 进行通信，CAN 总线的信号表示如图 5-34 所示。当没有数据进行通信时，两条线上的电压都为 2.5V；当有信号发送时，CAN_H 的电平升高 1V，即 3.5V，CAN_L 的电平降低 1V，即 1.5V。

CAN 总线信号分为显性和隐性，具体信号表示如下。

显性：为图 5-34 中逻辑 0 上的显性电平段，这个时候 CAN_H−CAN_L > 0.9V。

隐性：为图 5-34 中逻辑 1 上的隐性电平段，这个时候 CAN_H−CAN_L < 0.5V。

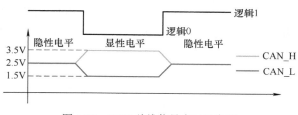

图 5-34　CAN 总线信号表示示意图

5.7　CAN 总线在测控系统应用

5.7.1　基于 MCU 的 CAN 总线应用

现代工业现场通常存在着大量的传感器、执行机构和电子控制单元，它们一般分布较广，在进行现场检测时对实时性和可靠性都有严格的要求。传统检测系统基本都是由分散的检测单元构成的，这种检测系统无法对整个系统实现全面的考察和评价，不能满足现代化状态检测、预测维护的需要。为此，建立一套基于单片机（MCU）的 CAN 总线的智能数据检测系统，将现场的各个检测单元集成起来非常必要。

1. 系统总体结构

基于单片机的 CAN 总线的智能数据检测系统结构如图 5-35 所示，主要由计算机控制主机和现场智能检测节点等部分组成。计算机控制主机主要负责人机接口，实现 CAN 总线各节点参数的设定等功能。现场智能检测节点由 CAN 总线智能节点和数据采集节点构成，主要对现场检测设备的输出信号进行采集，并进行简单的数据处理和信号转换，将处理后的数据通过 CAN 总线发送至主控主机。系统采用总线型网络拓扑结构，使整个系统结构简单且可靠性较高。

基于单片机的 CAN 总线的智能数据检测系统硬件采用 Cugnal 公司的单片机 C8051F040，

具有与 8051 指令集完全兼容的 CIP-51 内核，是一种完全集成的混合信号系统级芯片（SOC），在一个芯片内集成了构成单片机数据采集或控制系统所需要的几乎所有模拟和数字外设及其他功能部件。它不仅集成了构成监控系统的常用外设，如 ADC、可编程增益放大器、DAC、电压比较器、温度传感器、看门狗电路等，而且集成了高可靠性、高性能的

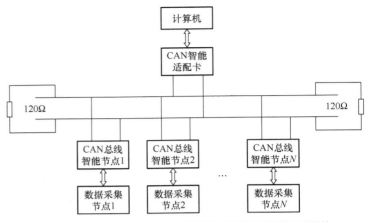

图 5-35 基于单片机的 CAN 总线的智能数据检测系统结构

CAN 总线控制器。这种高度集成为设计小体积、低功耗、高可靠性和高性能的测控系统提供了方便，同时用其进行分布式在线测控系统节点之间的数据传递设计将更为简单，也可使测控设备整体成本降低。

2. 检测信号变换

现场设备检测传感器的输出信号一般采用 4 ～ 20mA 的电流环信号，而 C8051F040 的内部 ADC 只能识别 0 ～ 3V 的直流电压信号，因此要将 4 ～ 20mA 的电流信号进行 I/V 转换。4 ～ 20mA 电流环检测节点主要由 I/V 转换电路、CAN 总线收发电路组成，其硬件设计图如图 5-36 所示。

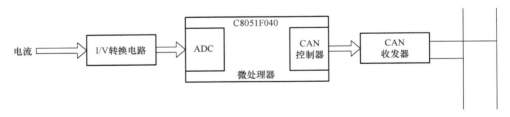

图 5-36 4 ～ 20mA 电流环检测节点的硬件设计图

（1）I/V 转换电路 C805IF040 内集成了一个 12 位和一个 10 位的逐次逼近型的 ADC，8 位外部输入引脚可被编程为单端或差分输入，灵活地转换控制允许软件定时器溢出或外部输入信号启动转换。检测对象传感器提供的 4 ～ 20mA 的电流信号经 I/V 转换电路后送入单片机的 ADC 端口。

（2）CAN 接口电路 CAN 接口电路原理图如图 5-37 所示。图中，C8051F040 的 6、7 引脚分别为 CANRX 和 CANTX 引脚，CAN 的输入 / 输出必须加总线收发器才能与 CAN 物理总线相连。为了增强 CAN 总线节点的抗干扰能力，将 CAN 引脚通过高速光耦 6N137 与总线收发器相连，可实现各节点之间的电气隔离。这样虽然增加了节点的硬件复杂性，却大大提高了节点的稳定性和安全性。

总线收发器采用 SN65HVD230，它与 CAN 总线的接口部分也采用了一定的安全和抗干扰措施。其 CANH、CANL 引脚各自串联一个 5Ω 电阻与 CAN 总线相连，电阻可起到一定的

限流作用；CANH 和 CANL 引脚与地之间并联了两个 32pF 的小电容，可以起到滤除总线上的高频干扰和一定的防电磁辐射的作用；在 CAN 总线接入端与地之间分别反接了一个保护二极管，当 CAN 总线有较高的负电压时，通过二极管的短路可起到一定的过电压保护作用；在 CAN 通信总线的两端各接一个 120Ω 的电阻，这对匹配总线阻抗起到了相当重要的作用。

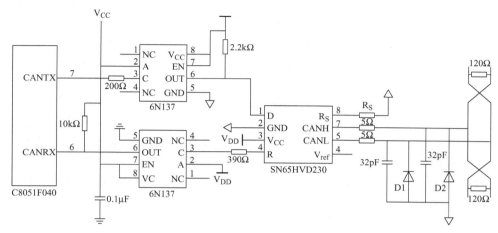

图 5-37　CAN 接口电路原理图

3. 系统软件设计

按照 OSI 参考模型，CAN 结构划分为数据链路层和物理层。然而，在实际应用中，仅有物理层和数据链路层是不够的。例如，对于传输长度超过 8 个字节的数据块、带有握手协议的数据传输、标识符分配及通过网络管理节点等的功能就不能实现。

因此，需要在这两层之外附加一层来支持应用过程，即应用层。这一层功能对应 OSI 参考模型的上 5 层，主要完成网络层和传输层的工作，提供接口，使得通信模块和具体应用模块分离。应用层协议需要通信双方具体协商制定。

（1）CAN 总线协议　节点软件设计中，与主控主机的通信是最关键的部分之一。针对分布式现场检测网络系统，使用 CAN 网络技术来制定 CAN 应用层协议。应用层完成的主要工作有标识符分配、多报文数据处理等。

C8051F040 支持 CAN 2.0B 协议，本系统通信的信息帧采用扩展帧，具有 29 帧，其标识符分配方案如表 5-9 所示。其中，DIR 表示方向，DIR=0 时，表示主站向从站发送数据；DIR=1 时，表示从站向主站发送数据。TYPE 为报文帧类型。当 TYPE.2=0 时，表示点对点发送；当 TYPE.2=1 时，表示广播发送。另外还有目标地址和源地址各 7 位，命令符 8 位。命令符是用来标识主控主机对智能节点的控制命令，或智能节点对主控主机的上传命令。

表 5-9　标识符分配方案

帧号	28	27～21	20	19	18～16	15～9	8	7～0
标识符	DIR	目标地址	0	0	TYPE	源地址	0	命令符

本设计对 CAN 通信中的报文处理做了以下规定：单报文由标识符中的数据类型 TYPE.1 决定，当其为 0 时表示为单报文，此时待传送的数据不超过 8 个字节，数据段中为

实际传送的数据。多报文的首帧和中间帧则由 TYPE.1 ~ TYPE.0 决定，当其为 11 时表示为非结束多报文，即为多报文的首帧和中间帧，此时待传送的数据超过 8 个字节，数据段中的第 1 个字节为索引项，后 7 个字节为传送的数据。多报文的尾帧也由 TYPE.1 ~ TYPE.0 决定，当其为 10 时表示为结束多报文，即为多报文的尾帧，此时规定该帧的数据长度为两个字节，数据段中的第 1 个字节为索引项，第 2 个字节为待传送数据的长度，单位为字节。

（2）节点软件设计　CAN 总线软件结构如图 5-38 所示。

根据 CAN 总线协议的模型结构和软件分层思想，节点程序主要包括 3 个模块：初始化模块、发送数据模块和接收数据模块。将各种基本的 CAN 功能模块设计成接口函数，以便应用时直接调用。

CAN 总线初始化包括操作模式的设置、验收滤波器的设置、总线定时器的设置及中断的设置等。验收滤波器的设置决定了本节点所接收的信息格式；总线定时器用来设置 CAN 总线上数据传输的波特率。在 CAN 控制器中，报文的控制由报文接口寄存器（Message Interface Register）来管理。

CAN 控制器的一条数据帧最多可发送 8 个字节的数据，对于整块大批量的数据接收，就需要使用 FIFO 缓冲区，流程如图 5-39 所示。

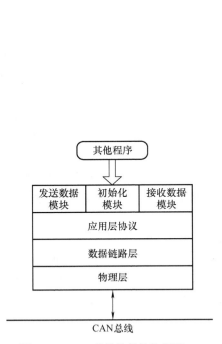

图 5-38　CAN 总线软件结构框图

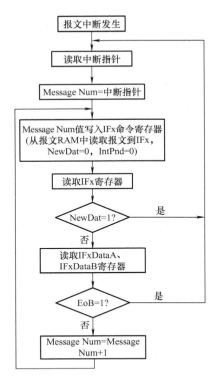

图 5-39　CAN 控制器 FIFO 缓冲区的读取流程

5.7.2　基于 USB 的 CAN 总线应用

煤矿井下风机是对矿井送风的重要设备，其工作的状态关系到对矿井送风的质量。目前国内大部分矿井进行的风机监测还是通过模拟仪表，工作人员要在现场抄表，在风机出现故障时需要手工切换工作设备，并人工上报故障信息，风机运行的可靠性和实时性都无法满足需要。为保证煤矿井下的安全生产，本应用设计基于 CAN 总线的煤矿井下风机监控系统，对煤矿井下风机的工作状态进行监视，并根据现场环境的风压、瓦斯气体含量、温度等实际情况有效地控制风机的送风量，既要满足对现场空气的要求，为煤矿的安全生产提供可靠保证，也要避免过量送风，降低能源消耗。

1. 系统整体结构

基于 CAN 总线的煤矿井下风机监控系统由上位 PC 监控平台、USB-CAN 网络适配器、多电动机综合保护器、数据库服务器构成，上位 PC 通过 USB-CAN 网络适配器监控井下风机 CAN 总线网络，系统结构如图 5-40 所示。

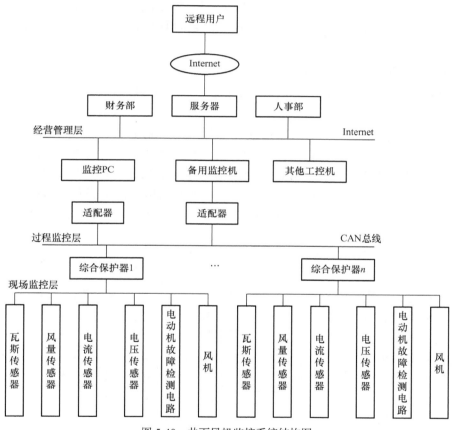

图 5-40　井下风机监控系统结构图

基于 CAN 总线的煤矿井下风机监控系统采用 CAN 总线将矿井风机多电动机综合保护器互联，构成 CAN 总线监控网络，利用 USB-CAN 网络适配器对 CAN 总线网络进行监控；运行 PC 端实时监控平台程序，采用 C/S 模式连接到服务器的数据库 SQL Server 2000，可实时显示、保存、查询、打印监控信息。

多电动机综合保护器在企业网络信息系统中位于现场监控层，为井下的一台风机的 4 个电动机提供综合保护。风机的风速等级由 4 个电动机高、低速运行的不同组合决定。一个风机站采用两台风机做冗余，另有一台工作风机和一台备用风机。保护器采用瓦斯传感器、风量传感器监测井下环境情况，采用电压传感器、电流传感器监测风机运行状态，采用电动机故障检测电路监测电动机是否缺相、短路、过载及漏电等故障。

根据瓦斯浓度自动调节风机风速等级，故障或倒机时自动起动备用风机，实现了风机的风电、瓦斯闭锁、短路、过载、漏电闭锁、过电压、缺相等风机的综合保护功能。采用CAN 总线与上位机通信，响应上位机命令，反馈风机状况（电流、电压、电动机状态）、瓦斯浓度、风量信息，当瓦斯超限或发生故障时主动向上位机报警。

监控 PC 端使用 Delphi 2006 开发了以 SQL Server 2000 为后台数据库的监控平台程序，通过 USB-CAN 网络适配器查询和监听 CAN 总线网络，实时显示、保存所获得的监控信息。利用 SQL Server 2000 搭建数据库可实现对 CAN 总线数据的管理、历史数据查询、报表打印等，同时为企业信息系统提供了标准的数据接口。USB-CAN 网络适配器转发来自 CAN 总线的信息和来自 PC 的命令信息，起沟通 CAN 总线与 PC USB 总线的网桥的作用。

2. USB-CAN 网络适配器设计

USB-CAN 网络适配器包括微处理器 AT89C52、CAN 总线通信接口、USB 通信接口、Max813L 构成的看门狗电路。

（1）USB 通信接口电路　USB 通信接口芯片采用南京沁恒公司的 USB 通用接口芯片 CH375A。CH375A 具有 8 位数据总线引脚、片选控制线引脚及中断输出引脚，可以方便地挂接到单片机、MCU、DSP、MPU 等控制器的系统总线上。CH375A 内置了 USB 通信的底层协议，自动处理默认端点 0 的所有事务，本地端单片机只需负责数据交换。在 PC端，CH375A 的配套软件提供了 WDM 驱动程序和 DLL 动态连接库 CH375ADLL.DLL，为应用提供了简洁易用的 API。CH375A 提供了 4 个相互独立的端对端的逻辑传输通道，分别称为数据上传管道、数据下传管道、中断上传管道和辅助数据下传管道。USB 接口电路如图 5-41 所示。

CH375A 在 PC 应用层与本地端单片机之间提供了端对端的连接，在这个基础上，USB 产品的设计人员可

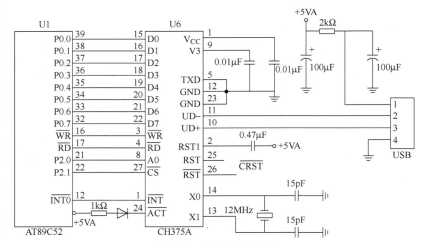

图 5-41　USB 接口电路

以选用两种通信方式：单向数据流方式、请求加应答方式。前者使用两个方向相反的单向数据流进行通信，具有相对较高的数据传输速率，但是数据不容易同步；后者使用主动请求和被动应答的查询方式进行通信，数据自动同步，具有较好的交互性和可控性，程序设计简单，但是数据传输速率相对较低。鉴于以上对比，USB-CAN 网络适配器选用单向数据流方

式与 PC 通信，使用 CH375A 的批量数据传输端口 2 上下传数据，使用中断上传端口 1 上传中断特征值。

　　CH375A 芯片通用 8 位并行接口的 D7 ～ D0 直接接到 AT89C52 的 P0 口，$\overline{RD}$、$\overline{WR}$ 等直接与 AT89C52 的相应引脚相连接；CH375A 的片选信号 $\overline{CS}$、端口选择引脚 A0（0 为读 / 写数据端口；1 为命令端口）、中断信号引脚 $\overline{INT}$ 分别与 AT89C52 的 P2.1、P2.0、$\overline{INT0}$ 引脚相连，确定 CH375A 命令端口地址为 FD00H，读 / 写数据端口地址为 FC00H。

　　（2）CAN 总线通信接口电路　CAN 总线通信接口采用 Philips 公司的独立 CAN 控制器芯片 SJA1000、收发器芯片 PCA82C250。为了增强抗干扰能力，在 SJA1000 与 PCA82C250 间采用高速光耦 6N137 实现总线电气隔离。为了有效隔离，6N137 两端的电源使用 B0505S-1W 隔离，CAN 总线接口电路如图 5-42 所示。

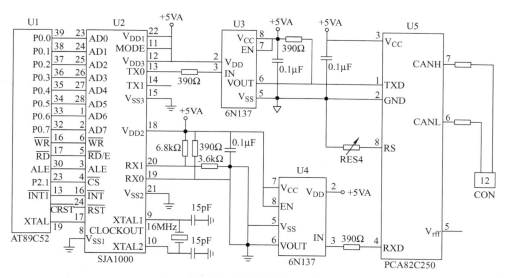

图 5-42　CAN 总线接口电路

　　独立 CAN 控制器 SJA1000 同时支持 CAN 210A（Basic CAN 模式）和 CAN 210B（Peli CAN 模式），具有完成 CAN 通信协议所有要求的全部特性，经过简单的总线连接就可以完成 CAN 总线的物理层和数据链路层的所有功能。SJA1000 的片选信号引脚 $\overline{CS}$、$\overline{INT}$ 分别与 AT89C52 的引脚 P2.1、$\overline{INT1}$ 相连。总线收发器 PCA82C250 将 CAN 控制器连接到 CAN 物理网络中，属于 CAN 协议控制器与物理总线之间的接口。

3. 系统软件设计

　　USB-CAN 网络适配器的主要功能是实现信息包转发，信息包以制定的 CAN 总线应用协议对应的帧结构封装。其主要流程为：接口芯片以中断方式告知 MCU 接收到对应的总线信息，MCU 调用相应中断服务程序将接口芯片缓冲区内的数据读入内部 RAM 定义的缓存区并设定标志位，在主程序中查询标志位，若为 1，则将内部 RAM 缓存区数据转发至另一接口芯片的发送缓冲区，USB 数据转发至另一接口芯片的发送缓冲区。因此，USB-CAN 网络适配器系统程序主要由硬件初始化程序、主程序、CH375A 中断服务子程序、SJA1000 中断服务子程序构成。主程序流程图如图 5-43 所示。

（1）功能需求　监控平台要求实现以下功能。

- 网络监控：通过 USB-CAN 网络适配器轮询和监听 CAN 总线，获取监控信息。
- 监控信息管理：监控数据实时显示、保存、查询、打印。
- 系统用户管理：管理使用系统的用户信息，如系统用户的添加、修改、删除。
- 风机站管理：管理所监控对象的风机信息，如风机的添加、修改、删除。

详细分析之后绘制出数据流图，如图 5-44 所示。

（2）监控平台功能模块结构　根据系统功能分析，确定系统软件功能模块，其结构图如图 5-45 所示。

（3）数据库结构设计　根据监控平台的功能需求和功能模块结构图，在 SQL Server 2000 中建立系统用户（T-User）表结构（如表 5-10 所示）、监控信息表结构（如表 5-11 所示）。

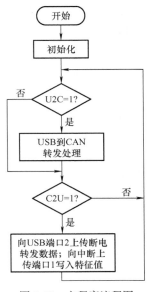

图 5-43　主程序流程图

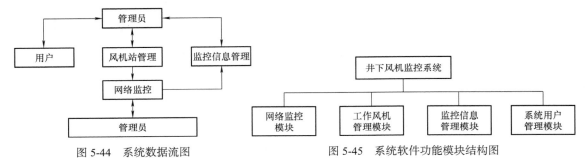

图 5-44　系统数据流图　　　　　图 5-45　系统软件功能模块结构图

表 5-10　T-User 表结构

字段名	数据类型	字节数	索引	说明
Name	Char	20	是	用户名
Passwd	Char	15		密码
Grade	Char	1		权限等级
LastLogin	Datatime	8		上次登录

表 5-11　监控信息（T-Minf）表结构

字段名	数据类型	字节数	索引	说明
Rec Time	datatime	8	是	时间
FanID	tinyint	1		站地址
Level	tinyint	1		风量等级
GasDen	tinyint	1		瓦斯浓度
Volt	tinyint	1		工作电压
Current	tinyint	1		工作电流
ErrID	smalint	2		风机故障

（4）数据库的连接与访问　Delphi 2006 是 Borland 公司的 Delphi 集成编程开发环境，提供了功能强大、方便易用的控件。本系统应用了 ADO 控件面板中的 ADO Connection 控件，以 OLEDB 方式连接主服务器上的数据库系统 SQL Server 2000，再利用集成 ADO Query 控件对数据库进行操作。

（5）USB 通信的实现　计算机与 USB-CAN 网络适配器内的单片机采取伪中断上传的单向数据流方式进行双向数据通信。下载数据流由 PC 端应用层通过数据下载 API 接口向下发送 CAN 命令，上传数据流，在计算机应用层初始化时通过中断服务程序设定 API，设置了一个伪中断服务程序 mInterrupt Event()。

当单片机需要上传数据时，首先将数据写入批量端点的上传缓冲区中，然后将中断特征数据写入中断端点的上传缓冲区中；在 1ms 之内（理论值），PC 端与中断特征数据对应的伪中断服务程序被激活，伪中断服务程序通知主程序调用数据上传 API 获得上传数据块。

伪中断服务程序源代码如下：

// 中断服务程序

Procedure mInterrupt Event(mBuffer：pbytearray)；stdcall；

// 指向一个缓冲区，提供当前的中断特征数据 begin

// 产生中断后，产生一个消息通知主程序监控窗体中 up-loadbtn 的 onkeydown 事件处理程序；调用上传 API 读取数据、存入数据库、根据中断特征数据做相应处理

Case mBuffer [0] of // 检查中断特征数据

1：postMessagge (frmrtm.uploadbtn.Handle, $100, 1, 0)；

// 中断特征数据为 1，瓦斯超限报警处理

2：PostMessage (frmrtm.uploadbtn.Handle, $100, 2, 0)；

// 中断特征数据为 2，风机故障报警处理

3：postMessage (frmrtm.uploadtn.Handle, $100, 3, 0)；

// 中断特征数据为 3，反馈监控信息处理

End；

思考题

1. 简要说明 CAN 总线的定义。

2. 概述 CAN 总线协议的组成。

3. 简要说明 CAN 总线位同步的原理。

4. 概述 CAN 总线设备描述的基本内容。

5. 简要说明 CAN 总线的开发设计步骤。

第6章

DeviceNet 总线技术与应用

DeviceNet 是一种开放型的高性能通信总线，通过一根网线将控制器、传感器、变送器、操作终端等设备连接一起，实现自动控制、远程监测等功能。本章重点介绍 DeviceNet 定义、拓扑结构、网络参考模型、控制与信息协议、DeviceNet 设备开发和总线应用等。

6.1 DeviceNet 总线概述

DeviceNet（设备网）是 20 世纪 90 年代中期发展起来的一种基于 CAN 技术的开放型、符合全球工业标准的低成本、高性能的通信网络。在制造领域里，DeviceNet 遍及全球，尤其是在北美和日本，设备网已经成为事实上的工业自动化领域的标准网络。DeviceNet 最初由罗克韦尔自动化公司开发，目前由其"开放式设备网络供货商协会"（Open DeviceNet Vendor Association，ODVA）组织管理。ODVA 现有供货商会员 310 个，其中包括 ABB、RockWell、Phoenix、Omron、Hitachi 等世界著名的电气和自动化元件生产商。

DeviceNet 是一个开放式网络标准，其规范和协议都是开放的，厂商将设备连接到系统时无须购买硬件、软件或许可权。任何人都能从 ODVA 购买 DeviceNet 规范。任何制造 DeviceNet 产品的公司都可以加入 ODVA 及加入对 DeviceNet 规范进行增补的技术工作组。

DeviceNet 总线通过一根电缆将诸如可编程控制器、传感器、光电开关、操作员终端、电动机、变频器和软启动器等现场智能设备连接起来，是分布式控制系统减少现场 I/O 接口和布线数量并将控制功能下载到现场设备的理想解决方案。DeviceNet 总线是一种设备级的现场总线网络，它的通信结构是比较自由的，典型结构是主干—分支方式。DeviceNet 总线通信连接示意图如图 6-1 所示。

DeviceNet 作为工业自动化领域广泛应用的网络，不仅可以作为设备级的网络，还可以作为控制级的网络。通过 DeviceNet 提供的服务还可以实现以太网上的实时控制。与其他现场总线相比，DeviceNet 不仅可以接入更多、更复杂的设备，还可以为上层系统提供更多的信息和服务。

DeviceNet 基本上都采用主从连接通信方式，因此网络中的设备也有主从之分。

1. 主站设备

DeviceNet 主站（扫描器）是集中管理 I/O 数据的设备。目前有两种形式的主站：一种是可编程控制器（PLC），它的内部集成了 DeviceNet 的主站功能，这种主站使用最为普遍；另一种是主站 PC，使用一个集成 DeviceNet 主站功能的 PCI 或 USB 接口卡，并通过 PCI/USB 总线与 PC 的 CPU 交换数据，实现对从站的管理和控制。

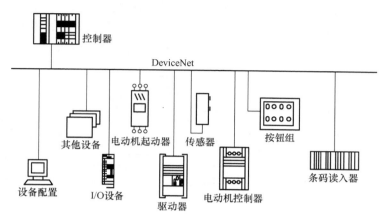

图 6-1　DeviceNet 总线通信连接示意图

2. 从站设备

DeviceNet 从站设备有电动机驱动器、I/O 设备、传感器、按钮组、HMI 等。通常，从站设备的控制比较简单，大多数都采用轮询方式工作。

DeviceNet 具有以下一些技术特点。

1）不必切断网络即可移除节点。

2）网络上最多可以容纳 64 个节点，每个节点支持的 I/O 数量没有限制。

3）使用密封或开放形式的连接器。

4）可选的数据通信速率为 125kbit/s、250kbit/s、500kbit/s。

5）支持点对点、多主或主从通信。

6）可带电更换网络节点、在线修改网络配置。

7）采用 CAN 物理层和数据链路层规约，使用 CAN 规约芯片，得到国际上主要芯片制造商的支持。

8）支持选通、轮询、循环、状态变化和应用触发的数据传送。

9）采用逐位仲裁机制实现按优先级发送信息。

10）具有通信错误分级检测机制、通信故障的自动判别和恢复功能。

6.2　DeviceNet 通信模型

6.2.1　DeviceNet 总线网络结构

1. 总线拓扑结构

典型的 DeviceNet 总线拓扑结构示意图如图 6-2 所示。

DeviceNet 总线采用主干—分支方式，最多 64 个节点，主干线长度最大 500m，每条主干线的末端都需要有终端电阻。线缆包括粗缆（多用作干线）和细缆（多用于支线）。每条支线最长为 6m，允许连接一个或多个节点。DeviceNet 只允许在支线上有分支结构（树形、星形等）。总线线缆中包括 24V 直流电源线、信号线（两组双绞线）及信号屏蔽线。在设备连接方式上，可灵活选用开放式和密封式的连接器。网络采取分布式供电方式。总线支持有源和无源设备。对于有源设备，提供专门设计的带有光隔离的收发器。

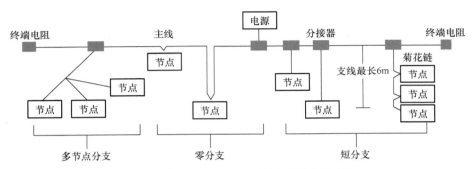

图 6-2 典型的 DeviceNet 总线拓扑结构示意图

2. 总线通信距离

DeviceNet 总线提供 125kbit/s、250kbit/s、500kbit/s 这 3 种可选的传输速率，最大拓扑距离为 500m，每个网段最多可连接 64 个节点。传输速率、不同线缆的最大长度、最大单个支线长度等因素的对应关系如表 6-1 所示。

表 6-1 DeviceNet 传输速率、不同线缆的最大长度、最大单个支线长度等因素的对应关系

传输速率（kbit/s）	125	250	500
粗缆干线最大长度（m）	500	250	125
细缆干线最大长度（m）	100	100	100
最大单个支线长度（m）	6	6	6
累加的支线总长（m）	156	78	39

网络干线的长度由数据传输速率和所使用的电缆类型决定。在电缆系统中，任何两点间的电缆距离不允许超过传输速率允许的最大电缆距离。对只由一种电缆构成的干线，两点间的电缆距离为两点间的干线电缆和支线电缆的长度和。DeviceNet 允许在干线系统中混合使用不同类型的电缆。

支线长度是指从干线端子到支线上节点的各个收发器之间的最大距离，此距离包括可能永久连接在设备上的支线电缆。网络上允许的支线的总长度取决于数据传输速率。

3. 网络传输介质

（1）通信电缆 DeviceNet 总线通信线缆包括粗缆（多用作干线）和细缆（多用于支线）。

主干线长度最大为 500m，每条主干线的末端都需要有终端电阻。每条支线最长为 6m。
DeviceNet 总线通信线缆在传输网络信息的过程中，可提供 +24V 的电源。

（2）终端电阻　DeviceNet 要求在每条干线的末端都安装终端电阻。电阻的要求为
121Ω、1% 金属膜、0.25W，终端电阻不可包含在节点中。将终端电阻包含在节点中很容易
由于错误布线（阻抗太高或太低）而导致网络故障。例如，移走含有终端电阻的节点会导致
网络故障。终端电阻只应安装在干线两端，不可安装在支线末端。

（3）连接器　所有连接器支持 5 针连接，即一对信号线、一对电源线和一根屏蔽线。
所有通过连接器连到 DeviceNet 的节点都有插头，此规定适用于密封式连接器和非密封式连
接器，以及所有消耗或提供电源的节点。无论选择什么样的连接器，都应保证设备可在不
切断和干扰网络的情况下脱离网络。不允许在网络工作时布线，以避免诸如网络电源短接、
通信中断等问题的发生。

DeviceNet 可以使用几种不同类型的连接器。开放式连接器和密封式连接器都可以使
用，还可以使用大尺寸（小型）和小尺寸（微型）的可插式密封式连接器。对于不要求使用
密封式连接器的产品，可以使用开放式连接器。如果不要求可插式连接器，则可以用螺钉
或压接式连接器直接接到电缆上。DeviceNet 规范包括如何使用这些电缆和连接器组件构建
单端口或多端口分接头的相关信息。

（4）设备分接头　设备端子提供连接到干线的连接点。设备可直接通过端子或支线连
接到网络，端子使设备无须切断网络运行就可脱离网络。

（5）电源分接头　通过电源分接头可将电源连接到干线。电源分接头不同于设备分接头，
其包含下列部件。

1）一个连在电源 V+ 上的肖特基二极管，允许连接多个电源（省去了用户电源）。

2）两根熔丝或断路器，以防止总线过电流而损坏电缆和连接器。

连接到网络后，电源分接头提供信号线、屏蔽线和 V− 线的不间断连接；在分接头的各
个方向提供限流保护；提供到屏蔽/屏蔽线的网络接地。

（6）网络接地　DeviceNet 应在一点接地，多处接地会造成接地回路，而网络不接地将
增加对静电放电（ESD）和外部噪声源的敏感度。单个接地点应位于电源分接头处，密封
DeviceNet 电源分接头的设计应有接地装置，接地点也应靠近网络的物理中心。干线的屏蔽
线应通过铜导体连接到电源地或 V−。铜导体可为实心体线、绳状线或编织线。如果网络已
经接地，则不要再把电源地或分接头的接地端接地。如果网络有多个电源，则只需在一个
电源处把屏蔽线接地，接地点应尽可能靠近网络的物理中心。

（7）临时终端支持　DeviceNet 规定了在临时终端上使用的开放式连接器，连接器允许
在通电状态下拔出或插入终端电缆，这样就使得临时终端连接所需的电缆标准化。

6.2.2　DeviceNet 网络参考模型

参照 OSI 参考模型，DeviceNet 协议的网络模型分为 3 层，分别是物理层、数据链路层
和应用层，如图 6-3 所示。它是建立在 CAN 协议基础之上的，在 CAN 已规定的物理层及
数据链路层基础上又定义了应用层，进一步补充规定了所传送数据的意义。

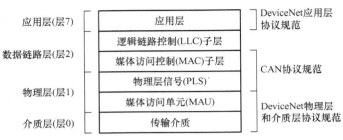

图 6-3 DeviceNet 协议的网络模型

1. DeviceNet 物理层

DeviceNet 的物理层沿用了 CAN 协议标准的物理层规定，其主要功能是利用物理传输介质为数据链路层提供物理连接。传输介质为 5 芯同轴电缆，主干网长度最长为 500m，支干网络长度最长为 6m。

DeviceNet 物理层的媒体访问单元包括收发器、连接器、误接线保护电路、调压器和可选的光电隔离器。网络上的设备可以直接由总线供电，并通过同一根电缆进行通信，具有支持在不切断网络电源的状态下移除节点的功能。

DeviceNet 的物理层信号采用 CAN 的物理层信号。CAN 规范定义了两种互补的逻辑电平："显性"（Dominant）和"隐性"（Recessive）。同时传送"显性"和"隐性"位时，总线结果值为"显性"。例如，在 DeviceNet 总线接线情况下，"显性"电平用逻辑"0"表示，"隐性"电平用逻辑"1"表示。代表逻辑电平的物理状态（如电压）在 CAN 规范中没有规定。这些电平的规定包含在 ISO 11898 标准中。例如，对一个脱离总线的节点，典型 CAN_L 和 CAN_H 的"隐性"（高阻抗）电平为 2.5V（电位差为 0V）。典型 CAN_L 和 CAN_H 的"显性"（低阻抗）电平分别为 1.5V 和 3.5V（电位差为 2V），如图 6-4 所示。

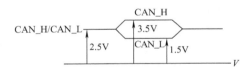

图 6-4 CAN_L 和 CAN_H 信号电平

2. DeviceNet 数据链路层

DeviceNet 数据链路层完全遵循 CAN 协议，可由 CAN 控制器芯片实现。它分为媒体访问控制（MAC）子层和逻辑链路控制（LLC）子层。

MAC 子层是通信协议的核心，负责控制帧结构、执行仲裁和错误检测、出错标定和故障界定等。LLC 子层主要负责报文滤波、报文处理和提供应用层接口等。DeviceNet 帧类型和格式与 CAN 相同，它采用两种类型的报文传送，分别是显式报文传送（面向网络通信的典型的请求 / 响应式传送）和隐式报文传送（对时间有苛刻要求的 I/O 数据传送）。I/O 报文格式为 CAN 总线的数据场在使用通信连接之前，已经组态连接节点的源数据和目的数据，数据的用途暗含在报头的 CAN 标识符（ID）内。当数据多于 8 个字节时，I/O 报文需要根据服务数据对象（Service Data Objects，SDO）传输协议进行分段。每个分段数据包仅发送 7 个字节。第一字节数据用于标志位，以便重新组装数据。标志位说明数据的第一段、中间段、分段数量和最后一段。分段理论上不受限制，是非应答式的。

3. DeviceNet 应用层

DeviceNet 的应用层使用控制与信息协议（CIP），该协议从通信过程和工业应用对象两方面给出了标准定义，支持生产者 / 消费者模型，并具有基于连接的通信特点。

6.3　控制与信息协议（CIP）

DeviceNet 的应用层采用的是控制与信息协议（CIP），CIP 也是 ControlNet 和 EtherNet/IP 所采用的应用层协议。

6.3.1　CIP 简介

20 世纪 90 年代中期，罗克韦尔自动化公司所属的 Allen-Bradley 公司开发出 DeviceNet 和 ControlNet 两种工业网络。为了更好地实现网络的兼容性，Allen-Bradley 公司在 EtherNet/IP 总线的应用层同时采用了控制与信息协议（Control and Information Protocol，CIP）。CIP 是一种为工业应用开发的应用层协议，DeviceNet、ControlNet、EtherNet/IP 都采用此协议，因此这 3 种网络均被称为 CIP 网络。

CIP 网络功能强大，灵活性强，并具有良好的实时性、确定性、可重复性和可靠性。

DeviceNet、ControlNet、EtherNet/IP 各自的规范（Specifications）中分别给出了 CIP 的定义（CIP 规范）。3 种规范对 CIP 的定义大同小异，只是在与网络底层有关的部分不一样。3 种 CIP 网络的技术规范的结构差异很大。图 6-5 是 DeviceNet、ControlNet、EtherNet/IP 这 3 种网络的网络模型与 OSI 参考模型对照。

DeviceNet 是一种基于控制器局域网（Controller Area Network，CAN）的网络，除了其物理层的传输介质、收发器等是自己定义的以外，物理层的其他部分和数据链路层都采用 CAN 的协议。

ControlNet 的物理层是自己定义的，数据链路层用的是同时间域多路访问（Concurrent Time Domain Multiple Access，CTDMA）协议。

EtherNet/IP 是一种基于以太网技术和 TCP/IP 技术的工业以太网，其物理层和数据链路层用的是以太网的协议，网络层和传输层用的是 TCP/IP 协议族中的协议，应用层除了使用 CIP 外，还使用了 TCP/IP 协议族中的应用层协议。

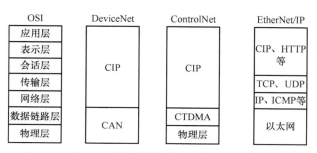

图 6-5　3 种 CIP 网络的网络模型和 OSI 参考模型对照

尽管不同的网络在应用层都采用了 CIP，但根据不同网络的特点及网络底层协议的差异，每种 CIP 网络又有其各自的特点：

- DeviceNet 具有节点成本低、网络供电等特点；
- ControlNet 具有通信波特率较高、支持介质冗余和本质安全等特点；
- EtherNet/IP 作为一种工业以太网，具有高性能、易使用、易于和企业内部网甚至互联网进行信息集成等特点。

基于 DeviceNet 总线 3 层的自动化系统解决方案示意图如图 6-6 所示。

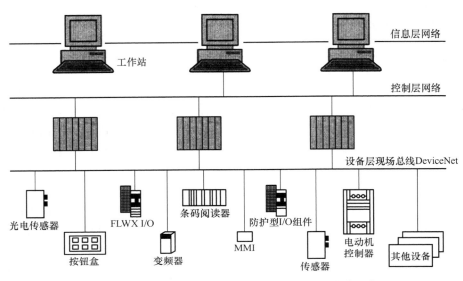

图 6-6　基于 DeviceNet 总线 3 层的自动化系统解决方案示意图

在工程设计中，系统各部分对网络通信功能的需求是不一样的，设计者应根据实际情况决定采用哪种控制网络。自动化设备制造商推出了 3 层的自动化系统网络解决方案，从上到下分别为信息层网络、控制层网络和设备层网络。

通常情况下，信息层网络负责提供高带宽、低确定性的通信服务，一般采用商用以太网，用于连接车间、控制室、管理部门的计算机，实现自动化系统和管理信息系统的集成；控制层网络主要负责提供中等带宽、高确定性的通信服务，用于连接控制器、工业控制计算机等；设备层网络负责提供低带宽、低成本、高确定性的通信服务，用于底层设备（如光电传感器、变频器等）和控制器之间的连接。针对以上特点，通常将 DeviceNet 用作设备层网络，将 ControlNet 用作控制层网络，而 EtherNet/IP 兼备了商用以太网的功能和 ControlNet 的确定性通信功能，也可用作控制层网络。

6.3.2　CIP 主要特点

1. 基于生产者 / 消费者的网络模型

目前，市场上的总线通信模型有较大的区别，根据所基于模型的不同，可以把工业网络分为两类：基于源 / 目的地（Source/Destination）模型、基于生产者 / 消费者（Producer/Consumer）模型。CIP 网络和基金会现场总线等是基于生产者 / 消费者模型的，而 PROFIBUS 等是基于源 / 目的地模型的。

（1）源 / 目的地模型　源 / 目的地模型网络的每个报文都要指明源地址和目的地址，其报文格式如图 6-7 所示。

| 源地址 | 目的地址 | 数据 | 校验和 |

图 6-7　基于源 / 目的地模型的网络报文格式

报文发送节点把源地址、目的地址、数据、校验和及其他一些必要的信息组成报文，发送到网络上。报文接收节点根据网络上报文的目的地址段是否与自己的地址相同来判断报文是否是发给自己的。如果相同，就接收该报文。而随着 CAN、DeviceNet 总线等一批较为先进的控制网络在生产中的应用普及，其采用的新型生产者 / 消费者模型日益成为人们关注的焦点。

（2）生产者 / 消费者模型　生产者 / 消费者模型是一种新型的网络模型，它的每个报文都有唯一的报文标识符（Message ID，MID），其格式如图 6-8 所示。在发送报文之前，要在发送节点和接收节点之间建立连接，这样，接收节点就知道了发给自己的报文的 MID 应该是什么样的。然后，报文发送节点把 MID、数据、校验和及其他一些必要的信息组成报文，发送到网络上。报文接收节点根据报文的 MID 来判断报文是不是发给自己的，如果符合接收条件，就接收该报文。此外，基于源 / 目的地模型的网络只支持点对点的通信；基于生产者 / 消费者模型的网络除了支持点对点的通信外，还支持多点传输功能（多播通信），即主节点可一次性下发给多个节点信息。相对于源 / 目的地网络模型的通信方式，生产者 / 消费者模型的通信效率更高，这也是该模型的显著特点。

| MID | 数据 | 校验和 |

图 6-8　基于生产者 / 消费者模型的网络报文格式

此外，还要注意生产者 / 消费者模型和客户机 / 服务器模型的区别。网络上的生产者是发送报文的节点，消费者是接收报文的节点。CIP 网络上的节点既可以是客户，也可能是服务器，或者兼备两个角色。

2. 不同的报文类型

CIP 根据所传输的数据对传输服务质量要求的不同，把报文分为两种：显式报文和隐式报文。显式报文用于传输对时间没有苛刻要求的数据，如程序的上传和下载、系统维护、故障诊断、设备配置等数据。由于这种报文包含解读该报文所需要的信息，所以称为显式报文。隐式报文用于传输对时间有苛刻要求的数据，如 I/O、实时互锁等数据。由于这种报文不包含解读该报文所需要的信息，其含义是在网络配置时就确定的，所以称为隐式报文。由于隐式报文通常用于传输 I/O 数据，所以隐式报文又称为 I/O 报文或隐式 I/O 报文。

对于两类不同的报文，DeviceNet、ControlNet 和 EtherNet/IP 根据报文特点分别采取了不同的解决方法。

1）DeviceNet 利用 CAN 标识符区内的数值大小进行区分，给予不同类型的报文不同的优先级。一般情况下，隐式报文使用优先级高的报头，显式报文使用优先级低的报头。

2）ControlNet 在预定时间段发送隐式报文，在非预定时间段发送显式报文。

3）EtherNet/IP 用 TCP 发送显式报文，用 UDP 发送隐式报文。

3. 基于连接的数据通信方式

CIP 是基于连接的数据通信协议，并把此种方式作为通信过程的基础。在 CIP 网络通信开始之前，节点之间必须首先建立起连接，以获取唯一的连接标识符（Connection ID，CID）。如果连接涉及双向的数据传输，就需要两个 CID。只有获取了节点所需的连接标识符，节点间才可以进行正常的数据传输。

CID 的定义及格式是与具体网络有关的，对于 DeviceNet，其 CID 定义是基于 CAN 标识符的。通过获取 CID，连接报文就不必包含与连接有关的所有信息，只需要包含 CID 即可，从而提高了通信效率。

CIP 把连接分为多个层次，从上往下依次是应用连接、传输连接和网络连接。一个传输连接是在一个或两个网络连接的基础上建立的，而一个应用连接则是在一个或两个传输连接的基础上建立的。

CIP 连接的传输类型（Transport Type）有 4 种：LISTEN-ONLY、INPUT-ONLY、EXCLUSIVEes-OWNER 和 REDUNDANTse-OWNER。当连接的传输类型为 LISTEN-ONLY 时，该连接的存在依赖于另一个连接，如果其所依赖的连接关闭，则该连接也必须关闭。当连接的传输类型是其他 3 种之一时，连接的存在不依赖于另外一个连接。CIP 传输类（Transport Class）有 7 种，如表 6-2 所示。

表 6-2　CIP 传输类

类编号	类名称	特点	典型应用场合
0	基本 CIP 传输类	最简单，功能最少	I/O 数据传输、诊断信息传输、控制器和操作界面设备之间的通信等
1	重复检测的 CIP 传输类	在类 0 基础上增加了重复数据检测功能	
2	确认的 CIP 传输类	在类 1 基础上增加了确认功能	
3	校核的 CIP 传输类	在类 1 基础上增加了校核功能	
4	非阻塞的 CIP 传输类	可进行双向数据传输	两个应用之间的双向数据传输
5	非阻塞且破分的 CIP 传输类	在类 4 基础上增加了报文破分和重组功能	两个应用之间的双向数据传输
6	多播且破分的 CIP 传输类	在类 3 基础上增加了报文破分和重组功能	报文多播发送（最长 65536B）

4. 触发方式的多样性

CIP 支持位选通（Bit-Strobe）、轮询（Poll）、状态改变（Change of State，COS）和循环（Cyclic）等多种 I/O 数据触发方式。在不同的场合选用合理的 I/O 数据触发方式，可以显著提高网络利用效率。当然，CIP 支持多种 I/O 数据触发方式也并不意味着每个 CIP 设备都支持所有可能的 I/O 数据触发方式。例如，类似于光电传感器的简单设备通常只能以状态改变或轮询等方式实现触发，而不会支持全部 I/O 数据触发方式。

5. 通信方式的多样性

CIP 支持包括主从（Mater/Slave）、对等（Peer-to-Peer）、多主（Multi-Master）或 3 种模式任意组合的多种通信模式。其特点如下：

1）在主从通信模式中，网络上节点的地位是不平等的，网络由一个主节点和若干个从节点组成，典型的主从网络是由一台控制器和若干台被控制器控制的设备组成的；

2）在对等通信模式中，网络上各个节点的地位是平等的，没有主从之分；

3）在多主通信模式中，网络上有多个主节点。

CIP 提供了对这几种通信模式的选择，一个功能完整的设备可以同时支持这几种通信方式。作为支持 CIP 的简单设备，并不意味着它要支持所有可能的通信模式。

6.3.3　CIP 对象

1. 对象基本概念

所谓对象（Object），就是指人在其大脑中为客观世界中的某个事物建立的模型。事物可以是实在的（如设备），也可以是看不见、摸不着的（如设备间的通信）。更具体地说，对象是一些数据和操作的组合，它有属性（Attribute）、标识（Identity）、状态（State）、行为（Behavior）、方法（Method）、接口（Interface），并且通常对外提供一些服务（Service）。

类（Class）的概念则是对一组相似对象的抽象。类是对象的模板（Temple），对象是类的实例（Instance）。

所谓对象模型，就是由多个对象组成的模型。CIP 规范也沿用了对象模型来描述其协议。需要注意的是，CIP 规范中对对象有关概念的使用有些混乱。在 CIP 规范中，"对象类（Object Class）""类（Class）"指的都是类，"对象实例（Object Instance）""实例（Instance）""对象（Object）"指的都是对象。

2. CIP 对象模型

CIP 对象模型如图 6-9 所示。

图 6-9 中，点画线以下的对象为必需的，点画线以上的对象为可选的。

对象模型中最常用的有显示连接对象、I/O 连接对象、报文路由器对象、汇编（组合）对象、标识对象、参数对象和应用对象等。其中，一种是与通信有关的（如连接对象），另外一种是与应用有关的（如参数对象）。在一台设备中，属于同一类的对象可能会有多个。几种常用对象的作用如表 6-3 所示。

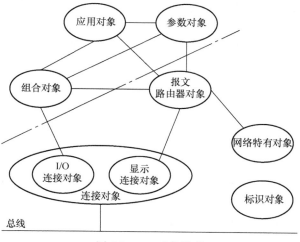

图 6-9　CIP 对象模型

表 6-3 几种常用对象的作用

对象	作用
隐式报文连接对象	负责分配和管理与显式连接有关的内部资源
标识对象	给出设备的 ID 及其他一般信息
报文路由器对象	用于传递显式报文
网络特有的对象	提供网络底层（应用层以下）的配置和状态
汇编对象	用于把若干个对象的属性组合在一起，从而可以通过一个连接来传输若干个对象的数据
应用对象	与设备具体功能有关的对象，如 I/O 设备中的离散输入点对象
参数对象	给出设备的所有参数

CIP 对象模型主要实现两项功能，一是给出工业应用对象的标准定义，二是通信。这里主要介绍 CIP 通信功能的实现。

寻址是通信的前提。CIP 寻址分为 4 级：设备、类、对象、属性或服务。类 ID 是 16 位的；属性和服务编码都是 8 位的。

CIP 地址分为 3 类：公开的（Open）地址、供货商指定的（Vendor Specific）地址、对象类指定的（ObjectClass Specific）地址。公开的地址是由 ODVS/CI 统一分配的。供货商指定的地址是由设备供货商自行分配的。对象类指定的地址是由类进行分配的，只有服务的地址才有这个类型。各种类型的类 ID 的范围如表 6-4 所示，各种类型的属性 ID 的范围如表 6-5 所示，各种类型的服务编码的范围如表 6-6 所示。

表 6-4 各种类型的类 ID 的范围

ID 范围	类型
00H ～ 63H	公开的
64H ～ C7H	供货商指定的
C8H ～ FFH	保留
100H ～ 2FFH	公开的
300H ～ 4FFH	供货商指定的
500H ～ FFFFH	保留

表 6-5 各种类型的属性 ID 的范围

ID 范围	类型
00H ～ 63H	公开的
64H ～ C7H	供应商指定的
C8H ～ FFH	保留

表 6-6 各种类型的服务编码的范围

编码范围	类型
00H ～ 31H	公开的
32H ～ 4AH	供货商指定的
4BH ～ 63H	对象类指定的
64H ～ 7FH	保留
80H ～ FFH	非法地址

6.3.4 CIP 对象库

CIP 规范以相同的格式给出了每个对象类的详细定义，每个类定义都包括类描述、类编码、属性、服务、行为等。其中，类描述是对类的功能的一个简短描述。另外，类定义还需要给出该类所支持的连接。如果一个类对从外部访问其数据有任何特殊规定，那么也必须在类定义中给出。

CIP 对象库中的类可分为与通信有关的类和与应用有关的类。与通信有关的类是网络特有的，用于提供底层（应用层以下）的配置和状态。DeviceNet 特有的类是 DeviceNet 类；ControlNet 特有的类是 ControlNet 类、ControlNet 看守类和 ControlNet 预定类；EtherNet/IP 特有的类是 TCP/IP 接口类（OxF5）和以太网链接类（OxF6）。与应用有关的类又可分为通用的类及与设备具体功能有关的类。

6.3.5　CIP 设备描述

设备描述（Device Profile）是指对某一类型设备的重要特性的描述。对于同一类型的设备，各种 CIP 网络的设备描述基本上是一样的。CIP 规范提供设备描述的目的在于使不同设备供应商提供的设备能够互操作，即可以在同一网络上运行，且同一类型的设备能够互换。而要实现互操作和互换，就有必要使得同一类型的设备保持一定的一致性，如有相同的行为、生产或消费一些相同的 I/O 数据、有一些相同的可配置参数等。如果由不同设备供应商提供的同一类型的设备符合相同的设备描述，就可以实现互操作和互换。

目前，CIP 规范定义的设备描述有几十种之多，每个类型的设备都有一个独一无二的编号，如交流变频器的编号是 02Hex、通信适配器的编号是 0CHex、光电传感器的编号是 06Hex 等。CIP 设备描述主要包括以下 3 点。

1）设备对象模型的定义。包括设备用到哪一些类、设备中的每个类有几个对象、各个对象如何影响设备行为、对象执行接口等。

2）设备 I/O 数据的格式。设备通常都要实现汇编类，以能通过一个连接传输所有的 I/O 数据。因此，这部分要给出的内容有汇编对象的数目、汇编对象中“数据”属性的格式、汇编对象“数据”属性各个部分与其他对象属性的映射关系。

3）设备配置的定义。包括每个可配置参数的详细定义、每个参数对设备行为的影响、参数组定义及这些参数的公共接口。其中，参数的详细定义通常以符合电子数据文档（Electronic Data Sheet，EDS）文件格式要求的形式给出。EDS 文件是一个由设备供应商随设备提供的、用于设备配置的数据文件，它使得用软件工具配置设备成为可能。

表 6-7 所示为 CIP 规范定义的常用设备描述。

表 6-7　CIP 规范定义的常用设备描述

设备名称	设备类型编号	设备名称	设备类型编号
AC 驱动器	02Hex	限位开关	04Hex
条码扫描器	未分配	物料流量控制器	1AHex
断路器	未分配	信息显示器	未分配
通信适配器	0CHex	电动机过载保护器	03Hex
接触器	15Hex	电动机起动器	16Hex
控制站	未分配	光电传感器	06Hex
DC 驱动器	13Hex	气动阀	1BHex
编码器	未分配	位置控制器	10Hex
通用模拟 I/O	未分配	解析器	09Hex

（续）

设备名称	设备类型编号	设备名称	设备类型编号
通用离散 I/O	07Hex	伺服驱动器	未分配
通用设备	00Hex	软启动器	17Hex
人机接口	18Hex	电子秤	未分配
感应式接近开关	05Hex	真空压力测量	1CHex

6.4 DeviceNet 报文协议

6.4.1 DeviceNet 报文分组

由于 DeviceNet 是基于 CAN 总线技术的，因此它对 CAN 的 11 位标识符区进行了有效定义，以满足本协议的通信要求。DeviceNet 基于连接的网络，任意两个网络上的节点在开始通信之前都必须建立连接。建立连接时，与连接相关的传送被分配一个连接 ID（CID），如果连接包含双向交换，那么应该分配两个连接 ID 值。

DeviceNet 的每一个连接都由一个 11 位的连接标识符（Connection ID，CID）来标识，该 11 位的连接标识符包括了媒体访问控制标识符（MAC ID）和报文标识符（Message ID）。通过对标识符第 9、10 位的定义，DeviceNet 上的信息被划分为优先级不同的 4 个报文组：组 1、组 2、组 3 和组 4。报文组 1 的优先级最高，通常用于发送设备的 I/O 报文；报文组 2 的优先级为中，取决于 MAC ID，通常用于预定义主从连接；报文组 3 的优先级为低，通常用于显式报文；报文组 4 的优先级最低，用于诊断报文。DeviceNet 的报文分组如表 6-8 所示。

表 6-8　DeviceNet 的报文分组

标识符											十六进制范围	标识符分组
10	9	8	7	6	5	4	3	2	1	0		
0	组 1 报文 ID				源 MAC ID						000H ～ 3FFH	报文组 1
1	0	MAC ID					组 2 报文 ID				400H ～ 5FFH	报文组 2
1	1	组 3 报文 ID			源 MAC ID						600H ～ 7BFH	报文组 3
1	1	1	1	1	组 4 报文 ID（0 ～ 2f）						7C0H ～ 7EFH	报文组 4
1	1	1	1	1	1	1	X	X	X	X	7F0H ～ 7FFH	无效 CAN 标识符

MAC ID 是分配给 DeviceNet 上每一个节点的一个整数标识符，用于在网络上识别这个节点。MAC ID 为 6 位二进制数，可标识 64 个节点。6 位的 MAC ID 从 0 ～ 63，通常由设备上的拨码开关设定。MAC ID 有源和目的之分。源 MAC ID 分配给发送节点。组 1 和组 3 需要在标识区内指定源 MAC ID；目的 MAC ID 分配给接收设备。报文组 2 允许在标识区的 MAC ID 部分指定源或目的 MAC ID。

报文 ID（Message ID）用于标识一个连接所使用的通信通道。报文 ID 在特定端点内的报文组中识别一个报文。用报文 ID 在特定端点内的单个报文组中可以建立多重连接。报文 ID 的位数对于不同的报文组不一样，组 1 为 4 位（16 个信道），组 2 为 3 位（8 个信道），组 3 为 3 位（8 个信道），组 4 为 6 位（64 个信道）。

1. 报文组 1

在报文组 1 的传输中，总线访问优先权被均匀地分配到网络的所有设备上。当两个或多个组 1 报文进行 CAN 总线访问仲裁时，小数字的组 1 报文 ID 值的报文将赢得仲裁，并获得总线访问权。表 6-9 列出了展开报文组 1 后标识符的分配情况。例如，"device#20，message_ID=2"将先于"device#5，message_ID=6"赢得仲裁。如果两个或多个 message_ID 值相等的组 1 报文进行总线仲裁，那么 MAC ID 值较低的设备发送将赢得仲裁。例如，"device#2，message_ID=5"将先于"device#3，message_ID=5"赢得仲裁。这样，在组 1 中就提供了 16 个级的优先权均匀分配方案。

表 6-9　展开报文组 1 后标识符的分配情况

标识符											报文 ID 的意义
10	9	8	7	6	5	4	3	2	1	0	
0	组 1 报文 ID				源 MAC ID						组 1 报文
0	0	0	0	0	源 MAC ID						组 1 报文标识符
0	0	0	0	1	源 MAC ID						
0	0	0	1	0	源 MAC ID						
0	0	0	1	1	源 MAC ID						
0	0	1	0	0	源 MAC ID						
0	0	1	0	1	源 MAC ID						
0	0	1	1	0	源 MAC ID						
0	0	1	1	1	源 MAC ID						
0	1	0	0	0	源 MAC ID						
0	1	0	0	1	源 MAC ID						
0	1	0	1	0	源 MAC ID						
0	1	0	1	1	源 MAC ID						
0	1	1	0	0	源 MAC ID						
0	1	1	0	1	源 MAC ID						
0	1	1	1	0	源 MAC ID						
0	1	1	1	1	源 MAC ID						

2. 报文组 2

在报文组 2 内，MAC ID 可以是发送节点的 MAC ID（源 MAC ID），也可以是接收节点的 MAC ID（目的 MAC ID）。通过报文组 2 建立连接时，端点将确定是源 MAC ID 还是目的 MAC ID。当两个或多个报文组 2 传输数据，并进行 CAN 总线仲裁时，其 MAC ID 数值较小的报文将获得总线访问权。表 6-10 列出了展开报文组 2 后标识符的分配情况。

3. 报文组 3

在报文组 3 中，报文 ID 描述了由一个物理端点交换的各种组 3 报文。动态建立的显式报文连接在报文组 3 传输，并将 5（响应）、6（请求）置于 CAN 标识区的组 3 报文 ID 部分。这些报文被认为是未连接显式报文。未连接显式报文由未连接报文管理器（UCMM）进行处理。表 6-11 列出了展开报文组 3 后标识符的分配情况。

在报文组 3 的传输中，总线访问优先权将均衡地分配给网络中的所有节点。当两个以上或多个组 3 报文接受 CAN 总线访问仲裁时，组 3 报文 ID 值较小的报文将赢得仲裁，并获得总线访问权。例如，"device#20，message_ID=2"将先于"device#5，message_ID=4"赢得仲裁。

4. 报文组 4

在报文组 4 中，报文 ID 的 2C-2FH 将全部用于离线连接组报文。表 6-12 列出了展开报文组 4 后标识符的分配情况。

表 6-10   展开报文组 2 后标识符的分配情况

标识符											报文 ID 的意义
10	9	8	7	6	5	4	3	2	1	0	
1	0	源或目的 MAC ID						组 2 报文 ID			组 2 报文
1	0	源或目的 MAC ID						0	0	0	组 2 报文标识符
1	0	源或目的 MAC ID						0	0	1	
1	0	源或目的 MAC ID						0	1	0	
1	0	源或目的 MAC ID						0	1	1	
1	0	源或目的 MAC ID						1	0	0	
1	0	源或目的 MAC ID						1	0	1	
1	0	目的 MAC ID						1	1	0	为预定义主从连接管理保留
1	0	目的 MAC ID						1	1	1	重复 MAC ID 检查报文

表 6-11   展开报文组 3 后标识符的分配情况

标识符											报文 ID 的意义
10	9	8	7	6	5	4	3	2	1	0	
1	1	组 3 报文 ID			源 MAC ID						
1	1	0	0	0	源 MAC ID						组 3 报文标识符
1	1	0	0	1	源 MAC ID						
1	1	0	1	0	源 MAC ID						
1	1	0	1	1	源 MAC ID						
1	1	1	0	0	源 MAC ID						
1	1	1	0	1	源 MAC ID						未连接显式响应报文
1	1	1	1	0	源 MAC ID						

表 6-12　展开报文组 4 后标识符的分配情况

标识符											报文 ID 的意义
10	9	8	7	6	5	4	3	2	1	0	
1	1	1	1	1	组 4 报文 ID						组 4 报文
1	1	1	I	1	0～2BH						保留的组 4 报文
1	1	1	1	1	2CH						通信故障响应报文
1	1	1	1	1	2DH						通信故障请求报文
1	1	I	1	1	2EH						离线所有权响应报文
1	1	1	0	0	2FH						离线所有权请求报文
1	1	1	0	1	1	1	X	X	X	X	无效的 CAN 标识符

　　未连接显式报文建立和管理显式报文连接，通过发送一个报文组 3（报文 ID 值设置成 6）来指定未连接的请求报文。对未连接显式请求的响应将以未连接响应报文的方式发送。通过发送一个报文组 3（报文 ID 值设置成 5）来指定未连接响应报文。

　　未连接报文管理器（UCMM）负责处理未连接显式请求和响应。UCMM 需要一台设备将未连接显式请求报文 CAN 标识符从所有可能的源 MAC ID 中筛选出来。显式报文连接是无条件的点对点连接。点对点连接只存在于两台设备之间。请求打开连接（源发站）的设备是网格的一个端点，接收和响应这个请求的模块是另一个端点。

6.4.2　DeviceNet 报文协议

　　DeviceNet 根据信息传输的不同特点和要求，将传输信息分为显式报文和 I/O 报文。

1. 显式报文（Explicit Message）

　　显式报文利用 CAN 帧的数据区来传递 DeviceNet 定义的报文，其格式如图 6-10 所示。显示报文适用于设备间多用途的点对点报文传递，是典型的请求—响应通信方式，常用于上传 / 下载程序、修改设备组态、记载数据日志、做趋势分析和诊断等。其结构十分灵活，数据域中带有通信网络所需的协议信息和要求操作服务的指令。

CAN头	协议域和数据域(0～8BH)	CAN尾

图 6-10　显式报文的格式

　　含有完整显式报文的传送数据区包括报文头和完整的报文体两部分。如果显式报文的长度大于 8BH，则必须在 DeviceNet 上以分段方式传输。一个显式报文的分段包括报文头、报文体、分段协议 3 部分。

　　（1）报文头　显式报文的 CAN 数据区的 0 号字节指定报文头，其格式如图 6-11 所示。

字节数	7	6	5	4	3	2	1
0	Frag	XID	MAC ID				

图 6-11　报文头格式

其中，Frag（分段位）指示此传输是否为显式报文的一个分段。XID（事务处理 ID）表明该区应用程序用于匹配响应和相关请求。MAC ID 包含源 MAC ID 或目的 MAC ID。根据表 6-9、表 6-10 和表 6-11 来确定该区域中指定何种源 MAC ID 或目的 MAC ID。接收显式报文时，必须检查报文头内的 MAC ID 区。如果在连接 ID 中指定目的 MAC ID，那么必须在报文头中指定其他端点的源 MAC ID；如果在连接 ID 中指定源 MAC ID，那么必须在报文头中指定接收模块的目的 MAC ID。

（2）报文体　报文体包含服务区和服务特定变量。报文体的格式如图 6-12 所示。

图 6-12　报文体的格式

报文体指定的第一个变量是服务区，用于识别正在传送的特定请求或响应。服务区内容如下。

服务代码：服务区字节低 6 位值，表示传送服务的类型。

R/R：服务区的最高位，该值决定了这个报文是请求报文还是响应报文。

报文体中紧接服务区之后的是正在传送的服务特定变量的详细报文。

（3）分段协议　如果显式报文的长度大于 8BH，那么就使用分段协议。如果传输的是显式报文的一个分段，那么该数据区含报文头、分段协议及报文体分段。分段协议用于大段显式报文的分段转发及重组。

显式报文分段协议位于数据区的一个单字节中，其格式如图 6-13 所示。

字节数	7	6	5	4	3	2	1
0	Frag	XID	MAC ID				
1	分段类型		分段计数器				
显示报文体分段							

图 6-13　分段协议格式

其中，分段类型显示当前发送的报文是分段报文的首段、中间段还是末尾段。分段计数标识每一个单独的分段，这样接收器就能够确定是否有分段被遗失。如果分段类型是第一个分段，那么每经过一个相邻连续分段，分段计数器加 1；当计数器值达到 64 时，又从 0 值开始计数。分段协议在显式报文内的位置与在 I/O 报文内的位置是不同的，在显式报文中位于 1 字节，在 I/O 报文中位于 0 字节。

每台设备必须能解释每个显式报文的含义，实现它所请求的任务，并生成相应的回应。为了按通信协议解释显式报文，在真正要用到的数据上必须有较大一块的附加量。这种类型的报文在数据量的大小和使用频率上都是不确定的。显式报文通常使用优先级低的连接标识符，并且该报文的相关信息直接包含在报文数据帧的数据场中，包括要执行的服务和相关对象的属性及地址。

例如，建立一个显式报文连接系统结构，示意图如图 6-14 所示。

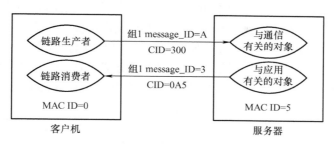

图 6-14　显式报文连接系统结构示意图

建立一个显式报文连接，客户机向服务器发送报文，客户机 MAC ID=0，服务器 MAC ID=5，发送报文使用组 1，message_ID=A；服务器向客户机发送报文使用组 1，message_ID=3，由客户机向服务器发出打开显式报文连接的请求。连接标识符结构示意图如图 6-15 所示。显式报文结构示意图如图 6-16 所示。

打开显式报文连接响应格式，连接标识符 11 101 000101，显式报文数据 = 00CB00030200。

标识符											十六进制范围	标识符分组
10	9	8	7	6	5	4	3	2	1	0		
1	1	组3报文 ID[3]			源MAC ID[05H]						600～7BF	报文组3

图 6-15　连接标识符结构示意图

字节偏移	7	6	5	4	3	2	1	0	
0	Frag[0]	XID	MAC ID						报文头
1	R/R[1]	服务代码[4B]							
2	保留(所有位=0)			实际报文体格式					报文体
3	目的信息			源信息ID					
4	连接实例ID								
5									

图 6-16　一个显式报文结构示意图

2. I/O 报文（I/O Message）

I/O 报文适用于对实时性要求较高和面向控制的数据，它提供了在报文发送过程和多个报文接收过程之间的专用通信路径。I/O 报文对传送的可靠性、送达时间的确定性及可重复性有很高的要求。图 6-17 所示为 I/O 报文的格式。

图 6-17　I/O 报文的格式

I/O 报文通常使用优先级高的连接标识符，通过一点或多点连接进行信息交换。I/O 报文数据帧中的数据场不包含任何与协议相关的位，仅仅是实时的 I/O 数据。连接标识符提供了 I/O 报文的相关信息，在 I/O 报文利用连接标识符发送之前，报文的发送设备和接收设备都必须先进行设定，设定的内容包括源对象和目的对象的属性及数据生产者和消费者的地址。只有当 I/O 报文长度大于 8B（最大长度），需要分段形成 I/O 报文片段时，数据场中才有 1B 供报文分段协议使用。I/O 连接检查连接对象的 produced-connection-size 属性。如果 produced-connection-size 的属性大于 8B，那么使用分段协议。

分段协议位于数据区的一个单字节中，报文分段格式如图 6-18 所示。

字节数	7	6	5	4	3	2	1
0	分段类型		分段计数器				
I/O 报文分段							

图 6-18　报文分段格式

其中，分段类型表明是第一分段、中间分段还是最后分段的发送。分段计数器标识每一个单独的分段，这样接收器就能够确定是否有分段被遗失。如果分段类型是第一个分段，那么每经过一个相邻的连续分段，分段计数器加 1；当计数器的值达到 64 时，又从 0 开始计数。

I/O 报文有时也称为隐式报文，由于它的数据域中常常不包含协议信息，因而节点处理这些报文所需的时间大大缩短。I/O 报文的一个例子是控制器将输出数据发送给一个 I/O 模块设备，然后 I/O 模块按照它的输入数据回应给控制器。

6.5　DeviceNet 对象模型

DeviceNet 对象模型如图 6-19 所示。

DeviceNet 使用抽象的对象模型（Obect Model）来表示如何建立和管理设备的特性及通信关系，DeviceNet 的节点被模型化为对象（Object）的集合。

这些对象大体上可分为两类：通信对象和应用对象。通信对象是指与本节点通信相关的对象，包括连接对象、DeviceNet 对象、标识对象、报文路由对象。这几个对象是每一个 DeviceNet 节点都必须具有的对象。应用对象是指特有的应用程序和一般的应用程序。下面对几个主要的对象加以说明。

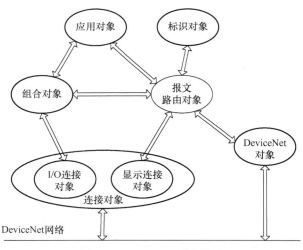

图 6-19　DeviceNet 对象模型

1. 连接对象（Connection Object）

连接对象用于分配和管理与 I/O 及显示信息连接有关的内部资源。由连接类生成的特定实例称为连接实例或连接对象实例。每一个连接对象实例对数据的接收和发送都与连接生产者和连接消费者有关。在一个 DeviceNet 产品中，一般至少包括两个连接实例。有两种连接实例，分别是显式报文连接和 I/O 报文连接。显式报文中包括属性地址、属性值和用于表述所请求行为的服务代码。I/O 报文中只包含数据，所有关于如何处理该数据的信息都包含在与该 I/O 报文相关的连接对象中。

2. DeviceNet 对象（DeviceNet Object）

DeviceNet 对象提供了节点物理连接的配置及状态。一个 DeviceNet 产品至少要支持一个物理网络接口，一个物理网络接口对应唯一一个 DeviceNet 对象。如果一个产品有两个或两个以上的物理网络接口，则有相应个数的 DeviceNet 对象。对于每一个 DeviceNet 对象实例，具有下列属性：节点地址或其 MAC ID、波特率、总线离线动作、总线离线计数器、单元选择和主站的 MAC ID。

3. 标识对象（Identity Object）

标识对象提供设备的标识和一般信息。所有的 DeviceNet 产品中都必须有标识对象。一般来说，如果一个设备是一个厂家生产的，就只有一个标识对象类的实例；如果设备是由多个组件构成的，则标识对象类有多个实例。一般标识对象实例包含很多属性，如供货商 ID、设备类型、产品代码、版本、状态、序列号、产品声明等。

4. 报文路由对象（Message Router Object）

报文路由对象提供一个节点内的信息传输连接点。在 DeviceNet 产品中，一般都有一个报文路由对象实例为显式报文及其他相应的对象提供双向传输。一般在 DeviceNet 中，它不具有外部可视性。

5. 组合对象（Assembly Object）

组合对象属于应用程序通用对象，是与特定产品相关的，对 DeviceNet 来说是可选的。组合对象可以组合多个应用对象的实例属性（如将多个离散输入点对象实例中的属性值组合成一个组合实例中的属性值）。组合对象一般用于组合 I/O 数据。

组合对象实例的创建可以是动态的或静态的。动态创建是指组合实例中的成员列表由用户创建和管理，可以在应用中动态增加和删除成员，从而使成员列表改变，组合实例 ID 应在供货商指定范围内分配。静态创建是指组合实例中的成员列表由设备描述或产品制造商定义，实例 ID、成员数和成员列表是固定的，静态组合实例比较常用。

6. 应用对象（Application Object）

根据设备的具体要求定义应用对象，DeviceNet 协议中有一个标准设备库，提供了大量的标准对象。对于 DeviceNet 各个对象类的属性、服务、实例及实例属性等的具体赋值和含义，可参见 DeviceNet 协议规范。

DeviceNet 为了对各个对象及其中的类、实例、属性等进行寻址，提供了以下几种寻址标识符。

1）媒体访问控制标识符（MAC ID）：对 DeviceNet 网段上的各个节点进行标识。

2）类标识符（Class ID）：对 DeviceNet 网段上的各个类进行标识。

3）实例标识符（Instance ID）：对同一个类中的各个实例进行标识。

4）属性标识符（Attribute ID）：对同一对象中的各个属性进行标识。

6.6 DeviceNet 设备描述

为了实现同类设备的互操作性，并促进其互换性，同种设备类型必须有一个"标准"的内核。一般来讲，同类设备必须具备以下一些特性：

1）表现相同的特性；

2）生产 / 消费相同的基本 I/O 数据组；

3）包含一组相同的可配置属性。

这些信息的正式定义称作设备描述。设备描述必须包括：

1）设备类型的对象模型；

2）设备类型的 I/O 数据格式；

3）配置数据和访问该数据的公共接口。

可以选用或扩展现存的设备描述，或根据规定的格式定义特殊产品的描述。DeviceNet 对直接连接到网络上的每类设备都定义了设备描述。设备描述是从网络角度对设备内部结构的说明。凡是符合同一设备描述的设备均具有同样的功能，生产或消费同样的 I/O 数据，包含相同的可配置数据。设备描述说明设备使用哪些 DeviceNet 对象库中的对象、哪些制造商特定的对象及关于设备特性的信息。设备描述的另一个要素是对设备在网络上交换的 I/O 数据的说明，包括 I/O 数据的格式及其在设备内所代表的意义。除此之外，设备描述还包括可配置参数的定义和访问这些参数的公共接口。

6.7 DeviceNet 设备选型

针对 DeviceNet 的规范特点，罗克韦尔公司及其他公司开发出大量基于各种用途的总线设备，主要有以下几类。

1. DeviceNet 扫描器（Scanner）

DeviceNet 扫描器作为 DeviceNet 主站，管理 DeviceNet 网络通信，并作为 DeviceNet 网络与 PLC 处理器的接口，其主要功能如下：

1）保存设备配置参数；

2）从设备中读取输入数据；

3）向设备写输出数据；

4）监控设备的运行状况；

5）与 PLC 处理器交换设备的 I/O 信息、状态信息等数据。

DeviceNet 扫描器的主要产品有罗克韦尔自动化公司的 1756-DNB、1747-SDN，Omron 公司的 CS1W-DRM21 及 Yaskawa Electric 公司的 120NDN31110 等。

2. DeviceNet PC 通信接口卡（DeviceNet PC Communication Interface Card）

PC 通信接口卡提供计算机与 DeviceNet 网络的接口。通过 PC 通信接口卡可对 DeviceNet 网络进行设备监控、网络配置、I/O 扫描等。PC 通信接口卡产品主要有罗克韦尔自动化公司的 1784-PCD、1784-CPCID，National Instruments 公司的 AT-DNET（ISA）、PCI-DNET，以及 Woodhead Connectivity/SST 公司的 5136DN（/DNP）系列等。

3. 网桥 / 网关（Bridges/Gateways）设备接口模块

网桥 / 网关设备接口模块主要用于实现不同协议网络之间的通信和跨域提供设备上网的接口，产品有罗克韦尔自动化公司的 1788-CN2DN、1770-KFD（RS232）等网关模块，1336-GM6/GM5、160-DNI 等设备接口模块，IFM Electric 公司的 SI-DeviceNet Controller, Pyramid Solutions 公司的 Bridgeway-DtherNet/IP DeviceNet，Sunx 公司的 SL-GU1-D 等。

4. 显示 / 操作员接口（Displays/Operator Interface）

显示 / 操作员接口提供人—机交互接口，产品主要有罗克韦尔自动化公司的 RediSTA-TION 操作员接口、Dataliner Displays and MessageView Terminals、MicroView 和 DeviceView 等，Omron 公司的 I/F Unit for DeviceNet NT-DRT21 等。

5. 电动机控制设备

电动机控制设备主要包括变频器、软启动器、运动控制设备、电动机保护器等，主要产品有罗克韦尔自动化公司的变频器 1305、1336、1336PLUS、1336PLUS Ⅱ、1336Force 系列，软启动器 SMC Dilog Plus 系列，智能电动机保护器 SMP-3（193 系列）等，Hitachi 公司的 L100DN2 系列交流驱动器，Holec Laagspanning B.V. 公司的启动器控制单元等。

6. I/O 设备

I/O 设备包括传感器、执行机构、数字量输入 / 输出单元、模拟量输入 / 输出单元等，产品有罗克韦尔自动化公司的 1791D 系列输入 / 输出模块、1794 FLEX I/O 系列、900 光电开关系列、855-T-D 塔灯系列、Point I/O 系列，SMC 公司的 Valve Manifold SIU EX230-SDNI 等。

7. 网络组态工具软件

网络组态工具软件用于组建网络、配置网络参数和设备参数等，产品有罗克韦尔自动化公司的 RSNetworx for DeviceNet、DeviceNet Manager 等软件，以及 SST 公司的 DeviceNet Diagnostic and Configuration Software 等。

DeviceNet 设备除了以上几类外，其网络节点产品还有电力监控器（Power Monitor）、条码识别器及轴承监视器等专用产品。

6.8　DeviceNet 设备设计

DeviceNet 规范描述了 DeviceNet 通用产品的用户层，因此要开发 DeviceNet 产品，首先应该熟悉 DeviceNet 规范。国内开发单位可以从 ODVA China 处获得 DeviceNet 规范。目前，DeviceNet 的节点开发大致有如下两种途径：

1）开发者对规范相当熟悉，并具有丰富的经验和开发能力，选择从底层协议做起，自己编写相关程序，并移植到微处理器系统中，完成开发调试工作；

2）购买开发商提供的软件包，了解其编程思路，并在此基础上编写用户所需的部分应用层程序，从而完成开发。

对于 DeviceNet 的节点开发，一般遵循以下步骤。

1. 设计 DeviceNet 接口

大多数 DeviceNet 设备只具备从机功能，因此首先要考虑的问题是 I/O 通信。目前，常用的通信方式包括位选通、轮询、状态改变或循环等，它们分别具备一定的优势。位选通方式主要用于含有少量位数据的传感器或其他设备；轮询方式是一种主要的 I/O 数据交换手段；状态改变或循环方式是增加网络吞吐量并降低网络负载的有效方法。在设计时应根据情况分别予以考虑。

2. 系统硬件设计

硬件设计主要针对物理层和数据链路层的要求进行。DeviceNet 是基于 CAN 的现场总线，因此开发时要考虑以下几点。

- CAN/ 微处理器硬件：可采用具有 11 位标识符的 CAN 芯片（如 SJA1000 等）。
- 收发器的选择：可选择 Philips 82C250、Philips 82C251、Unitrode UC5350 等。
- 单片机系统：DeviceNet 产品的开发和其他嵌入式系统的开发有着共同之处，首先应搭建一套适合于单片机或更高层次 CPU 的软硬件系统的环境，然后开发单片机或更高层次 CPU 的应用系统。

3. 系统软件设计

软件设计需要考虑以下几个方面。

- 所要采用的软件包类型：可根据自身需要决定自身编写程序还是购买商用软件包，如果决定购买商用软件包，还需考虑其所支持的硬件及通信类型。例如，某些软件包支持独立的 CAN 控制器，有些则支持嵌入式 CAN 控制器；某些软件包只具有从站节点的功能，有些则支持主站功能。
- 需要哪些与之配合的开发工具：如有些公司提供的 DeviceNet 板卡、DNSDT 网络协议分析软件等，以配合节点的开发过程。

4. 选定设备描述或自定义设备描述

DeviceNet 使用设备描述来实现设备之间的互操作性、同类设备的可互换性和行为一致性。设备描述包括以下内容：

- 设备的内部构造；
- I/O 数据；
- 可组态的属性。

5. 决定配置数据源

DeviceNet 标准允许通过网络远程配置设备，并允许将配置参数嵌入设备中。利用这些特性，可以根据特定的应用要求选择和修改设备配置设定。DeviceNet 接口允许访问设备配置设定。只有通过 DeviceNet 通信接口，才可访问配置设定的设备，同时必须用配置工具改变这些设定。使用外部开关、跳线、拨盘开关或其他所有者的接口进行配置的设备，不需要配置工具就可以修改设备配置设定。但设备设计者应提供工具访问和判定硬件配置开关状态。

6. 完成 DeviceNet 的一致性声明

为保证各开发商开发的各种 DeviceNet 产品的互换性及互操作性，ODVA 要求每种 DeviceNet 产品在投入市场前应通过一致性测试（Conformance Test）。ODVA 允许制造厂在已通过独立测试实验室全部测试的产品上加上 DeviceNet 一致性测试服务标志。

6.9　DeviceNet 总线在控制系统应用

1. 卷烟厂项目简介

上海卷烟厂 570kg/h CO_2 膨胀烟丝生产线控制系统改造项目，主控制件选型基本全部采用罗克韦尔自动化系列产品。全线控制网络选用工业以太网作为控制系统的主干网，采用环形结构构成整个系统网络，另外两层控制系统选用 AB 公司的 ControlNet 及 DeviceNet。中控室监控机、现场 PLC 与 Panel View 1000 接在光纤环网上，通过工业以太网进行通信。各生产线与本线内独立电控系统之间的通信采用 AB 公司的 ControlNet 通信，Logix5563 与 FLEX I/O 现场 I/O 箱、电子皮带秤及现场仪表之间的通信采用 DeviceNet 通信。

2. 系统结构及系统设置

（1）系统结构　生产线控制系统结构图如图 6-20 所示。系统中的所有变频电动机均采用 AB 公司的 1336 PLUS Ⅱ 变频器来驱动。其中，热端 CP2 中主工艺风机（功率为 75kW）需要精确控制，用于调节整个热膨胀系统的风速。旧系统采用管道中加风门的方法进行控制，项目改造后主工艺风机采用变频器控制，通过 PLC 进行 PID 运算，运算结果通过 DeviceNet 输出给变频器来控制风机转速，从而对风速进行精确、灵活的控制，同时节省了能源。

1336 PLUS Ⅱ 变频器通过 DeviceNet 与 PLC 通信，实现对电动机的控制，可读取变频器状态字、运行频率、变频器温度及电动机电流等大量过程参数；同时，也实现了对电动机的远程起动、停止和频率的实时控制。网络通信比传统的控制方式具有接线数量少、采集的变频器数据多、抗干扰能力强等优势。

系统中的主工艺风机控制用变频器通过 1203-GK5 通信模块与主控 PLC 基架中的 1756-DNB 模板连接，与 Control Logi x5 563 进行通信。此种控制方式可通过相应的编程软件查看或修改 1336 PLUS Ⅱ 变频器内部的 300 多条参数，例如，电动机的电流、温度、转速等都可以由 DeviceNet 的数据采集获得，只需在控制室触摸屏或监控机上远程更改参数即可。

（2）系统设置　在构建了上述系统的基础上，要完成与 DeviceNet 及 1336 PLUS Ⅱ 变频器相关的软硬件设置，包括如下几项：

1）网卡 1203-GK5 的硬件设置；

2）网卡 1203-GK5 的 DIP 开关设置；

3）DeviceNet 配置软件中扫描器参数的设置；

4）DeviceNet 配置软件中变频器参数的设置。

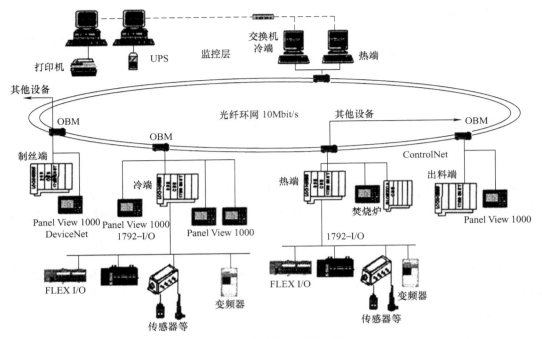

图 6-20 生产线控制系统结构图

在 RSLoglx5000 编程软件中组态好硬件，下载到 CPU 中，运行所编程序。在程序的编制过程中，可考虑通过 MESSAGE 指令读取电动机其他参数，其设置方法不再赘述。

1336 PLUS Ⅱ变频器在工业控制领域应用广泛。应用 DeviceNet 总线控制后，大大地提高了变频器控制的灵活性，而且可以监视、控制更多的过程参数，使用户可以方便地获得变频器更加全面的信息，为设备安全、高效地运行创造了有利条件。

思考题

1. 简要说明 DeviceNet 现场总线定义。
2. 概述 DeviceNet 总线协议组成。
3. 简要说明 DeviceNet 现场总线 CIP 原理。
4. 概述 DeviceNet 总线设备描述的基本内容。
5. 简要说明 DeviceNet 的开发设计步骤。

第 7 章

ControlNet 总线技术与应用

本章重点介绍 ControlNet 定义、拓扑结构、传输介质、数据链路层、对象模型、设备描述、设备选型、设备开发和总线应用设计等。

7.1 ControlNet 总线概述

ControlNet 属于一种高速的工业控制网络，是具有开放性、实时性、确定性和可重复性（Determinism&Repeatability）等特点的现场总线。ControlNet 是由美国罗克韦尔自动化公司于 1997 年推出的一种新的面向控制层的实时性现场总线。确定性的网络解决方案使其具有较大的优势，罗克韦尔自动化公司联合 20 多家公司发起并成立了控制网国际组织（ControlNet International，CI），并将 ControlNet 技术转让给了 CI。CI 负责 ControlNet 技术规范的管理和发展，并通过开发测试软件提供产品的一致性测试，出版 ControlNet 产品目录，进行 ControlNet 技术培训，促进世界范围内 ControlNet 技术的推广和应用等。

ControlNet 已成为世界上增长最快的工业控制网络之一（网络节点数年均以 180% 的速度增长），并已广泛应用于交通运输、汽车制造、冶金、矿山、电力、食品、造纸、水泥、石油化工、娱乐及其他各个领域的工厂自动化和过程自动化。世界上许多知名的大公司（包括福特汽车公司、通用汽车公司、巴斯夫公司、柯达公司、现代集团公司）及美国宇航局等政府机构都是 ControlNet 的用户。

ControlNet 是高速的控制和 I/O 网络，具有增强的 I/O 性能和点对点通信能力，支持多主方式，可以从任何一个节点（甚至适配器）访问整个网络；对于离散和连续过程控制应用场合，均具有确定性和可重复性；ControlNet 具有灵活的安装选择功能，可使用各种标准的低价同轴电缆，也可使用具有强抗干扰性和本质安全性的光纤，并支持媒体冗余方式。ControlNet 主要的技术特点如表 7-1 所示。

表 7-1 ControlNet 主要的技术特点

技术特点	说明
物理层介质	RG6 同轴电缆、光纤
网络拓扑	总线型、星形、树形及任何拓扑的混合
单网段长度	使用同轴电缆，1000m、带两个节点，250m、带 48 个节点 使用光纤，短距离系统为 300m，中等距离系统为 7000m

（续）

技术特点	说明
中继器数目	串行使用，最大支持 5 个中继器，连接 6 个网段 并行使用，最大支持 48 个中继器，连接 48 个网段
中继器类型	AC&DC 高压型和 DC 低压型
带中继器的最大拓扑长度	使用同轴电缆时为 5000m，使用光纤时为 30km
网络节点数	使用中继器，可编址节点最多为 99 个；不带中继器，最多为 48 个
设备供电方式	设备采用外部供电
节点插拔	节点可带电插拔，安装与更换方便
网络传输速度	5Mbit/s（最大）
I/O 数据个数	不限
I/O 数据触发方式	轮询、状态改变 / 周期
网络功能	同一链路支持控制信息、I/O 数据、编程数据
网络模型	生产者 / 消费者
网络刷新时间	可组态 2 ～ 100ms

7.2 ControlNet 通信模型

7.2.1 ControlNet 总线拓扑结构

ControlNet 是一种高效、可靠、组态与编程简单、结构灵活的高速确定性网络，其体系结构如图 7-1 所示。

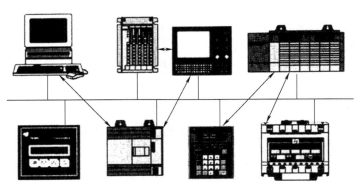

图 7-1 ControlNet 体系结构

ControlNet 在工业自动化系统的网络结构中通常用作控制层网络，适用于对确定性、可重复性、实时性和传输的数据量要求较高的场合，其拓扑结构如图 7-2 所示。

ControlNet 支持冗余方式（见图 7-3），用于对时间有苛刻要求的应用场合的信息传输。对于同一链路上的 I/O，采用复用网络、控制器实时互锁、对等通信报文传送和编程操作均具有相同的实时响应。

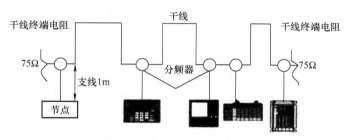

图 7-2 ControlNet 拓扑结构

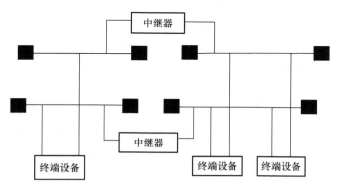

图 7-3 ControlNet 支持冗余方式

7.2.2 ControlNet 参考模型

ControlNet 在相关底层支持的基础上，采用 CIP 作为应用层，在网络模型结构上只缺少会话层。ControlNet 参考模型及其与 OSI 参考模型的对比如图 7-4 所示。

从 ControlNet 的参考模型可以看出，ControlNet 参考模型包括物理层、数据链路层、传输层 / 网络层、表示层、应用层，共 5 个部分。

ControlNet 总线具有以下一些主要的技术特点。

- 通信波特率：ControlNet 只支持一种通信波特率，即 5Mbit/s。
- 传输介质：同轴电缆或光纤，在临时连接中使用屏蔽双绞线。

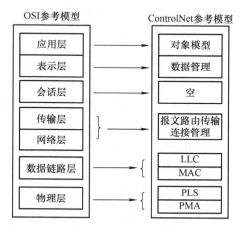

图 7-4 ControlNet 参考模型及其与 OSI 参考模型的对比

- 拓扑结构：当传输介质为同轴电缆时，拓扑结构可以为主干—分支形、星形、树形或三者的任意组合；当传输介质为光纤时，拓扑结构可以为环网或点对点方式；当传输介质为屏蔽双绞线时，拓扑结构只能为点对点方式。
- 连接器：插入式标准连接器（BNC）或标准螺纹连接器（TNC）。
- 最大长度（带中继器）：30km 以上。

- 网段的容许最大长度：与通信波特率、传输介质、节点数有关。在使用 5Mbit/s 的通信波特率、传输介质为同轴电缆的情况下，节点数为 2 时的网段容许最大长度为 1000m，节点数为 48 时的网段容许最大长度为 250m。也就是每增加一个节点，所容许的最大长度减少约 16m。中继器虽然不占用节点地址，但与普通节点一样，也会使得网段的容许最大长度减少约 16m。传输介质为光纤时，网段的容许最大长度为 3000m。
- 节点数：一个 ControlNet 最多可以有 99 个节点。一个网络由一个或几个网段组成，网段之间通过中继器连接。单个网段最多可以有 48 个节点，如果网络上的节点数超出 48 个，就需要使用中继器进行扩展。
- 中继器数目：一个 ControlNet 最多可以串联 5 个中继器或并联 48 个中继器。

7.3 ControlNet 物理层

7.3.1 ControlNet 物理层协议

从 ControlNet 的参考模型可以看出，ControlNet 的物理层分为物理层信号（PLS）子层和物理媒体连接（Physical Media Attachment，PMA）子层。

1. PLS 子层功能

PLS 子层定义的是与信号有关的内容，包括通信波特率、信号编码等。ControlNet 通信波特率只有一种，即 5Mbit/s 信号。编码采用曼彻斯特编码，即把一个位时间（Bit Time）平分为两半：前一半高电平，后一半低电平为 1；前一半低电平，后一半高电平为 0。一个位时间内，电平没有变化为非法。

2. PMA 子层功能

PMA 子层定义的是设备内的物理部件，所定义的内容有收发器、连接器等。传输介质子层定义的是与传输介质有关的内容，包括线缆、网络拓扑结构、分接头等。

ControlNet 规范在物理层部分还定义了 3 个接口：数据链路层的 MAC 子层与 PLS 子层的接口、PLS 子层与 PMA 子层的接口、PMA 子层与传输介质子层的接口。

ControlNet 选用了 3 种传输介质：同轴电缆、光纤、屏蔽双绞线（仅用于临时连接）。根据传输介质的不同，ControlNet 物理层的 PMA 子层的定义、PLS 和 PMA 接口的定义也不相同。

7.3.2 ControlNet 传输介质

ControlNet 支持多种介质类型，包括同轴电缆、光纤和屏蔽双绞线。同轴电缆的使用可带来极大的灵活性（如直接掩埋、高度柔韧等），而光纤具有很强的抗干扰性或本质安全性。使用主干网段和中继器，ControlNet 几乎支持任何由同轴电缆或光纤构成的拓扑结构，包括树形、星形等。

ControlNet 是一个与地隔离的同轴电缆或光纤网络。用户务必选择适当的电缆、连接器及附件，用正确的安装技术，以保证网络不会发生意外接地。

1. 同轴电缆

同轴电缆是 ControlNet 最常用的传输介质。ControlNet 所采用的同轴电缆与有线电视系统的相同。有线电视用的是 RG6 同轴电缆，RG6 同轴电缆的应用非常广泛。同轴电缆的缺点是接线较不方便，尤其是其所使用的 BNC 接头，制作起来比较麻烦。

基于同轴电缆的 ControlNet 通常采用主干—分支型拓扑结构。不过，通过使用中继器，ControlNet 可以采用所需的各种物理拓扑结构，如主干—分支形、树形、星形或它们之间的任意组合。

一个典型的基于同轴电缆的 ControlNet 由干线电缆、终端电阻、分接头（Tap）、支线电缆、ControlNet 设备等组成，如图 7-5 所示。为了防止信号反射，网段的两个末端要安装 75Ω 的终端电阻。ControlNet 设备（包括中继器）通过 1m 长的支线电缆连到干线电缆上安装的分接头上。注意：一般应该避免在网络干线上安装空闲的分接头，因为如果安装了，将会传输噪声，造成信号反射。如果安装了空闲的分接头，就必须加装虚负载，以保证信号的正常传输。另外，为了便于将来的扩展，可以在分接头之间安装一个 75Ω 电阻电缆插孔连接器，在干线电缆上保留空间，以便将来安装分接头或与干线电缆相连接。

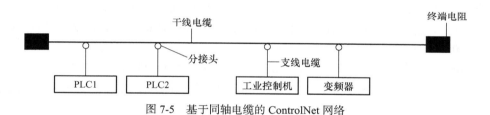

图 7-5　基于同轴电缆的 ControlNet 网络

ControlNet 提供 4 种分接头，即直线式 T 形分接头、直线式 Y 形分接头、直角式 T 形分接头、直角式 Y 形分接头，可以根据实际情况选用。注意：不要使用非标准的 ControlNet 分接头（如以太网的），因为它们可能造成严重的信号反射。

ControlNet 还支持传输介质的冗余。当建立冗余系统时，要求网络上的所有 ControlNet 设备都支持冗余，以冗余的方式相连接，并把两个通道都启用，这样系统才能以冗余的方式工作。不要把两个通道接反了，否则网络就不能工作。支持冗余的设备也可以接到非冗余的系统中，只要将设备配置为仅启用一个通道即可。另外，ControlNet 是一个与地隔离的网络，应该保证网络不会意外接地。

图 7-5 所示的 ControlNet 是一个单网段网络。如果节点数或网段长度超出了限值，则可以用中继器进行扩展，从而成为多网段网络。

2. 光纤

光纤是 ControlNet 可采用的另外一种传输介质。光纤具有抗干扰能力强、传输距离长等优点。另外，由于光纤具有本质安全性，用在一些有防爆要求的应用场合非常合适。光纤的缺点是成本相对较高。但是，随着技术的进步、应用的推广，光纤的成本正在迅速下降，光纤已经成为一种很有竞争力的传输介质。

ControlNet 支持的光纤有 3 种：一种用于短距离系统，最大传输距离为 300m；另一种用于中等距离系统，最大传输距离为 7km；还有一种用于长距离传输，最大传输距离为 20km。

基于光纤的 ControlNet 采用的是点对点方式或环网的方式。ControlNet 光纤环网如图 7-6 所示。

ControlNet 采用的是点对点方式。点对点方式用于两个节点之间的连接、节点的中继器之间的连接或两个中继器之间的连接；环网用于多个节点之间的连接，参与连接的每个 ControlNet 设备都必须具备环中继功能，每个设备都有两个接口，接口之间通过光纤首尾相接，构成一个环。

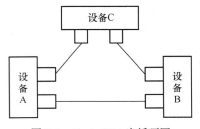

图 7-6　ControlNet 光纤环网

基于光纤的 ControlNet 设备的 PMA 包括的部件有收发器和连接器。ControlNet 使用的光纤连接器是标准的。注意：一个光纤连接器需要两根光纤，一根用于发送数据，另一根用于接收数据。

3. 屏蔽双绞线

ControlNet 所采用的屏蔽双绞线是 8 芯的，仅用于两个 NAP 之间的点对点连接，如图 7-7 所示。大多数 ControlNet 设备都带有 NAP，用于建立系统配置、诊断或控制器编程时所需要的临时连接。通过 NAP，操作人员可访问 ControlNet。两个 NAP 之间连线的长度不能超过 10m。

与 ControlNet 直接连接的节点称为永久节点，通过 NAP 与永久节点相连的节点称为临时节点。临时节点通过与之连接的永久节点提供的中继功能来实现与其他永久节点通信。

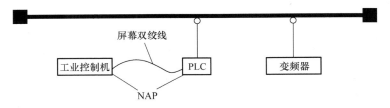

图 7-7　ControlNet 临时连接的建立

值得注意的是，使用 NAP 时，不能同时将临时节点的 NAP 和同轴电缆接口连接到不同的设备上。例如，在图 7-7 中，如果工业控制机的 ControlNet 网卡上的 NAP 已经与某一台设备的 NAP 连起来，那么它的同轴电缆接口就不能与另外一台设备相连。另外，NAP 也不能用于两个网段之间的连接。

7.4　ControlNet 数据链路层

7.4.1　数据链路层协议简介

ControlNet 的数据链路层分为逻辑链路控制（LLC）子层和媒体访问控制（MAC）子层。其中，LLC 子层遵从 IEEE 802.2 标准，其主要任务是把要传输的数据按照规范组成数据帧，并解决差错控制和流量控制的问题，以保证在不可靠的物理链路上实现可靠的数据传输。

LLC 为网络层的数据传输提供 3 种服务：不可靠的数据报服务、确认的数据报服务、可靠的面向连接的服务。

　　数据链路层的 MAC 子层负责调度整个网络的信息发送。它要决定网络上多个节点同时通信时哪个节点有优先权在网上发送数据，以及几个节点同时在网上发送数据而发生"碰撞"时，哪个节点有权继续发送。ControlNet 的 MAC 子层采用同时间域多路访问（CTDMA）协议，属于令牌总线协议。按照 CTDMA 协议，网络时间被分为一个个的时间片，称为网络更新时间（Network Update Time，NUT）。每个 NUT 都分为 3 个部分：预定时段、非预定时段和网络维护时段，如图 7-8 所示。

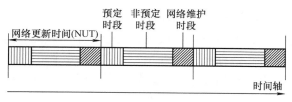

图 7-8　网络更新时间的 3 个时段

　　如果某信息要在预定时段内传输，就必须在网络组态时对该数据组态。CTDMA 协议在预定时段内传输对时间有苛求的数据，在非预定时段内传输对时间没有苛求的数据，这样既满足了 I/O 数据对确定性和可重复性的要求，同时又可以在一条链路上传输多种类型的数据。

　　ControlNet 的数据链路层主要技术特点包括：长度为 0 ～ 510 字节的数据报；0 ～ 100ms 的网络更新时间；使用 16 位多项式改进 CCITT 法的循环冗余校检（CRC）：支持节点标识符（ID）重复检测；支持报文破分（Message Fragmentation）等。

7.4.2　媒体访问控制（MAC）子层协议

1. MAC 帧格式

　　ControlNet 的 MAC 帧为协议数据单元（Protocol Data Unit，PDU），其格式如图 7-9 所示。MAC 帧包括前同步（Preamble）、起始界定符（Start Delimiter）、源 MAC ID（Source MAC ID）、链路数据报（Lpackets）、循环冗余码校验（CRC）和结束界定符（End Delimiter）。

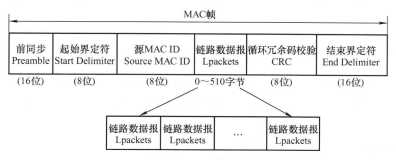

图 7-9　MAC 帧格式

　　1）前同步：由 16 位连续的帧符号 {1} 组成。
　　2）界定符：起始界定符由 MAC 符号 {+, 0, −, 1, 0, 1} 组成，按从左到右的顺序发送；结束界定符由 MAC 符号 {1, 0, 0, 1, +, −, +, −} 组成，按从左到右的顺序发送。非数据的 MAC 符号被保留以用于起始界定符和结束界定符。

3）源 MAC ID：一个字节，其数值范围为 1 ～ 254。通常，MAC ID 为 0 的节点被用于实现链路维护。

4）CRC：使用 CCITT（国际电报电话咨询委员会）修改的 6 次多项式：$X16+X12+X5+1$。CRC 由两个字节组成。

2. MAC 数据报格式

每个节点在每次发送机会到来时只能发这一个 MAC 帧。每个 MAC 帧可包括 0 个或多个链路数据报，如果 MAC 帧含有 0 个链路数据报，则称为空帧。链路数据报可被发送给网络上的不同节点。链路数据报的格式如图 7-10 所示。

图 7-10　链路数据报格式

其各部分介绍如下。

1）长度（Size）：长度区用于指定一个链路数据报中字节对的个数（3 ～ 255）。此值为长度、控制、标签和链路数据区的总长度。

2）控制（Control）：控制区由一个字节组成。位 0 指定链路数据报的类型；位 1 指定标签区字节的奇偶性；位 2 指定链路数据区字节的奇偶性；位 4 的值与位 0 相反（用于校验）；位 3、5、6、7 暂且保留，设置为 0。

3）标签（Tag）：标签可分为固定标签和通用标签。固定标签由两个字节组成，第 1 个字节指定服务类型，第 2 个字节的内容为目的 MAC ID；通用标签由 3 个字节的连接标识符（CID）组成，通用标签区可识别链路数据报所含的链路数据。

4）链路数据（Link Data）：链路数据区包含一个传输服务数据单元（Service Data Unit，SDU）。

7.4.3　逻辑链路控制（LLC）子层协议

ControlNet 逻辑链路控制子层的内部主要由访问控制器、发送 LLC、接收 LLC、发送机、接收机、串行器、逆串行器和 DLL 管理接口等部件组成，如图 7-11 所示。各部件的具体作用如下。

1. 访问控制器

访问控制器（Access Control Machine，ACM）是整个调度过程的核心，负责接收和发送控制帧和报文头信息，并决定传输的定时和持续时间长短。

2. 发送 LLC

发送 LLC（Transmit LLC，TxLLC）缓存从站管理实体或应用层接收到的服务数据单元

（Service Data Unit，SDU），并决定下一个应该发送什么。

3. 接收 LLC

接收 LLC（Receive LLC，RxLLC）缓存接收到的链接数据报，直到它们通过循环冗余校验。

4. 发送机

发送机（Transmit Machine，TxM）从 ACM 接收要求发送 MAC 帧头、帧尾及 Lpackets 的请求，然后把它们破分为字节符号交给串行器。

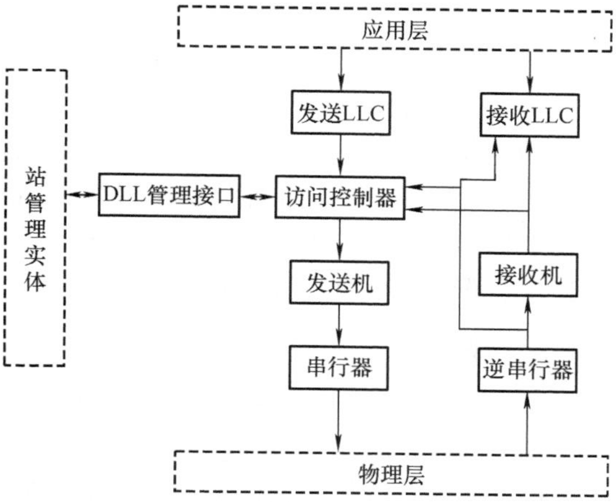

图 7-11　ControlNet 逻辑链路控制子层的内部结构图

5. 接收机

接收机（Receive Machine，RxM）将从逆串行器接收到的字节符号组装成 Lpacket，交给接收 LLC。

6. 串行器

串行器（Serialiser）接收字节符号，并把它们转换成串行的 MAC 符号交给物理层。此外，串行器还负责生成循环冗余码（CRC）。

7. 逆串行器

逆串行器（Deserialiser）从物理层接收串行的 MAC 符号，并把它们转换成字节符号交给接收机。此外，逆串行器还负责检查循环冗余码（CRC）。

8. DLL 管理接口

DLL 管理接口保存属于数据链路层的站管理变量，并且协助管理连接参数的同步变化。

7.5　ControlNet 网络层与传输层

ControlNet 的网络层和传输层主要用于建立连接并对其进行维护。该功能的实现主要涉及未连接报文管理器（Unconnected Message Manager，UCMM）对象、连接路由器对象、连接管理者对象、传输连接、传输类及应用连接。

连接是不同节点的两个或多个应用对象之间的一种联系，是终端节点之间数据传送的路径或虚电路。终端节点可以跨越不同的系统和不同的网络，但因连接的资源是有限的，所以设备要限制连接的数量。

1. UCMM

UCMM 是向没有事先建立连接的设备发送请求的一种方式，支持任何控制与信息协议 CIP 的服务。报文路由器收到 UCMM 报文后，去掉 UCMM 的报头，将请求传送给特定的对象类，尽管报文有一部分附加量，但绕过了建立连接的过程。UCMM 主要用于一次性的操作或非周期性的请求。

2. 传输连接

传输连接表示特定应用之间的关系的特征,其连接的端点是传输对象的实例,应用对象在该连接的基础上生产或消费数据。传输对象是应用对象与网络之间的接口,可以绑定到 I/O 生产对象、I/O 消费对象或报文路由器对象上。连接可使用预定时段或非预定时段,它知道何时应生产数据、生产什么数据、等待其他节点接收所需时间、连接 ID 及怎样处理数据没有按时到达而带来的问题。

3. 传输类

应用接口的传输服务可通过所支持的传输类来实现。ControlNet 技术规范中定义了 Class0 ~ Class6 共 7 种传输类型。

ControlNet 目前已经使用的是 Class1 和 Class3 两种类型。对于非实时的客户机 / 服务器模式的显式报文,一般采用传输 Class3;对于实时 I/O 的隐性报文,一般采用传输 Class1。

Class1 用于预定时段中的 I/O 数据交换,并且应用对象对传输缓冲区的读取是异步的(在运行时,传输缓冲区中的数据不断更新)。应用对象通过序号信息来检测信息的重复性,并忽略重复的数据,以提高数据的处理速度。Class1 的连接是单向的,因而双向数据的交换需要两个相对方向的连接。Class3 用于建立双向数据传送的连接,通常用于显式报文的传输,也可以用于 I/O 通信。在后一种情况下,传输被直接绑定到应用对象,而不是报文路由器。

7.6　ControlNet 对象模型

1. 对象模型概念

ControlNet 使用抽象对象模型来描述产品的通信功能。与 DeviceNet 相似,ControlNet 通过类、实例、属性、服务、行为等术语来描述对象的结构、功能和动作。为了对众多的类、实例、属性、服务等进行标识,ControlNet 定义了相应的标识符,并对其进行编址,如类标识符(范围:1 ~ 65535)、属性标识符(范围:0 ~ 65535)、实例标识符(范围:0 ~ 65535)、服务代码(范围:0 ~ 255)等。

2. 对象库

ControlNet 通过对象库对所定义的诸多对象进行管理。对象库中的对象可分为与通信相关的对象和与应用相关的对象。

(1)与通信相关的对象

- ControlNet 对象:为网络参数提供接口。
- 连接管理器:建立设备内部对象间的连接和为报文提供路由管理。
- 传输管理:处理实时连接。
- 报文路由器:将设备从网络上接收的 Lpackets 传送到相应的内部对象。
- Keeper 对象:为网络设备提供与 NUT 中预定时段有关的数据。
- 连接组态对象和时间表对象:由实时连接启动器使用。

（2）与应用相关的对象　与应用相关的对象一般随着产品类型的不同而不同。有些应用对象是公用的，它们为许多不同的产品提供了特定功能接口，如标识对象、组合对象、参数对象等。

3. 基本对象模型

ControlNet 的对象模型从功能实现上分为可选对象和必选对象。可选对象对设备的行为不产生影响，可提供超出设备基本功能要求的功能；必选对象是实现设备基本功能所必须选择的对象，是实现设备互换性、互操作性的前提条件之一。在必选对象中有标识对象、报文路由器对象、连接管理者对象和连接对象，它们是 ControlNet 的每个设备都必须支持的。通常，设备还需支持未连接报文管理器（UCMM）对象。由必选对象等构成的基本对象模型如图 7-12 所示。

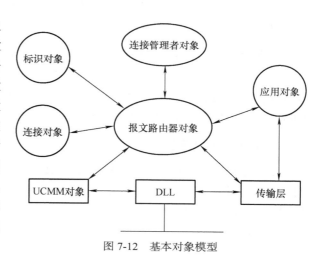

图 7-12　基本对象模型

7.7　ControlNet 设备描述

ControlNet 使用设备描述来实现设备之间的互操作性、同类设备的互换性和行为一致性。设备描述有专家达成一致意见的标准描述和由厂商自定义的非标准描述。CI 负责在技术规范中发布设备描述。根据 ControlNet 技术规范，每个厂商应为其每个 ControlNet 产品发布一致性兼容声明，其内容涉及此设备所遵循的技术规范的发布日期和版本号，设备中实现的所有的协议选项和设备遵循的设备描述。

设备描述的内容如下：

- 为设备类型确定对象模型，即设备对象模型；
- 列出对象接口；
- 描述此设备类型的生产数据类型和消费数据类型；
- 确定配置数据及访问这些数据的公共接口。

7.8　ControlNet 设备选型

ControlNet 是一种具有确定性和可重复性的实时控制网络，其节点产品除以下介绍的几类外，还有条码识别器、被动式读 / 写器等专用产品。

1. ControlNet 通信接口卡（Communication Interface Card）

ControlNet 通信接口卡包括 PLC 通信模块和 PC 接口卡，产品有罗克韦尔自动化公司的 1756-CNB/CNBR、1747-SCNR 等 PC 接口卡，Phoenix Digital 公司的 OCX-CTN-XX（用于 ControlLogix 框架）、Pyramid Solutions 公司的 CN-1000（PC ISA 接口卡）及 SST 公司的

5136-CN 系列 PC 接口卡。

2. 网桥／网关（Bridge/Gateways）及设备接口模块

网桥／网关及设备接口模块主要用于实现不同协议网络之间的通信及提供设备上网的接口，产品有罗克韦尔自动化公司的 1757-CN2FF、20-COMM-C 等，还有 HMS 公司的 AB7608（ControlNet 到 DeviceNet 网关模块）等。

3. 显示／操作员接口（DisPlays/Operator Interface）

ControlNet 显示／操作员接口提供更加实时、快速的人—机交互接口，目前产品主要为罗克韦尔自动化公司的 2711-K5A15、2711-T6C15、2711-T1OG15、2711-KIOC15、2711-TlOC15、2711-K14C15 及 2711-T14C15 等。

4. 电动机控制设备

连接到 ControlNet 上的电动机控制设备更易于实现同步控制，主要产品有罗克韦尔自动化公司带有 Scanport 接口的 1305、1336 变频器系列（通过 1203-CN1 模块），1336 FORCE，智能电动机控制中心等。

5. I/O 设备

I/O 设备包括传感器、执行机构、数字量输入／输出单元、模拟量输入／输出单元，可通过各种网络适配器连接到 ControlNet 上。产品有罗克韦尔自动化公司的 1734-POINT I/O、1794-FLEX I/O 等。

6. 网络组态工具软件

网络组态工具软件用于组建网络、配置网络参数和设备参数。产品有罗克韦尔自动化公司的 RSNetworx for ControlNet、SST 公司的 ControlNet Diagnostic and Configuration Software 等。

7.9 ControlNet 设备开发

ControlNet 设备开发是指为设备开发 ControlNet 接口，使之具备 ControlNet 通信能力。ControlNet 设备包括控制器、工业控制机、操作员界面、各种底层设备（如变频器、机器人）等。开发 ControlNet 设备必须获取 ControlNet 规范，并签署使用条款协议。CI 负责出版和推广 ControlNet 规范，该规范包含了 ControlNet 协议和 ControlNet 产品的硬件、软件及通信要求。开发商可以从 CI 处获取 ControlNet 规范，并根据 ControlNet 规范进行 ControlNet 产品开发。一般情况下，开发 ControlNet 设备有如下两种方式。

1. 基于单板计算机（简称单板机）

基于单板机的开发方式可以在开发设备原型时使用。在单板机上安装 ControlNet 网卡、网卡驱动、ControlNet 配置软件等，就可以免掉几乎全部的硬件工作，并且可充分利用单板机上强大的操作系统。

2. 基于嵌入式系统

若希望付出较低的成本，或者希望设备更紧凑，就可以考虑开发一个嵌入式系统。所开发出的 ControlNet 产品组成如图 7-13 所示。

CI 还为 ControlNet 设备开发了一致性测试（Conformance Testing）软件，并在世界范围内指定了多个实验室作为一致性测试实验室，提供设备一致性测试服务。ControlNet 测试软件具有远程测试选项，开发商可通过网络进行远程产品测试。通过测试的 ControlNet 产品可以加上 ControlNet 一致性测试服务标识，这有利于产品的进一步推广。

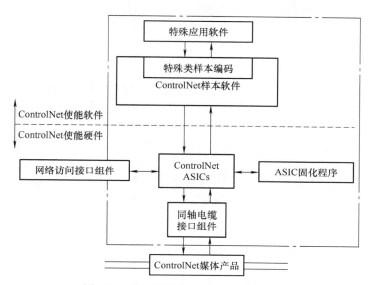

图 7-13　所开发出的 ControlNet 产品组成

7.10　ControlNet 总线在电解系统应用

电解是铜冶炼生产的最后一个重要环节，其主控设备是直流电源系统，包括电解整流直流电源的输出、直流大母线的短路开关、各类生产液位槽、循环槽、酸泵、换热器、地坑泵等。某铜业公司冶炼厂在二期扩建改造中，采用了 Rockwell-AB 新一代 ControlLogix 系统及 ControlNet、DeviceNet 总线，对电解车间进行了全面的自动化改造。运行证明，控制系统安全可靠、操作灵活，其装备水平及技术经济指标均有改善和提高。

1. 工艺要求

来自冶炼厂熔炼车间的合格阳极板，经过车间内整形、铣耳、整平、酸洗后，用专用吊车送至种板槽、生产槽、试验槽。工艺过程为大电流电解。电流密度为 240A/m，阳极作业周期 24 天，阴极作业周期 12 天。全车间分为电解、净液两个生产区域，由专用设备供电。另外，还配置了处理阳极板自动化程度较高的专用联动机组和电解专用吊车。

整个车间电气设备近 80 台，状态量输入 350 个、输出 150 个，电量采集数近 200 个。要求自动化系统实现集中监控，所有设备均能现场手动和中央控制，现场人员可随时根据设备运行状况进行紧急操作，中控室可根据监控信号做出相应处理。整流系统的电参量集中显示、越限报警设定功能，可保证操作的准确性和安全性。

2. 系统结构

铜冶炼电解总线控制系统由电参量数据采集系统、基础控制系统和操作监控管理系统组成。其自动化网络配置如图 7-14 所示。

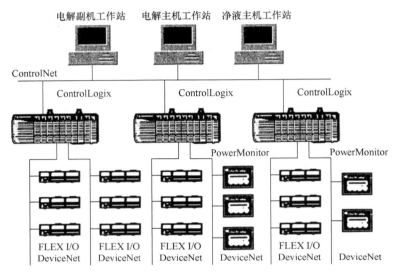

图 7-14　自动化网络配置

（1）电参量数据采集系统　电解整流电源系统的电参量采集由 AB 的专用电力监控模块 PowerMonitor Ⅱ（PM Ⅱ）完成。PM Ⅱ是一种基于监测和控制设备的微处理器，采用了电压、电流、状态输入及继电器节点，提供监测和控制信息功能。其安装方便，可取代传统机电计量仪表，实现多种实时参数的精密测量。同时将电压互感器（PT）、电流互感器（CT）信号接入电力监控模块（PM Ⅱ）直接进行数据采样，提高了系统可靠性，避免了多级转换造成的精度丢失以及常规仪表带来的功耗。系统采用 10.8kHz 连续高速的采样频率，在 50Hz 和所有运行条件下，每次循环都采样 216 个点，在 41 次谐波准确度达 ±5%。

PM Ⅱ还能显示准确的谐波失真信息，提供 7 通道二周波的录波，提供中断的故障检测和高准确分辨率（0.1ms）的快速事件记录等。本系统可以监测、捕捉三相电压和电流、接地电流或中性电流等 20 类电量波形和实时数据，对供电质量进行分析、诊断。

PM Ⅱ的 RSPower 软件可以图形方式显示一个系统及其组件，并在同一屏幕上提供实时数据和图形。频谱分析、越限设定、录波、登录及趋势图均等功能。

（2）基础控制系统　基础控制系统由两套整流 PLC、一套净液 PLC 组成。PLC 选用 Rockwell AB 的 ControlLogix5000 系统，并配置了 ControlNet、DeviceNet 主干网络和 FLEX I/O。直流母线短路开关和隔离刀闸状态的监控，以控制集中、故障分散、最大限度地缩小事故范围为基本原则。隔离刀闸状态量就近进入整流、净液 PLC 或 FLEX I/O，根据设备分布情况设置了独立的短路开关 PLC+FLEX I/O 组。

处理器采用的 Logix5550，是 32 位总线控制器。其控制能力可达 25000 个数字量、

4000 个模拟量，不仅能组态控制本地框架输入 / 输出模块，还能组态控制网络上其他远程框架的输入 / 输出模块。与传统 PLC 不同，ControlLogix 背板设计了通信能力，从而大大提高了 PLC 的通信性能。多任务控制模式使回路调节的实时性更强、I/O 通信速度更快。

（3）操作监控管理系统 采用 3 台配有 Rockwell AB 20 寸工业显示器的工业计算机，组成中央控制操作站。内置 1784-KTCX 卡，编程软件为 RSIogix5000，画面监控软件为 RSView32，RSLinx 作为与 PLC 进行通信的驱动软件，网络组态软件为 RSNetWorx。操作站配有标准以太网卡，可接入工厂信息管理系统网络，实现管理级的数据共享。系统的基本功能有：

    1）电解工艺流程图画面显示；

    2）数据采集、实时数据显示、越限设定；

    3）历史趋势图；

    4）事故报警及报表打印功能；

    5）基于 PM Ⅱ 的负荷预测、实时波形显示、故障滤波和谐波分析；

    6）隔离刀闸的状态显示和控制；

    7）短路开关的状态和控制；

    8）整流器的电参量显示和控制。

系统采用了主干线 ControlNet 作为 PLC 和操作员工作站的高速数据通道，控制设备和 PM Ⅱ 通过 DeviceNet 实现与 PLC 的数据交换。FLEX I/O 分布于各现场，完成信号的采集和控制。系统简捷、高效，考虑了电解车间的强腐蚀环境。改造后，系统运行效率大大提高，采用了总线系统，易于车间的设备管理与维护，节省了大量的硬接线和工程投资。

思考题

1. 简要说明 ControlNet 现场总线定义。

2. 概述 ControlNet 总线协议组成。

3. 简要说明 ControlNet 现场总线数据链路层的组成和原理。

4. 概述 ControlNet 总线设备描述的基本内容。

第 8 章

Modbus 总线技术与应用

本章重点介绍 Modbus 的定义、拓扑结构、网络参考模型、错误检测方法、现场总线应用等。

8.1 Modbus 总线概述

Modbus 由 MODICON 公司于 1979 年开发,是一种工业现场总线协议标准。1996 年,施耐德公司推出基于以太网 TCP/IP 的 Modbus 协议——Modbus TCP。2004 年,Modbus 作为我国国家标准。

Modbus 广泛应用于工业数据通信与控制网络中,是一种颇具影响力的现场总线。早在 20 世纪 70 年代,Modbus 就已经应用于许多工业领域的串行通信,Modbus 总线支持 ASC II 和 RTU 以及 TCP/IP 模式通信。随着互联网技术的发展,近年来又规范 Modbus 应用层的报文传输协议,形成了 Modbus TCP/IP,促进了 Modbus 总线与以太网和互联网的结合。Modbus 已从单机控制走向集中监控、集散控制,是工业控制器的网络协议中的一种。通过此协议,控制器之间、控制器经由网络(如以太网)和其他设备之间可以通信。它已经成为一种通用工业标准。利用 Modbus 总线,不同厂商生产的控制设备可以联成工业网络,进行集中监控。Modbus 现场总线的特点如下。

1)标准的 Modbus 协议是免费的。

2)Modbus 可以支持多种电气接口,如 RS232\485 等(串口),还可以在各种介质上传输,如双绞线、光纤等。

3)Modbus 的帧格式简单,通俗易懂,好开发。

4)可靠性好。

8.2 Modbus 通信模型

8.2.1 Modbus 拓扑结构

Modbus 网络是一个工业通信系统,由带智能终端的可编程序控制器和计算机通过公用线路或局部专用线路连接而成。其系统结构既包括硬件,亦包括软件。它可应用于各种数据采集和过程监控系统之中。

Modbus 总线通信拓扑结构是一个 Master/Slave 架构的协议。有一个节点是 Master 节点，其他使用 Modbus 总线参与通信的节点是 Slave 节点。每一个 Slave 设备都有一个唯一的地址。在串行和 MB+ 网络中，只有被指定为主节点的节点才可以启动一个命令。Modbus 总线拓扑结构示意图如图 8-1 所示。

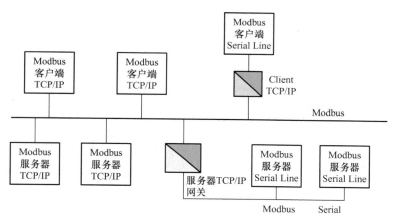

图 8-1　Modbus 总线拓扑结构示意图

Modbus 网络只有一个主机，所有通信都由它发出。网络可支持 247 个远程从属控制器，但实际所支持的从机数要由所用通信设备决定。采用这个系统，各 PC 可以和中心主机交换信息，而不影响各 PC 执行本身的控制任务。

一个 Modbus 命令包含了可以执行的设备的 Modbus 地址。所有设备都会收到命令，但只有指定位置的设备会执行及回应指令。所有的 Modbus 命令都包含了检查码，以确定到达的命令没有被破坏。基本的 Modbus 命令能指挥一个 RTU 改变它的寄存器的某个值，控制或者读取一个 I/O 端口，以及指挥设备回送一个或者多个其寄存器中的数据。

Modbus 协议简单且容易复制，许多 Modem 和网关支持 Modbus 协议，包括有线、无线通信形式甚至短消息和 GPRS 等形式。

Modbus 总线的技术参数要求如下。

- 物理层：传输方式为 RS485。
- 通信地址：0 ～ 247。
- 通信波特率：可设定。
- 通信介质：屏蔽双绞线。
- 传输方式：主从半双工方式。

8.2.2　网络参考模型

Modbus 应用协议是 OSI 参考模型第 7 层上的应用层报文传输协议，用于实现通过不同类型的总线或网络连接设备之间的客户机 / 服务器通信。Modbus 应用协议是一种简单的客户机 / 服务器应用协议。客户机能够向服务器发送请求；服务器分析请求，处理请求，向客户机发送应答。

Modbus 网络协议层上包括 3 个层次，即 Modbus 物理层、Modbus 数据链路层、Modbus 应用层。Modbus 协议规范如图 8-2 所示。

- 标准的 Modbus 协议物理层接口有 RS232、RS422、RS485 和以太网接口，采用 Master/Slave 方式通信。目前通用的是 RS485。事实上，由于 Modbus 并不设定物理层，所以可以选用多种物理介质。
- 标准的 Modbus 协议串行链路层采用 Master/Slave 方式通信。
- Modbus 协议是一项应用层报文传输协议，包括 ASCII、RTU、TCP 这 3 种报文类型。

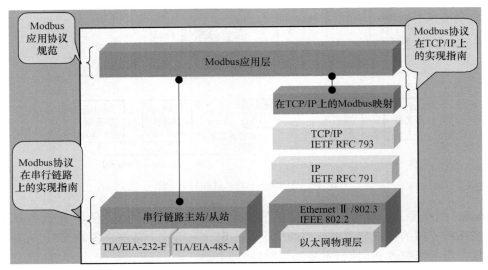

图 8-2　Modbus 协议规范

　　Modbus 协议目前存在于串口、以太网以及其他支持互联网协议的网络的版本中。大多数 Modbus 设备通信通过串口 EIA-485 物理层进行。

　　Modbus 协议包括 ASCII、RTU、TCP 等，并没有规定物理层。此协议定义了控制器能够认识和使用的消息结构，而不管它们是经过何种网络进行通信的。标准的 Modicon 控制器使用 RS232C 实现串行的 Modbus。Modbus 的 ASCII、RTU 协议规定了消息、数据的结构、命令和应答的方式。数据通信采用 Maser/Slave 方式，Master 端发出数据请求消息，Slave 端接收到正确消息后就可以发送数据到 Master 端以响应请求。Master 端也可以直接发消息修改 Slave 端的数据，实现双向读写。

　　Modbus 协议需要对数据进行校验，串行协议中除有奇偶校验外，ASCII 模式采用纵向冗余校验和 LRC 校验，RTU 模式采用 16 位循环冗余校验和 CRC 校验，但 TCP 模式没有额外规定校验，因为 TCP 是一个面向连接的可靠协议。另外，Modbus 采用主从方式定时收发数据。在实际使用中，如果某 Slave 站点断开（如故障或关机），那么 Master 端可以诊断出来，而当故障修复后，网络又可自动接通。因此，Modbus 协议的可靠性较好。

8.2.3　查询回应周期

　　当 Modbus 在网络上通信时，每个控制器都需要知道它们的设备地址，识别按地址发来的消息，从而决定要产生何种行动。如果需要回应，控制器将生成反馈信息并用 Modbus 协议发出。

当 Modbus 在其他网络上通信时，包含了 Modbus 协议的消息转换为在此网络上使用的帧或包结构。这种转换也扩展了根据具体的网络解决节地址、路由路径及错误检测的方法。

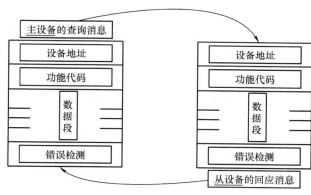

图 8-3　主从查询—回应周期表

　　Modbus 是一种简单客户机 / 服务器应用协议。客户机能够向服务器发送请求；服务器分析请求，处理请求，向客户机发送应答。控制器通信使用主从技术，总线协议通过查询—回应周期实现协议的通信过程。Modbus 协议主从查询—回应周期表如图 8-3 所示。

1. 查询

查询消息中的功能代码，告诉被选中的从设备要执行何种功能。数据段包含了从设备要执行功能的任何附加信息。例如，功能代码 03 要求从设备读保持寄存器并返回它们的内容。数据段必须包含要告之从设备的信息：从何寄存器开始读及要读的寄存器数量。错误检测域为从设备提供了一种验证消息内容是否正确的方法。

2. 回应

如果从设备产生了正常的回应，那么回应消息中的功能代码是查询消息中的功能代码的回应。数据段包括了从设备收集的数据：寄存器值或状态。如果有错误发生，那么功能代码将被修改以用于指出回应消息是错误的，同时数据段包含了描述此错误信息的代码。错误检测域允许主设备确认消息内容是否可用。

8.3　Modbus 传输方式

根据常用传输介质，Modbus 可使用串口和网线（含光纤）方式进行传输。对于串口协议，支持 ASCII 和 RTU 两种模式通信；对于网线（含光纤）协议，支持 TCP/IP 模式通信。

8.3.1　数据帧格式

1. Modbus 通用协议数据帧格式

Modbus 应用协议定义了一个基于应用数据单元（ADU）的通用 Modbus 帧结构，应用数据单元（ADU）是在协议数据单元（PDU）上加入一些附加域构成的。Modbus 应用数据单元是由启动 Modbus 应用协议事务处理的客户机创建的，即 Modbus 应用协议建立了客户机启动的请求格式，其中，功能码字段向服务器指示执行哪种操作，通过向一些功能码加入子功能码能够定义多项操作。Modbus 应用协议使用功能码列表读或写数据，或者在远程服务器上进行远程读写寄存器列表和比特列表、诊断以及标识等处理。

Modbus 通用协议数据帧的格式如图 8-4 所示。

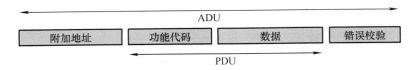

图 8-4 Modbus 通用协议数据帧格式

Modbus 的数据模型是以一组具有不同特征的表为基础建立的，由离散量输入、线圈、输入寄存器、保持寄存器 4 个基本表构成。对于每个基本表，Modbus 应用协议都允许单个地选择 65536 个数据项，而且可将其读写操作设计成可以越过多个连续数据项，直到允许传输数据的最大值，其数据大小规格限制与事务处理功能码有关。

2. Modbus 网络协议数据帧格式

Modbus TCP/IP 网络的数据帧可分为两部分：MBAP、PDU。Modbus TCP/IP 网络的数据帧格式如图 8-5 所示。

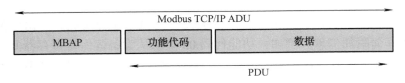

图 8-5 Modbus TCP/IP 网络的数据帧格式

（1）MBAP（报文头） MBAP 为报文头，长度为 7 字节，组成如下。
- 事务处理标识（2 字节）：可以理解为报文的序列号，一般每次通信之后就要加 1 以区别不同的通信数据报文。
- 协议标识符（2 字节）：0000 表示 Modbus TCP/IP。
- 长度（2 字节）：表示接下来的数据长度，单位为字节。
- 单元标识符（1 字节）：可以理解为设备地址。

（2）PDU（帧结构） PDU 由功能码和数据组成。功能码为 1 字节，数据长度不定，由具体功能决定。

1）功能代码。

Modbus 的操作对象有 4 种：线圈、离散量输入、输入寄存器、保持寄存器。
- 线圈：PLC 的输出位，开关量，在 Modbus 中可读可写。
- 离散量输入：PLC 的输入位，开关量，在 Modbus 中只读。
- 输入寄存器：PLC 中只能从模拟量输入端改变的寄存器，在 Modbus 中只读。
- 保持寄存器：PLC 中用于输出模拟量信号的寄存器，在 Modbus 中可读可写。

根据对象的不同，Modbus 总线功能码说明如表 8-1 所示。

Modbus 网络只是一个主机，所有通信都由它发出。网络可支持 247 个远程从属控制器，但实际所支持的从机数要由所用通信设备决定。表 8-2 是 Modbus 各功能码对应的数据类型。

表 8-1　Modbus 总线功能码

功能代码	名称	作用
01	读取线圈状态	取得一组逻辑线圈的当前状态（ON/OFF）
02	读取输入状态	取得一组开关输入的当前状态（ON/OFF）
03	读取保持寄存器	在一个或多个保持寄存器中取得当前的二进制值
04	读取输入寄存器	在一个或多个输入寄存器中取得当前的二进制值
05	强置单线圈	强置一个逻辑线圈的通断状态
06	预置单寄存器	把具体二进制值装入一个保持寄存器
07	读取异常状态	取得 8 个内部线圈的通断状态，这 8 个线圈的地址由控制器决定，用户逻辑可以将这些线圈定义，以说明从机状态，短报文适于迅速读取状态
08	回送诊断校验	把诊断校验报文送从机，以对通信处理进行评鉴
09	编程（只用于 484）	使主机模拟编程器作用，修改 PC 从机逻辑
10	控询（只用于 484）	可使主机与一台正在执行长程序任务的从机通信，探询该从机是否已完成其操作任务，仅在含有功能码 09 的报文发送后，本功能码才发送
11	读取事件计数	可使主机发出单询问，并随即判定操作是否成功，尤其是该命令或其他应答产生通信错误时
12	读取通信事件记录	可使主机检索每台从机的 Modbus 事务处理通信事件记录。如某项事务处理完成，记录会给出有关错误
13	编程（184/384 484/584）	可使主机模拟编程器的功能，修改 PC 从机逻辑
14	探询（184 / 384 484/584）	可使主机与正在执行任务的从机通信，定期控询该从机是否已完成其程序操作，仅在含有功能 13 的报文发送后，本功能码才可发送
15	强置多线圈	强置一串连续逻辑线圈的通断
16	预置多寄存器	把具体的二进制值装入一串连续的保持寄存器
17	报告从机标识	主机判断编址从机的类型及该从机运行指示灯状态
18	编程（884 和 MICRO 84）	可使主机模拟编程功能，修改 PC 状态逻辑
19	重置通信链路	发生非可修改错误后，使从机复位于已知状态，可重置顺序字节
20	读取通用参数（584L）	显示扩展存储器文件中的数据信息
21	写入通用参数（584L）	把通用参数写入扩展存储文件，或修改之
22 ～ 64	保留	留作扩展功能
65 ～ 72	保留	留作用户功能的扩展编码
73 ～ 119	非法功能	
120 ～ 127	保留	留作内部作用
128 ～ 255	保留	用于异常应答

表 8-2 Modbus 各功能码对应的数据类型

代码	功能	数据类型
01	读	位
02	读	位
03	读	整型、字符型、状态字、浮点型
04	读	整型、状态字、浮点型
05	写	位
06	写	整型、字符型、状态字、浮点型
08	N/A	重复"回路反馈"信息
15	写	位
16	写	整型、字符型、状态字、浮点型
17	读	字符型

2）PDU 功能码详细结构。

① 0x01：读线圈。

在从站中读 1～2000 个连续线圈状态，ON=1，OFF=0。

请求：MBAP 功能码 起始地址 H 起始地址 L 数量 H 数量 L（共 12 字节）

响应：MBAP 功能码 数据长度 数据（一个地址的数据为一位）

如：在从站 0x01 中，读取开始地址为 0x0002 的线圈数据，读 0x0008 位

00 01 00 00 00 06 01 01 00 02 00 08

回：数据长度为 0x01 个字节，数据为 0x01，第一个线圈为 ON，其余为 OFF

00 01 00 00 00 04 01 01 01 01

② 0x05：写单个线圈。

将从站中的一个输出写成 ON 或 OFF，0xFF00 请求输出为 ON，0x000 请求输出为 OFF。

请求：MBAP 功能码 输出地址 H 输出地址 L 输出值 H 输出值 L（共 12 字节）

响应：MBAP 功能码 输出地址 H 输出地址 L 输出值 H 输出值 L（共 12 字节）

如：将地址为 0x0003 的线圈设为 ON

00 01 00 00 00 06 01 05 00 03 FF 00

回：写入成功

00 01 00 00 00 06 01 05 00 03 FF 00

③ 0x0F：写多个线圈。

将一个从站中的一个线圈序列的每个线圈都强制为 ON 或 OFF，数据域中置 1 的位请求相应输出位 ON，置 0 的位请求响应输出为 OFF

请求：MBAP 功能码 起始地址 H 起始地址 L 输出数量 H 输出数量 L 字节长度 输出值 H 输出值 L

响应：MBAP 功能码 起始地址 H 起始地址 L 输出数量 H 输出数量 L

TX：11 CC 00 00 00 09 01 0F 00 00 00 0A 02 0F 00 数据长度为 000A（10）个，地址为 0000，数据为 00 0000 1111

RX：11 CC 00 00 00 06 01 0F 00 00 00 0A

④ 0x02：读离散量输入。

从一个从站中读 1 ～ 2000 个连续的离散量输入状态。

请求：MBAP 功能码 起始地址 H 起始地址 L 数量 H 数量 L（共 12 字节）

响应：MBAP 功能码 数据长度 数据（长度：9+ceil（数量 /8））

如：从地址 0x0000 开始读 10 个离散量输入

TX：12 A3 00 00 00 06 01 02 00 00 00 0A

RX：12 A3 00 00 00 05 01 02 02 00 00

⑤ 0x04：读输入寄存器。

从一个远程设备中读 1 ～ 2000 个连续输入寄存器。

请求：MBAP 功能码 起始地址 H 起始地址 L 寄存器数量 H 寄存器数量 L（共 12 字节）

响应：MBAP 功能码 数据长度 寄存器数据（长度：9+ 寄存器数量 ×2）

如：读起始地址为 0x0000 的 10 个寄存器数据

TX：15 C4 00 00 00 06 01 04 00 00 00 0A

RX：15 C4 00 00 00 17 01 04 14 00 00 00 00 00 00 00 00 00 00 00 00 00 00 00 00 00 00 00 00 00

⑥ 0x03：读保持寄存器。

从远程设备中读保持寄存器连续块的内容。

请求：MBAP 功能码 起始地址 H 起始地址 L 寄存器数量 H 寄存器数量 L（共 12 字节）

响应：MBAP 功能码 数据长度 寄存器数据（长度：9+ 寄存器数量 ×2）

如：

TX：读起始地址为 0x0000 的 10（0x000A）个寄存器数据

RX：回地址为 0x0000，字节长度为 0x14，数据为 12 0 33 26562 33 0 55 78 0 56

TX：19 D8 00 00 00 06 01 03 00 00 00 0A

RX：19 D8 00 00 00 17 01 03 14 00 0C 00 00 00 21 67 C2 00 21 00 00 00 37 00 4E 00 00 00 38

⑦ 0x10：写多个保持寄存器。

在一个远程设备中写连续寄存器块（1 ～ 123 个寄存器）。

请求：MBAP 功能码 起始地址 H 起始地址 L 寄存器数量 H 寄存器数量 L 字节长度 寄存器值（13+ 寄存器数量 ×2）

响应：MBAP 功能码 起始地址 H 起始地址 L 寄存器数量 H 寄存器数量 L（共 12 字节）

如：读起始地址为 0x0000 的 10（0x000A）个寄存器数据，字节长度为 20（0x14），数据为 12 0 33 26562 33 0 55 78 0 56

TX：17 52 00 00 00 1B 01 10 00 00 00 0A 14 00 0C 00 00 00 21 67 C2 00 21 00 00 00 37 00 4E 00 00 00 38

RX：17 51 00 00 00 06 01 10 00 00 00 0A

⑧ 0x06：写单个保持寄存器。

在一个远程设备中写一个保持寄存器。

请求：MBAP 功能码 寄存器地址 H 寄存器地址 L 寄存器值 H 寄存器值 L（共 12 字节）

响应：MBAP 功能码 寄存器地址 H 寄存器地址 L 寄存器值 H 寄存器值 L（共 12 字节）

如：向地址是 0x0000 的寄存器写入数据 0x0017（23）

TX：1A B9 00 00 00 06 01 06 00 00 00 17

RX：1A B9 00 00 00 06 01 06 00 00 00 17

8.3.2　数据通信模式（ASCII/RTU/TCP）

Modbus 控制器能被设置为两种传输模式（ASCII 或 RTU）中的任何一种在标准的 Modbus 网络通信。用户选择想要的模式，包括串口通信参数（波特率、校验方式等），在配置每个控制器的时候，一个 Modbus 网络上的所有设备都必须选择相同的传输模式和串口参数。

ASCII 模式格式如图 8-6 所示。

图 8-6　ASCII 模式格式

RTU 模式格式如图 8-7 所示。

图 8-7　RTU 模式格式

所选的 ASCII 或 RTU 模式仅适用于标准的 Modbus 网络，它定义了在这些网络上连续传输的消息段的每一位，以及决定怎样将信息打包成消息域和如何解码。在其他网络上（如 MAP 和 Modbus Plus），Modbus 消息会被转换成与串行传输无关的帧。

1. ASCII 模式通信

当控制器设置为在 Modbus 网络上以 ASCII（美国标准信息交换代码）模式通信时，消息中的每个字节都作为两个 ASCII 字符发送。这种方式的主要优点是字符发送的时间间隔可达到 1s 而不产生错误。

（1）代码系统　Modbus 网络上以 ASCII 模式通信的数据格式要求如下。

- 十六进制 ASCII 字符 0 ～ 9，A ～ F。
- 消息中的每个 ASCII 字符都是一个十六进制字符组成字节的位。
- 一个起始位。
- 7 个数据位，最小的有效位先发送。
- 一个奇偶校验位，无校验则无。
- 一个停止位（有校验时），两个位（无校验时）。

（2）错误检测域　纵向冗长检测方法（LRC）。

（3）ASCII 消息帧格式　使用 ASCII 模式，消息以冒号（：）字符（ASCII 码 3AH）开始，以回车换行符结束（ASCII 码 0DH、0AH）。

其他域可以使用的传输字符是十六进制的 0 ~ 9、A ~ F。网络上的设备不断侦测“：”字符，当接收到一个“：”时，每个设备都解码下个域（地址域）来判断是否是发给自己的。

消息中字符间发送的时间间隔最长不能超过 1s，否则接收的设备将认为传输错误。一个典型消息帧示意图如图 8-8 所示。

起始位	设备地址	功能代码	数据	LRC 校验	结束符
一个字符	两个字符	两个字符	n个字符	两个字符	两个字符

图 8-8　Modbus ASCII 信息帧示意图

2. RUT 模式通信

当控制器被设置为在 Modbus 网络上以 RUT（远程终端单元）模式通信时，消息中的每个字节都包含两个 4 bit 的十六进制字符。这种模式的主要优点是：在同样的波特率下，可比 ASCII 模式传送更多的数据。

（1）代码系统　Modbus 网络上以 RUT 模式通信的数据格式要求如下。
- 8 位二进制数，十六进制数 0 ~ 9、A ~ F。
- 消息中的每个 8 位域都是两个十六进制字符组成字节的位。
- 一个起始位。
- 8 个数据位，最小的有效位先发送。
- 一个奇偶校验位，无校验则无。
- 一个停止位（有校验时），两个位（无校验时）。

（2）错误检测域　循环冗长检测方法（CRC）。

（3）RTU 帧　使用 RTU 模式，消息发送至少要以 3.5 个字符时间的停顿间隔开始。在网络波特率下，多样的字符时间是最容易实现的（如图 8-9 的 T1-T2-T3-T4 所示）。传输的第一个域是设备地址。可以使用的传输字符是十六进制的 0 ~ 9、A ~ F。网络设备不断侦测网络总线，包括停顿间隔。当第一个域（地址域）接收到时，每个设备都进行解码以判断是否是发给自己的。在最后一个传输字符之后，一个至少 3.5 个字符时间的停顿标定了消息的结束。一个新的消息可在此停顿后开始。

整个消息帧必须作为一连续的数据流传输。如果在帧完成之前有超过 1.5 个字符时间的停顿时间，那么接收设备将刷新不完整的消息并假定下一字节是一个新消息的地址域。同样的，如果一个新消息在小于 3.5 个字符时间内接着前一个消息开始，那么接收的设备将认为它是前一个消息的延续。这将导致一个错误，因为最后的 CRC 域的值不可能是正确的。一典型的消息帧示意图如图 8-9 所示。

起始位	设备地址	功能代码	数据	CRC校验	结束符
T1-T2-T3-T4	8bit	8bit	n个8bit	16bit	T1-T2-T3-T4

图 8-9　Modbus RTU 信息帧示意图

（4）ASCII 协议和 RTU 协议对比　ASCII 协议与 RTU 协议相比拥有开始标记和结束标记，因此在进行程序处理时能更加方便，而且由于传输的都是可见的 ASCII 字符，所以进行调试时就更加直观。另外，它的 LRC 校验也比较容易。但是因为它传输的都是可见的 ASCII 字符，对于 RTU 传输的数据每一个字节，ASCII 都要用两个字节来传输，比如 RTU 传输一个十六进制数 0xF9，ASCII 就需要传输 F、9 的 ASCII 码，即 0x39 和 0x46 两个字节，这样它的传输效率就比较低。所以一般来说，如果所需要传输的数据量较小，则可以考虑使用 ASCII 协议；如果所需传输的数据量比较大，则最好使用 RTU 协议。

3. TCP/IP 模式通信

Modbus 网络上以 TCP/IP 模式通信的数据格式要求如下。

- 00 00 事务标识符。
- 00 00 协议标识符。
- 00 06 长度标识符。
- 站号（一个字节）。
- 功能码（一个字节）。
- 首个寄存器地址（两个字节）。
- 读取寄存器的个数（两个字节）。

8.4 Modbus 通信信息

8.4.1 设备地址域

消息帧的地址域包含两个字符（ASCII）或 8 位（RTU）。可能的从设备地址范围是 0 ～ 247（十进制）。单个设备的地址范围是 1 ～ 247。主设备通过将要联络的从设备的地址放入消息中的地址域来选通从设备。当从设备发送回应消息时，把自己的地址放入回应的地址域中，以便主设备知道是哪一个设备做出回应。

地址 0 用作广播地址，以使所有的从设备都能认识。当 Modbus 协议用于更高水准的网络时，广播可能不允许或以其他方式代替。

8.4.2 功能代码域

功能代码域告诉被寻址到的终端执行何种功能。消息帧中的功能代码域包含了两个字符（ASCII）或 8 位（RTU）。可能的代码范围是十进制的 1 ～ 255。当然，有些代码适用于所有控制器，有些则应用于某种控制器，还有些保留以备后用。

当消息从主设备发往从设备时，功能代码域将告之从设备需要执行哪些行为。例如去读取输入的开关状态，读一组寄存器的数据内容，读从设备的诊断状态，允许调入、记录、校验从设备中的程序等。

当从设备回应时，它使用功能代码来指示是正常回应（无误）还是有某种错误发生（称作异议回应）。对于正常回应，从设备仅回应相应的功能代码。对于异议回应，从设备返回等同于正常代码的代码，但最重要的位应置为逻辑 1。

例如，从主设备发往从设备的消息要求读一组保持寄存器，将产生如下功能代码：00000011 B（03H）。

对于正常回应，从设备仅回应同样的功能代码。对于异议回应，它返回 10000011B（83H）。

除功能代码因异议错误做了修改外，从设备将独特的代码放到回应消息的数据域中，这能告诉主设备发生了什么错误。主设备应用程序得到异议的回应后，典型的处理过程是重发消息，或者诊断发给从设备的消息并报告给操作员。

8.4.3　通信数据域

通信数据域包含了终端执行特定功能所需要的数据或者终端响应查询时采集到的数据。这些数据的内容可能是数值、参考地址或者极限值。例如，功能域代码告诉终端读取一个寄存器，通信数据域则需要指明从哪个寄存器开始及读取多少个数据，内嵌的地址和数据依照类型和从机之间的不同能力而有所不同。

通信数据域是由两个十六进制数集合构成的，范围为 00～FF。根据网络传输模式，通信数据域可以由一对 ASCII 字符组成或由一对 RTU 字符组成。

从主设备发给从设备消息的数据域包含附加的信息，即从设备必须用于执行由功能代码所定义的功能，包括不连续的寄存器地址、要处理项的数目、域中实际数据字节数。

例如，如果主设备需要从设备读取一组保持寄存器（功能代码为 03），则数据域会指定起始寄存器以及要读的寄存器数量。如果主设备写一组从设备的寄存器（功能代码为 10，十六进制），通信数据域则会指明要写的起始寄存器以及要写的寄存器数量、数据域的数据字节数、要写入寄存器的数据。如果没有错误发生，则从从设备返回的数据域包含请求的数据。如果有错误发生，则此域包含异议代码，主设备应用程序可以用来判断并采取下一步行动。在某种消息中，通信数据域可以是不存在的（0 长度）。例如，主设备要求从设备回应通信事件记录（功能代码为 0B，十六进制），从设备不需要任何附加的信息。

8.4.4　错误检测域

Modbus 总线有两种错误检测方法。错误检测域根据系统的通信模式选择错误检测方法。

ASCII 通信模式：当选用 ASCII 通信模式时，错误检测域包含两个 ASCII 字符，使用 LRC（纵向冗长检测）方法对消息内容计算得出的结果不包括开始的冒号符及回车换行符。LRC 字符附加在回车换行符前面。

RTU 通信模式：当选用 RTU 通信模式时，错误检测域包含 16 位值（用两个 8 位的字符来实现）。错误检测域的内容是通过对消息内容进行循环冗长检测而得出的。CRC 域附加在消息的最后，添加时先是低字节，然后是高字节，故 CRC 的高位字节是发送消息的最后一个字节。

TCP/IP 通信模式：当选用 TCP/IP 通信模式时，错误检测域无检测信息数据。

8.4.5　字符连续传输

当消息在 Modbus 总线网络传输时，每个字符或字节以如下方式发送（从左到右）：最低有效位→最高有效位。

1. 使用 ASCII 字符帧时位的序列

有奇偶校验时位的序列如图 8-10 所示。

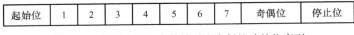

图 8-10 使用 ASCII 字符帧时有奇偶校验的位序列

无奇偶校验时位的序列如图 8-11 所示。

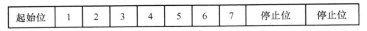

图 8-11 使用 ASCII 字符帧时无奇偶校验的位序列

2. 使用 RTU 字符帧时位的序列

有奇偶校验时位的序列如图 8-12 所示。

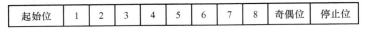

图 8-12 使用 RTU 字符帧时有奇偶校验的位序列

无奇偶校验时位的序列如图 8-13 所示。

图 8-13 使用 RTU 字符帧无奇偶校验的位序列

8.5 错误检测方法

标准的 Modbus 总线网络采用两种错误检测方法。奇偶校验对每个字符都可用，帧检测（LRC 或 CRC）应用于整个消息。它们都是在消息发送前由主设备产生的，从设备在接收过程中检测每个字符和整个消息帧。

用户要给主设备配置预先定义的超时间隔，这个时间间隔要足够长，以使任何从设备都能做出正常反应。如果从设备检测到传输错误，那么消息将不会接收，也不会向主设备做出回应。这样超时事件将触发主设备来处理错误。发往不存在的从设备地址也会产生超时。

8.5.1 奇偶校验

用户可以配置控制器是奇校验或偶校验，或无校验，这将决定每个字符中的奇偶校验位是如何设置的。如果指定了奇校验或偶校验，那么"1"的位数将算到每个字符的位数中（ASCII 模式下有 7 个数据位，RTU 模式下有 8 个数据位）。例如，RTU 字符帧中包含如下 8 个数据位：11000101。"1"的个数是 4。如果使用了偶校验，则帧的奇偶校验位将是 0，整个"1"的个数仍是 4。如果使用奇校验，则帧的奇偶校验位将是 1，整个"1"的个数是

5。如果没有指定奇偶校验位，那么传输时就没有校验位，也不进行校验检测。

8.5.2 LRC 检测

使用 ASCII 模式，消息包括基于 LRC 方法的错误检测域。LRC 域可检测消息域中除开始的冒号及结束的回车换行符外的内容。

LRC 域是一个包含 8 位二进制值的字节。LRC 值由传输设备来计算并放到消息帧中，接收设备在接收消息的过程中计算 LRC，并将它和接收消息中 LRC 域中的值比较，如果两值不等，则说明有错误。

LRC 方法是将消息中的字节连续累加，丢弃了进位位。

8.5.3 CRC 检测

使用 RTU 模式，消息包括基于 CRC 方法的错误检测域。CRC 域检测了整个消息的内容。CRC 域是两个字节，包含 16 位的二进制值。它由传输设备计算后加入消息中。接收设备重新计算收到消息的 CRC，并与接收到的 CRC 域中的值比较，如果两值不同，则有误。CRC 是先调入一个值全是"1"的 16 位寄存器，然后调用一个过程将消息中连续的 8 个字符和当前寄存器中的值进行处理。仅每个字符中的 8 位数据对 CRC 有效，起始位和停止位以及奇偶校验位均无效。

CRC 产生过程中，每个 8 位字符都单独和寄存器内容相或（OR），结果向最低有效位方向移动，最高有效位以 0 填充。LSB 被提取出来检测，如果 LSB 为 1，则寄存器单独和预置的值相或；如果 LSB 为 0，则不进行。整个过程要重复 8 次。在最后一位（第 8 位）完成后，下一个 8 位字符又单独和寄存器的当前值相或。最终寄存器中的值是消息中所有的字节都执行之后的 CRC 值。

CRC 添加到消息中时，低字节先加入，然后高字节。

8.6 Modbus 总线在智能系统应用

8.6.1 基于 RTU 的智能设备应用

1. 智能设备组成

基于 RTU 的智能颗粒上料设备由输送皮带的变频器、振动传感器以及颗粒装填单元等部件组成，利用西门子 S7-1200，采用 Modbus-Rtu 总线进行控制。Modbus-Rtu 总线上主要有 4 台设备。选择 S7-1200 为主机，其余设备为从机，进行基于 Modbus-Rtu 的通信，S7-1200 选择信号板通信模块 CB1241 的 RS485 作为 Modbus-Rtu 通信端口，该通信端口与振动传感器、变频器通信端子按照 RS485 的物理硬件接线，同时为振动传感器提供 +12V 的供电电源。西门子 S7-1200 与 Modbus-Rtu 设备的通信接线图如图 8-14 所示。

2. Modbus-Rtu 通信参数设置

西门子 S7-1200 的 Modbus-Rtu 应用实训中，Modbus-Rtu 通信参数如表 8-3 所示。

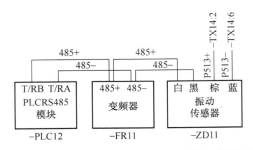

图 8-14　西门子 S7-1200 与 Modbus-Rtu 设备通信接线图

表 8-3　Modbus-Rtu 通信参数

设备	站号	波特率（Baud）	数据位	奇偶位	停止位
颗粒填装单元	0	19200	8 位	无	1 位
振动传感器	1	19200	8 位	无	1 位
变频器	2	19200	8 位	无	1 位

3. Modbus-Rtu 设备通信程序编程

根据 TIA PORTAL 项目开发步骤新建项目，选择设备型号（CPU 1214C DC/DC/DC），修改 PLC 的 IP 地址与名称（颗粒装填单元 PLC 的 IP 地址为 192.168.1.11，将名称设置为 PLC_11），完成以上步骤后，正式进入西门子 S7-1200 与 Modbus-Rtu 设备通信程序编程任务阶段，具体步骤如下。

（1）组态通信模块（CB1241 RS485）　图 8-15 所示为西门子 S7-1200 设置界面，双击"设备组态"选项，进入设备视图，单击 PLC 模块中间安装通信板的区域，选择 S7-1200 设备。

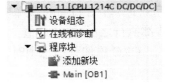

图 8-15　西门子 S7-1200 设置界面

单击右侧的"硬件目录"选项，选择"通信板"→"点到点"→"CB1241（RS485）"选项，双击 <6ES7-241-1CH30-1XB0>，添加通信模块组态。

双击 PLC 中的通信板模块，选择"属性"→"端口组态"选项，填写相对应的波特率、奇偶校验、数据位、停止位通信模块参数。

（2）编写程序　新增 Modbus-Rtu 通信需要部分变量，在项目树的 PLC_11 的程序块中双击"Main"程序块，进入主程序。

选中 PLC 模块，选择"属性"→"常规"→"系统和时钟存储器"选项，启用系统存储器字节。建立新的数据块，选中新建数据块，单击鼠标右键，弹出快捷菜单，选择"属性"命令。

双击"通信设置"函数，进入函数界面，添加 Modbus 通信的初始化模块，在模块的指令中选择"通信"→"处理器"→"MODBUS（RTU）"→"Modbus_Comm_Load"指令。

（3）下载和调试　完成以上步骤后，选择菜单栏中的"编译"命令。编译完成后，单击下载图标将程序下载到 PLC。下载完成程序，新建监控表，监控读取振动传感器数据。在监控表控制变频器输出数据，控制电动机频率，把变量 " " 数据块_1".Mas_ 变频器频率"

的"监视值"和"修改值"设置为 9000，如图 8-16 所示。

图 8-16　控制变频器频率数据

8.6.2　基于 TCP/IP 的集成应用

利用西门子 S7-1200 的开放式 TCP 端口，实现与 RFID 读写器的通信应用，应用包括：

1）西门子 S7-1200 的 TCP 通信系统设备组成；

2）完成 RFID 读写头参数设置；

3）PLC 编写程序；

4）系统下载调试。

1. 通信系统设备组成

通信系统设备主要包括 S7-1200 PLC、RFID 读写器以及操作面板等，系统的结构如图 8-17 所示。

图 8-17　Modbus TCP 通信系统结构

2. S7-1200 的 TCP 通信介绍

S7-1200 CPU 中所有需要编程的以太网通信都通过开放式以太网通信指令 T-block 来实现。可调用 T-block 通信指令并配置 CPU 间的连接参数，定义数据发送或接收信息的参数。STEP 7 Basic 提供完整的开放式以太网通信指令，如表 8-4 所示。

表 8-4　开放式以太网通信指令

功能块类型	功能块（指令）	解释
没有连接管理的功能块	TCON	激活以太网连接
	TDISCON	断开以太网连接
	TSEND	发送数据
	TRCV	接收数据
有连接管理的功能块	TSEND_c	激活以太网连接并发送数据
	TRCV_c	激活以太网连接并接收数据

3. 系统 IP 地址分配

西门子 S7-1200 的开放式 TCP 通信设备 IP 地址分配如表 8-5 所示。

表 8-5　西门子 S7-1200 的开放式 TCP 通信设备 IP 地址分配

序号	名称	IP 地址
1	西门子 PLC	192.168.1.11
2	RFID 读写头	192.168.1.14（端口：9000）

PLC 与 RFID 读写头通信时，RFID 读写头接收对应的读标签通信数据、写标签通信数据时才能执行对应的功能。本系统中，RFID 读写头接收、发送数据长度为 72 个字节。

4. 系统编程和调试

（1）PLC 编写程序　在完成前面任务的程序基础上，新增颗粒装填单元 PLC 的开放式 TCP 通信程序。

1）建立 TSEND_c 指令、TRCV_c 指令状态变量。在 S7-1200 调试环境建立数据块"数据块_1"，新增 TSEND_c 指令、TRCV_c 指令状态变量。

2）读取标签用户区数据。本系统中，要求 PLC 控制 RFID 读写头来读取标签用户区数据，从地址为 0 处开始，读取 10（16#0A）个字节，因此对应数据帧为 00 00 00 00 A3 40 03 00 0A。

3）添加触发通信程序来启动、发送、接收轮询程序。

S7-1200 的 PLC 与 RFID 读写头通信流程如图 8-18 所示。

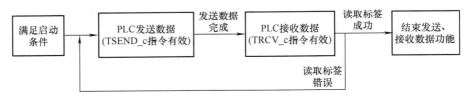

图 8-18　PLC 与 RFID 读写头通信流程

触发 PLC 发送数据（Tsend_rfid_req=1，TSEND_c 指令有效），如图 8-19 所示。

当接收标签数据成功（Trcv_rfid_rdata[6]=16#C5）时，结束接收数据功能（Trcv_rfid_req=0）。

4）添加 TSEND_c 指令、TRCV_c 指令。

打开程序"Main"，添加 TSEND_c 指令，在右侧选择选项"指令"→"通信"→"开放式用户通信"，双击指令块"TSEND_c"。

（2）下载及调试程序

1）下载程序。下载 PLC 与 RFID 读写头通信调试程序到颗粒填装单元 PLC，并启动 CPU。

2）调试程序。把贴上标签的瓶子正对 RFID 读写头，触发 PLC，打开接收功能，M3.1=1（准备发送数据 rfid），如图 8-20 所示。

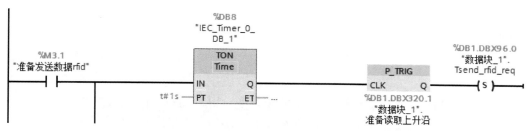

图 8-19　触发 PLC 发送数据

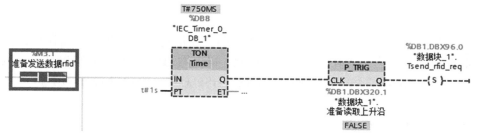

图 8-20　触发 PLC 以打开接收功能

监控 PLC 发送 RFID 读写头数据；监控 PLC 接收 RFID 读写头数据，标签数据为 17 0F 05。

思考题

1. 简要说明 Modbus 现场总线定义。
2. 概述 Modbus 现场总线协议组成。
3. 简要说明 Modbus 现场总线错误检测方法。

第 9 章

工业以太网技术与应用

工业以太网是以太网技术应用于工业环境的企业信息网络，工业以太网已广泛应用于许多工业现场。本章重点介绍工业以太网定义、以太网通信模型、TCP/IP/UDP 协议组、实时以太网、PROFINET 总线、EtherNet/IP 总线、HSE 总线、工业以太网应用等。

9.1 工业以太网简介

9.1.1 工业以太网概述

工业以太网是在以太网技术和 TCP/IP 技术的基础上发展起来的工业网络，基于强大的 IEEE 802.3（以太网）协议。工业以太网涉及企业网络的各个层次，无论是应用于工业环境的企业信息网络，还是基于普通以太网技术的控制网络，以及新兴的实时以太网，均属于工业以太网的技术范畴。

工业以太网源于以太网而又不同于普通以太网。工业以太网要在继承或部分继承以太网原有核心技术的基础上应对适应工业环境性、通信实时性、时间发布、各节点间的时间同步、网络的功能安全与信息安全等问题，提出相应的解决方案，并添加控制应用功能，还要针对某些特殊的工业应用场合提出的网络供电、本质安全防爆等要求给出解决方案。

从实际应用状况分析，工业以太网的应用场合各不相同。它们有的作为工业应用环境下的信息网络，有的作为现场总线的高速（或上层）网段，有的是基于普通以太网技术的控制网络，而有的则是基于实时以太网技术的控制网络。不同网络层次、不同应用场合需要解决的问题，需要的特色技术内容也不相同。

在工业环境下，需要采用工业级产品打造适用于工业生产环境的信息网络。随着企业管控一体化的发展，控制网络与信息网络、Internet 的联系更为密切。现有的许多现场总线控制网络都提出了"与以太网结合，用以太网作为现场总线网络的高速网段，使控制网络与 Internet 融为一体"的解决方案。例如 FF 中的高速网段 HSE，PROFIBUS 的上层网段 PROFINET、Modbus/TCP、EtherNet/IP 等，都是典型的工业以太网。

工业以太网的重点在于：利用交换式以太网技术为控制器和操作站、各种工作站之间的相互协调合作提供一种交互机制，并和上层信息网络无缝集成。工业以太网开始在监控层网络上逐渐占据主流位置，并且正在向现场设备层网络渗透。

虽然脱胎于 Intranet、Internet 等类型的信息网络，但是工业以太网是面向生产过程的控制网络，对实时性、可靠性、安全性和数据完整性有很高的要求。工业以太网既有与信息网络相同的特点和安全要求，也有自己不同于信息网络的显著特点和安全要求。

1）工业以太网是一个网络控制系统，实时性要求高，网络传输要有确定性。

2）整个企业网络按功能可分为处于管理层的通用以太网、处于监控层的工业以太网以及现场设备层的现场总线。管理层的通用以太网可以与控制层的工业以太网交换数据，上下网段采用相同协议自由通信。

3）工业以太网中的周期与非周期信息同时存在，各自有不同的要求。周期信息的传输通常具有顺序性要求，而非周期信息有优先级要求，如报警信息是需要立即响应的。

4）工业以太网要为紧要任务提供最低限度的性能保证服务，同时也要为非紧要任务提供尽力服务，所以工业以太网同时具有实时协议和非实时协议。

9.1.2 工业以太网关键技术

工业以太网具有对其工业应用环境的适应性、通信非确定性、实时以太网、网络供电及本质安全等技术，形成工业以太网的特色技术。

1. 通信非确定性

以太网采用 IEEE 802.3 的标准，采用载波监听多路访问 / 冲突检测（CSMA/CD）的媒体访问控制方式。一条网段上挂接的多个节点不分主次，采用平等竞争的方式争用总线。各节点没有预定的通信时间，可随机、自主地向网络发起通信。节点要求发送数据时，先监听线路是否空闲，如果空闲就发送数据，如果线路忙就只能以某种方式继续监听，等线路空闲后再发送数据。即便监听到线路空闲，也还会出现几个节点同时发送而发生冲突的可能性，因而以太网本质上属于非确定性网络。由于计算机网络传输的文件、数据在时间上没有严格的要求，在计算机网络中不会因采用这种非确定性网络而造成不良后果，一次连接失败之后还可继续要求连接。

这种平等竞争的非确定性网络，不能满足控制系统对通信实时性、确定性的要求，被认为不适合用于底层工业控制，这是以太网进入控制网络领域在技术上的最大障碍。在现场控制层，网络是测量控制系统的信息传输通道。而测量控制系统的信息传输是有实时性要求的，什么时刻必须完成哪些数据的传输，一些数据要以固定的时间间隔定时刷新，一些数据的收发应有严格的先后时序要求。还有一些动作需要严格互锁，如 A 阀打开后才能起动 B 风机，前一动作的完成是后一动作的先决条件。要确保这些动作的正确完成，就要求网络通信满足实时性、确定性、时序性要求，达不到实时性要求或因时间同步等问题而影响了网络节点间的动作时序，就有可能造成灾难性的后果。

2. 实时以太网

实时以太网是应对工业控制中的通信实时性、确定性而提出的根本解决方案，自然属于工业以太网的特色与核心技术。站在控制网络的角度来看，工作在现场控制层的实时以太网，实际上属于现场总线的一个新类型。

当前，实时以太网的研究取得了重要进展，其实时性能已经可以与其他类别的现场总线相媲美。其节点之间的实时同步精度已经可以达到毫秒甚至微秒级水平，但它仍然属于开发之中的未成熟技术。

3. 网络供电

网络传输介质在传输数字信号时，还为网络节点设备传递工作电源，被称之为网络供电。在工业应用场合，许多现场控制设备的位置分散，现场不具备供电条件，或供电受到某些易燃易爆场合的条件限制，因而提出了网络供电。因此，网络供电也是适应工业应用环境需要的特色技术之一。

IEEE 为以太网制定了 48V 直流供电的解决方案。在一般工业应用环境下，要求采用柜内低压供电，如直流 10 ~ 36V、交流 8 ~ 24V。目前工业以太网提出的网络供电方案中，一种是沿用 IEEE 802.3af 规定的网络供电方式，利用 5 类双绞线中现有的信号接收与发送这两对线缆，将符合以太网规范的曼彻斯特编码信号调制到直流或低频交流电源上，通过供电交换机向网络节点设备供电；另一种方案利用现有的 5 类双绞线中的空闲线对向网络节点设备供电。

4. 本质安全

在一些易燃易爆的危险工业场所应用工业以太网，还必须考虑本质安全防爆问题。这是在总线供电解决之后需要进一步考虑的问题。本质安全是指将送往易燃易爆危险场合的能量控制在引起火花所需能量的限度之内，从根本上防止在危险场合产生电火花，从而使系统安全得到保障。这对网络节点设备的功耗，设备所使用的电容、电感等储能元件的参数，以及网络连接部件，提出了许多新的要求。

目前以太网收发器的功耗较高，设计低功耗以太网设备还存在一些难点，真正符合本质安全要求的工业以太网还有待进一步研究。对于用于危险场合的工业以太网交换机等，目前一般采用隔爆型以太网交换机作为防爆措施。应该说，总线供电、本质安全等问题是以太网进入现场控制层后出现的新技术，属于工业以太网适应工业环境的特色技术范畴，目前还处于开发之中尚未成熟的部分。

工业以太网的特色技术还有许多，如应用层的控制应用协议、控制功能块、控制网络的时间发布与管理，都是以太网、互联网中原先不曾涉及的技术。

9.1.3 通信非确定性缓解措施

以太网的通信属于非确定性的，不能满足控制系统要准确定时通信的要求。工业以太网可利用以太网原本具有的技术优势扬长避短，缓解其通信非确定性弊端对控制实时性的影响，这些措施主要涉及以下方面。

1. 利用以太网的高通信率

相同通信量的条件下，提高通信速率可以减少通信信号占用传输介质的时间，从一个角度为减少信号的碰撞冲突、解决以太网通信的非确定性提供了途径。以太网的通信速率从 10Mbit/s、100Mbit/s 提高到 1Gbit/s，甚至更高。相对于一般控制网络的通信速率只有几十或几百 kbit/s、1Mbit/s、5Mbit/s 而言，通信速率的提高是明显的，因而对减少碰撞冲突也是有效的。

2. 控制网络负荷

从另一个角度来看，减轻网络负荷也可以减少信号的碰撞冲突，提高网络通信的确定性。控制网络本来的通信量不大，机动性、突发性通信的机会也不多，其网络通信大都可以事先预计并做出相应的通信调度安排。如果在网络设计时能考虑到控制各网段的负荷量，合理分布各现场设备的节点，就可减少以致避免冲突的产生。研究结果表明，在网络负荷低于满负荷的 30% 时，以太网基本可以满足对一般控制系统通信确定性的要求。

3. 采用全双工以太网技术

采用全双工以太网，使网络处于全双工的通信环境下，也可以明显提高网络通信的确定性。半双工通信时，一对双绞线或是发送报文，或是接收报文，无法同时进行发送和接收；而全双工设备可以同时发送和接收数据，在一个用 5 类双绞线连接的全双工交换式以太网中，一对线用来发送数据，另外一对线用来接收数据，因此一个 100Mbit/s 的网络提供给每个设备的带宽有 200Mbit/s。这样更具备通信确定性的条件。

4. 采用交换式以太网技术

在传统的以太网中，多个节点共享同一传输介质，共享网络的固定带宽。连接有 N 个节点的网段，每个节点只能分享到固定带宽的 $1/N$。交换机可以看作具有多个端口的网桥。它接收并存储通信帧，根据目的地址和端口地址表把数据转发到相应的输出端口。

采用交换机将网络切分为多个网段，为连接在其端口上的每个网络节点提供独立的带宽。连接在同一个交换机上面的不同设备不存在资源争夺，这就相当于每个设备独占一个网段，使不同设备之间产生冲突的可能性大大降低。在网段分配合理的情况下，由于网段上多数的数据不需要经过主干网传输，因此交换机能够过滤掉一些数据，使数据只在本地网络传输，而不占用其他网段的带宽。交换机之间则通过主干线进行连接，从而有效降低了各网段和主干网络的负荷，提高了网络通信的确定性。应该指出的是，采取上述措施可以使以太网通信的非确定性问题得到相当程度的缓解，但仍然没有从根本上完全解决通信的确定性与实时性问题。要使工业以太网完全适应控制实时性的要求，应采用实时以太网。

9.2　以太网通信模型

9.2.1　网络参考模型

以太网与 OSI 参考模型的对照关系如图 9-1 所示。以太网的物理层与数据链路层采用 IEEE 802.3 的规范，网络层与传输层采用 TCP/IP/UDP 协议组，应用层采用简单邮件传输协议（SMTP）简单网络管理协议（SNMP）、域名服务（DNS）协议、文件传输协议（FTP）、超文本传输协议（HTTP）等。

9.2.2　以太网物理层

以太网物理连接按 IEEE 802.3 的规定分成两个类别：基带与宽带。基带采用曼彻斯特编码，宽带采用 PSK 相移控编码。

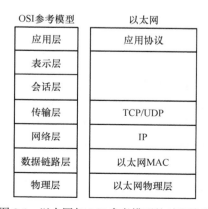

图 9-1　以太网与 OSI 参考模型的对照关系

工业以太网中运用的是基带类技术。在 IEEE 802.3 中，又把基带类按传输速率的不同（10Mbit/s、100Mbit/s、1000Mbit/s）分成不同标准。10Mbit/s 以太网又有 10Base5、10Base2、10BaseT、10BaseF 这 4 种，它们的 MAC 子层和物理层中的编码 / 译码基本相同，不同的是物理连接中的收发器及媒体连接方式。

快速以太网技术是近年来在 10BaseT 和 10BaseFL 的基础上发展起来的，分为 100BaseT4、100BaseT2、100BaseTX、100BaseFX 等，以 5 类双绞线和光纤的使用最为广泛。千兆以太网物理层支持的介质种类也很多，使用 4 对 5 类线的 1000BaseT、长波长光纤的 1000BaseCX、短波长光纤的 1000BaseSX 以及使用高质量屏蔽双绞线的 1000BaseLX 等。

9.2.3　TCP/IP/UDP 协议组

传输层包括传输控制协议（TCP/IP）和用户数据报协议（User Datagram Protocol，UDP）。应用层的协议内容十分丰富，包括 DNS、FTP、SMTP、SNTP、HTTP 等。它们称为 TCP/IP 协议组的高层协议。

1. TCP/IP 协议组

图 9-2 所示为 TCP/IP 协议组。

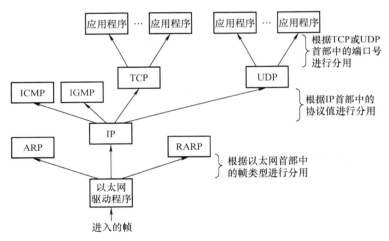

图 9-2　TCP/IP 协议组

TCP/IP（Transmission Control Protocol/Internet Protocol，传输控制协议 / 因特网协议）组指包括 TCP、IP 在内的一组协议。在 TCP/IP 协议组中，属于网络层的协议有因特网协议（IP）、地址解析协议（Address Resolution Protocol，ARP）和反向地址解析协议（RARP）、因特网控制报文协议（Internet Control Message Protocol，ICMP）与互联网组管理协议（Internet Group Management Protocol，IGMP）。

ARP 的功能是将 IP 地址转换成网络连接设备的物理地址。而 RARP 则相反，它将网络连接设备的物理地址转换为 IP 地址。ICMP 负责因路由问题引起的差错报告和控制。IGMP 则是多目标传送设备之间的信息交换协议。

2. TCP

TCP 为应用程序提供完整的传输层服务，是一个可靠的面向连接的端到端协议。通信两端在传输数据之前必须先建立连接。TCP 通过创建连接在发送者和接收者之间建立起一条虚电路，这条虚电路在整个传输过程中都是有效的。TCP 通知接收者即将有数据到达，开始一次传输，同时通过连接中断来结束连接。通过这种方法使接收者知道这是一次完整的传输过程，而不仅仅是一个包。

IP 和 UDP 把属于一次传输的多个数据包看作完全独立的单元，相互之间没有一点联系。因此，在目标地，每个数据包的到来都是一个独立的事件，是接收者所无法预期的。TCP 则不同，它负责可靠地传输比特流，这些比特流被包含在由应用程序所生成的数据单元中。可靠性是通过提供差错检测和重传被破坏的帧来实现的。在传输被确认之后，虚电路才能被放弃。

在每个传输的发送端，TCP 将长传输划分为更小的数据单元，同时将每个数据单元称为段，每个段都包括一个用来在接收后重新排序的顺序号，通过网络链路传输到接收端，TCP 对收集到的数据报文基于顺序编号重新排序。

TCP 所提供的服务范围要求 TCP 的段包含很多内容，TCP 的报文格式如图 9-3 所示。

图 9-3　TCP 的报文格式

TCP 和 UDP 用户数据包相比，TCP 建立连接、确认的过程都需要花费更多的时间，它通过牺牲时间来换取通信的可靠性。UDP 则由于无连接过程，帧短，比 TCP 更快，但 UDP 的可靠性差。

对 TCP 报文中每个域的简要描述如下。

- 源端口地址：端口地址定义源计算机上的应用程序地址。
- 目标端口地址：端口地址定义目标计算机上的应用程序地址。
- 顺序编号：顺序编号域显示数据在原始数据流中的位置。从应用程序来的数据流可以被划分为两个或更多的 TCP 段。
- 确认编号：32 位的确认编号是用来确认接收到其他通信设备的数据。这个编号只有在控制域中的 ACK 位设置之后才有效。这时，它指出下一个期望到来的段的顺序编号。

- 4 位首部长度：4 位的报文头长度域，指出 TCP 报文头的长度，这里以 32 位（4 个字节）为一个单位。4 位可以定义的最大值为 15，这个数字乘以 4 后就得到报文头中总共的字节数目。因此，报文头中最多可以是 60 字节。由于报文头最少需要 20 个字节来表达，因此还有 40 字节，可以保留给选项域使用。
- 保留位：6 位的保留域保留给将来使用。
- 控制标志位：6 位的控制标志域中的每个位都有独立的功能。图 9-4 所示为控制标志域的具体内容。这些位标志或者定义为某个段的用途，或者作为其他域的有效标记。

URG	ACK	PUH	RST	SYN	FIN

图 9-4　6 位的控制标志域的具体内容

当 URG 位被置位时，它确认紧急指针域的有效性，这个位和指针一起指明了段中的数据是紧急的。当 ACK 位被置位时，它确认了顺序编号域的有效性。URG 位和 ACK 位结合在一起，根据段类型的不同将具有不同的功能。PUH 位用来通知发送者需要一个更高的发送速率，如果可能的话，数据应该用更高的发送速率发送到通道之中。重置位 RST 在顺序编号发生混淆时进行连接重置。SYN 在 3 种类型的段中用来进行顺序编号同步：连接请求、连接确认（ACK 位被置位）、确认响应（ACK 位被置位）。FIN 位用于 3 种类型段的连接终止：终止请求、终止确认（ACK 位被置位），以及对终止响应（ACK 位被置位）。

- 窗口大小位：16 位的窗口大小域规定了滑动窗口的大小。
- 校验和位：校验和用于差错检测，是一个 16 位的域。
- 紧急指针位：这是报文头中所必需的最后一个域，它的值只有在控制标志域的 URG 位被设置后才有效。在这种情况下，发送者通知接收者段中的数据是紧急数据。指针指出紧急数据的结束和普通数据的开始。
- 选项和填充位：TCP 报文头中的剩余部分定义了可选域，可以利用它们来为接收者传送额外信息，或者用于定位。

3. IP

IP 是网络层的主要协议，它的主要功能是提供无连接的数据包传送和数据包的路由选择服务。这种无连接的服务不提供确认响应信息，不知道传送结果正确与否，因而它通常都与 TCP 一起使用。

（1）IP 数据报格式　IP 层中的报文被称为数据包，图 9-5 所示为 IP 数据包的格式。数据包是可变长度的（可以长达 65536 个字节），包含两个部分：报文头和数据。报文头大小为 20 ～ 60 个字节，包括那些对路由和传输来说相当重要的信息。

对部分域的作用简述如下。

- 版本：第一个域定义 IP 的版本号。目前的版本是 IPv4，它的二进制表示为 0100。这 4 位可以表示从 0 ～ 15 的数字。它以 4 个字节为一个单位。将报文长度域的数乘以 4，就得到报文头的长度值。报文头长度最大为 60 字节。

- 服务类型：服务类型域定义数据包应该如何被处理。它包括数据包的优先级，也包括发送者所希望的服务类型。这里的服务类型包括最大吞吐量、最高可靠性、最小花费、最小延时等四种服务。
- 总长度：总长度域定义 IP 数据包的总长度。这是一个两字节的域（16 位），能定义的长度最大可达 65536 个字节。
- 16 位标识：16 位标识域用于识别分段。一个数据包在通过不同网络时，可能需要分段以适应网络帧的大小。这时，将在 16 位标识域中使用一个序列号来识别每个段。
- 3 位标识：3 位标识域在处理分段中用于表示数据可不可以被分段，是属于第一个段、中间段还是最后一个段等。
- 段偏移：段偏移是一个指针，表示被分段的数据在原始数据报中的偏移量。

图 9-5　IP 数据包的格式

（2）IP 地址　IP 地址有别于计算机网卡、路由器的 MAC 地址，是在互联网上用于表示源地址和目标地址的一种逻辑编号。由于源计算机和目的计算机位于不同网络，故源地址和目标地址要由网络号和主机号组成。如果局域网不与 Internet 相联，则可以自定义 IP 地址；如果局域网要接到 Internet 上，则必须向有关部门申请，网络中的主机和路由器则必须采用全球唯一的 IP 地址。

IP 地址为一个 32 位的二进制数串，以每 8 位为一个字节，每个字节分别用十进制表示，取值范围为 0 ～ 255，用点分隔。例如，设有 10100110011011111010101000000010 的 32 位二进制的 IP 地址，用带点的十进制标记法就可记为 166.111.170.10。

这个表示 IP 地址的 32 位数串被分成 3 个域：类型、网络标识、主机标识。Internet 指导委员会将 IP 地址划分为 5 类，适用于不同规模的网络。IP 地址的格式如图 9-6 所示。

每个 IP 地址都有网络标识和主机标识。不同类型的 IP 地址中，网络标识和主机标识的长度各不相同，它们可能容纳的网络数目及每个网络可能容纳的主机数目区别很大。A 类地址首位为 0，网络标识占 7 位，主机标识占 24 位，即最多允许 2^7 个网络，每个网络中可接入多达 2^{24} 个主机，所以 A 类地址范围为 0.0.0.0 ～ 127.255.255.255；B 类地址的首两位规定为 10，网络标识占 14 位，主机标识号占 16 位，即最多允许 2^{14} 个网络，每个网络中可接入多达 2^{16} 个主机，所以 B 类地址的范围为 128.0.0.0 ～ 191.255.255255；C 类地址规定前 3 位为110，网络标识占用21位，主机标识占8位，即最多允许2^{21}个网络，每个网络中可接入2^8个主机，所以C类地址的范围为192.0.0.0 ～ 223.255.255.255。

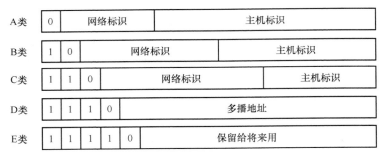

图 9-6　IP 地址的格式

实际上，每类地址都不能拥有它所在范围内的所有 IP 地址，其中有些地址要留作特殊用途。比如，网络标识号首字节规定不能是127、255 或 0，主机标识号的各位不能同时为0 或 1。这样的话，A 类地址实际上最多有 126 个网络标识号，每个 A 类网络最多可接入2^{24}-2 个主机。

（3）子网与子网掩码　使用 A 类地址或 B 类地址的单位可以把网络划分成几个部分，称为子网。每个子网对应一个部门或一个地理范围。这样会给管理和维护带来许多方便。子网的划分方法很多，常见的方法是用主机号的高位来标识子网号，其余位表示主机号。以 166.166.0.0 为例，它是一个 B 类网络。比如选取第三字节的最高两位来标识子网号，则可在 166.166.0.0 底下产生 166.166.0.0、166.166.64.0、166.166.128.0、166.166.192.0 这 4 个子网。假如把第三字节全部用于标识子网号，这样就会在 166.166.0.0 底下产生 166.166.0.0 ～ 166.166.255.0 这么多子网。

一个网络被划分为若干个子网之后，就存在一个识别子网的问题。一种方法是将原来的 IP 地址网络标识号 + 主机标识号改为 IP 地址网络标识号 + 子网号 + 主机标识号。然而，由于子网划定是各单位的内部做法，无统一的规定，那么如何来判别及描述一个 IP 地址属于哪个子网。子网掩码就是为解决这一问题而采取的措施。

子网掩码也是一个 32 位的数字。把 IP 地址中的网络地址域和子网域都写成 1，把 IP 地址中的主机地址域都写成 0，便形成了该子网的子网掩码。将子网掩码和 IP 地址进行相"与"运算，得到的结果表明该 IP 地址所属的子网号。若结果与该子网号不一致，则可判断出是远程 IP 地址。以 166.166.0.0 这个网络为例，选用第三字节的最高两位标识子网号，这样该网络的子网掩码即由 18 个 1 和 14 个 0 组成，即 255.255.192.0。设有一个 IP 地址为 166.166.89.4，它与上述掩码相"与"之后的结果为 166.166.64.0，即 166.166.89.4 属于 166.166.64.0 这一子网。当然子网地址占据了 IP 地址中主机地址的位置，会减少主机地址的数量。

如果一个网络不设置子网，将网络标识号的各位全写为 1，主机标识号的各位全写为 0，这样得到的掩码称为默认子网掩码。A 类网络的默认子网掩码为 255.0.0.0；B 类网络的默认子网掩码为 255.255.0.0；C 类网络的默认子网掩码为 255.255.255.0。

（4）路由选择　IP 是一个网络层协议，它所面对的是由多个路由器和物理网络所组成的网络。每个路由器都可能连接多个网络，每个物理网络中都可能连接若干台主机。IP 的任务则是提供一个虚构网络，找到下一个路由器和物理网络，但 IP 数据报从源主机无连接地、逐步地传送到目标主机，这就是 IP 的路由选择。路由选择是 IP 的主要功能之一。

在进行路由选择时要用到路由表，它有两个字段，即目标网络号和路由器 IP 地址，指明到达目的主机的路由信息。每个路由器都有一个路由表，路由器通过查找路由表为数据报选择一条到达目的主机的路由。这个路由并非一定是一个完整的端到端的链路，通常只要知道下一步传给哪个路由器（站点）就可以了。网络中两个节点之间的路径是动态变化的，与网络配置的改变和网络内的数据流量等情况有关。路由表的内容可以手工改变，也可以由动态路由协议自动改变。

4. UDP

用户数据包协议（UDP）是一个无连接的端到端的传输层协议，可为来自上层的数据添加端口地址、校验和以及长度信息。UDP 所产生的包称为用户数据包。UDP 的格式如图 9-7 所示。各个域的简要用途描述如下。

➢ 源端口地址：源端口地址是创建报文应用程序的地址。
➢ 目的端口地址：目的端口地址是接收报文应用程序的地址。
➢ 总长度：总长度表示用户数据包的总长度，以字节为单位。
➢ 校验和：校验和是用于差错控制的 16 位域。

图 9-7　UDP 的报文格式

UDP 仅仅提供一些在端到端传输中所必需的基本功能，并不提供任何顺序或重新排序的功能。因此，当它报告一个错误的时候，它不能指出损坏的包，它必须和 ICMP 配合使用。UDP 发现有一个错误发生了，ICMP 接着可以通知发送者有一个用户数据包被损坏或丢弃了。它们都没有能力指出是哪一个包丢失了。UDP 仅仅包含一个校验和，并不包含 ID 或顺序编号。

9.2.4　SNMP

简单网络管理协议（Simple Network Management Protocol，SNMP）属于以太网应用层协议。SNMP 最开始只是作为短期的过渡性解决方案出现的，但是它的简单和低资源消耗两大优点使它被保存下来，现在仍旧是为局域网设备提供状态信息的主要通信协议。

SNMP 为设备之间定义了一个清晰的客户端/服务器关系。管理者（Manager）通过与作为主代理（Master Agent，MA）的代理 SA 的设备进行通信获取数据，或者向被管理的设备写入新数据。Agent 的所有数据信息都存放在管理信息库（Management Information Base，MIB）中。

SNMP 是建立在 UDP 基础之上的简单请求/响应协议。它在管理器和 Agent 之间定义了 5 种报文：GetRequest、GetNextRequest、SetRequest、GetResponse 和 Trap。

GetRequest、GetNextRequest 和 SetRequest 都是管理器发出的报文，Agent 通过 GetResponse 做出响应。丢包的问题由管理器应用程序通过超时和重试的方式来进行处理。Agent 通过发送一个 Trap（跟中断非常类似）向管理器报告重要事件，管理器接到 Trap 后会马上做出响应。尤其对于大规模的复杂安装的情况，网络延时和带宽占用都很严重，这个机制能够提供比轮询优先级更高的快速响应。轮询和 Trap 两种机制混合使用可以获得更好的效果。在基于竞争的协议中，比如 HTTP，通信通常由客户端发起，可以通过 SMTP 发送通知来提供同样的功能。

Agent 的所有信息都以树形结构存放于 MIB 之中。所有管理者应用程序都能够访问和改写数据，必须存放在 MIB 中。MIB 的每一个元素都被指定了一个唯一的对象 OID（Object Identifier）。另外，每一个 OID 都必须有一个文本名称。SNMP MIB 的一个主要特性就是它是在一个唯一的命名空间里进行定义的。MIB 中包含了数以千计的标准 OID 供大家使用。

SNMP 方法从网络管理协议入手，采用统一的数据表达方式将来自不同代理设备的信息放置到 MIB 中，网络管理者可以直接从 MIB 中访问一个或者多个代理设备的数据。Agent 周期性地或通过事件的方法从工业现场获取数据来更新 MIB。在多种不同协议控制网络并存的形式下，可以借助应用层的 SNMP 来实现不同控制网络设备之间的数据交互和信息集成。

9.2.5 以太网通信信息

1. 以太网帧结构

以太网帧由 7 个域组成：前导码、帧前界定码、目的地址、源地址、长度/类型、数据域、循环冗余校验码（CRC）。对于 IEEE 802.3 以太网与普通以太网，它们的帧结构略有区别。与 Internet 标准（草案）RFC（Request For Comments）1024 中对应的是 IEEE 802.3 以太网，与 RFC894 对应的是普通以太网，图 9-8 分别显示了它们的帧结构，它们之间的区别主要在对长度/类型域的规定上。

前导码 7字节	帧前界定码 1字节	目的地址 6字节	源地址 6字节	类型 2字节	数据域 46~1500字节	CRC 4字节

a) 以太网(RFC894)帧结构

前导码 7字节	帧前界定码 1字节	目的地址 6字节	源地址 6字节	长度 2字节	数据域 46~1500字节	CRC 4字节

b) IEEE 802.3以太网的帧结构

图 9-8　以太网的帧结构

（1）前导码　前导码为 IEEE 802.3 以太网帧结构的第一个域，用来表示数据流的开始。它包含了 7 个字节（56 位）。这个域中是二进制数字"1"与"0"的交替代码，即 7 个字节均为 10101010。前导码用于通知接收端有数据帧到来，使接收端能够利用曼彻斯特编码的信号跳变来同步时钟。

（2）帧前界定码　帧前界定码是帧中的第二个域，它只有一个字节，即"10101011"，表示这一帧的实际内容即将开始，通知接收方后面紧接着的是协议数据单元的内容。

（3）目的地址　目的地址（DA）域为 6 个字节，标记了目的节点的地址。如果它的最高位为 0，则表示目的节点为单一地址；如果最高位为 1，则表示目的节点为多地址，即有一组目的节点；如果目标地址（DA）域为全 1，则表示该帧为广播帧，可被所有节点同时接收。

（4）源地址　源地址（SA）域同样也是 6 个字节，表示发送该帧的源节点地址。这个源节点可以是发送数据报的节点，也可以是最近接收并转发数据报的路由器地址。

（5）长度 / 类型　长度 / 类型域为两个字节。RFC 894 规定这两个字节用于表示上层协议的类型，而 IEEE 802.3 以太网之前规定这两个字节用于表示数据域的字节长度，其值就是数据域中包含的字节数。1997 年后又修订为当这两个字节的值小于 1536（0600H）时表示数据域的字节长度，而当它的值大于 1536 时，其值表示所传输的是哪种协议的数据，即高层所使用的协议类型。比如，IP 的代码是 0x0800，IPX 的代码是 0x8137，ARP 的代码是 0x0806。

（6）数据域　数据域的长度范围为 46 ～ 1500 个字节。46 个字节是数据域的最小长度，这样规定是为了让局域网上的所有站点都能检测到该帧。如果数据域小于 46 个字节，则由高层的有关软件把数据域填充到 46 个字节。因此，一个完整的以太网帧的最小长度应该是 46+18+8 个字节。

（7）循环冗余校验码　循环冗余校验码（CRC）即帧校验序列，是以太网帧的最后一个域，共 4 个字节。循环冗余校验的范围从目的地址域开始一直到数据域结束。发送节点在发送时就边发送边进行 CRC 校验，形成 32 位的循环冗余校验码。接收节点也从目的地址域开始，并且边接收边进行 CRC 校验，得到的结果如果与收到的 CRC 域的数据相同，则说明该传输无误，否则表明出错。CRC 校验中采用的生成多项式 $G(x)$ 为 CRC32。

$$G(x) = x^{32} + x^{26} + x^{23} + x^{22} + x^{18} + x^{12} + x^{11} + x^{10} + x^8 + x^7 + x^5 + x^4 + x^2 + x + 1 \tag{9-1}$$

以太网对接收的数据帧不提供任何确认响应机制，如果需要确认，则必须在高层完成。

2. 以太网数据封装

图 9-9 所示为以太网的帧结构与封装过程。从图中可以看到，在应用程序中产生的需要在网络中传输的用户数据，将分层逐一添加上各层的首部信息，即用户数据在应用层加上应用首部，成为应用数据后送往传输层；在传输层加上 TCP 首部或 UDP 首部，成为 TCP 或 UDP 数据报后送往网络层；在网络层加上 IP 首部成为 IP 数据报；最后加上以太网的首部和尾部，封装成以太网的数据帧。

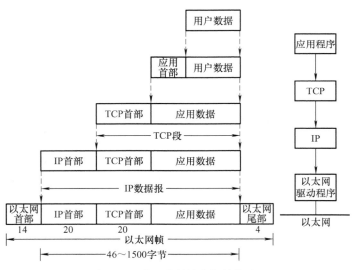

图 9-9 以太网的帧结构与封装过程

以 TCP、UDP、IP 为基础把 I/O 等工业数据封装在 TCP 和 UDP 数据报中,这种技术被称作隧道(Tunneling)技术。为了使工业数据能够以 TCP/IP 数据报的形式在以太网上传送数据,首先应将一个工业数据报按 TCP/IP 的格式封装,然后将这个 TCP 数据报发送到以太网上,通过以太网传送到与控制网络相连的网络连接设备(如网关)上。该网络连接设备收到数据报以后,打开 TCP/IP 封装,把数据发送到控制网段上。图 9-10 所示为按 TCP/IP 封装的工业数据报的结构。

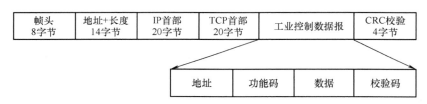

图 9-10 按 TCP/IP 封装的工业数据报的结构

工业以太网中通常利用 TCP/IP 来发送非实时数据,而用 UDP/IP 来发送实时数据。非实时数据的特点是数据报的大小经常变化,并且发送时间不定。实时数据的特点是数据报短,需要定时或周期性通信。TCP/IP 用来传输组态和诊断信息,UDP/IP 用来传输实时 I/O 数据。

在现场总线控制网络与以太网结合且用以太网作为现场总线上层(高速)网段的场合中,通常会采用 TCP/IP 和 UDP/IP 来包装现场总线网段的数据,让现场总线网段的数据借助以太网通道传送到管理层,远程传送到异地的网络上。

9.3 实时以太网

9.3.1 实时以太网通信参考模型

实时以太网属于工业以太网的特色与核心技术。当前,实时以太网还处于技术开发阶段，出现的技术种类繁多，仅在 IEC 61784-2 中就囊括了 11 个实时以太网的 PAS 文件。它们是 EtherNet/IP、PROFINET、P-NET、Interbus、VNET/IP、EtherCAT、EtherNet Powerlink、EPA、Modbus RTPS、SERCOI11 等。目前它们在实时机制、实时性能、通信一致性上都还存在很大差异。

图 9-11 所示为 PROFINET、Modbus/TCP、EtherNet/IP、Powerlink、Ether CAT 等几种实时以太网的通信参考模型。对这几种通信参考模型进行比较，图中没有填充色的矩形框表示采用与普通以太网相同的规范，而具有填充色的矩形框表示有别于普通以太网的实时以太网的特色部分。

从图 9-11 可以看到，Modbus/TCP 与 EtherNet/IP 在应用层以下的部分均沿用了普通以太网技术，因而它们可以在普通以太网通信控制器 ASIC 芯片的基础上，借助上层的通信调度软件，实现其实时功能。而 EtherCAT、Powerlink 以及具有软实时（Soft Real Time，SRT）和等时同步（Isochronous Real Time，IRT）实时功能的 PROFINET 都需要特别的通信控制器 ASIC 支持，它们的通信参考模型在底层（如数据链路层）就已经有别于普通以太网，即它们的实时功能不能在普通以太网通信控制器的基础上实现。不同的实时以太网，其实时机制与时间性能等级是有差异的。

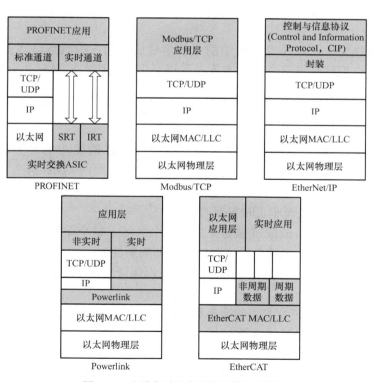

图 9-11 几种实时以太网的通信参考模型

工业以太网的数据通信有标准通道和实时通道之分。其中，标准通道按普通以太网平等竞争的方式传输数据帧，主要用于传输没有实时性要求的非实时数据。有实时性要求的数据则通过实时通道，按软实时（SRT）或等时同步（IRT）的实时通信方式传输数据帧。通过软件调度实现的软实时通信，其实时性能可以达到几毫秒；而等时同步通信的实时性能则可以达到 1ms，其时间抖动可控制在微秒级。

9.3.2 实时以太网媒体访问控制

实时以太网一方面要满足控制对通信实时性的要求，另外还需要在一定程度上兼容普通以太网的媒体访问控制方式，以便有实时通信要求的节点与没有实时通信要求的节点可以方便地共存于同一个网络。

在采用 RT-CSMA/CD 的实时以太网上，网络节点被划分为实时节点与非实时节点两类。系统中的非实时节点遵循标准的 CSMA/CD 协议，而实时节点则遵循 RT-CSMA/CD 协议。

将网络上相距最远的两个节点之间信号传输延迟时间的两倍作为最小竞争时隙。当某个节点有数据要发送时，首先侦听信道，如果在一个最小竞争时隙内没有检测到冲突，则该节点获得介质的访问控制权，开始数据报的传输。

非实时节点在数据传输中如果检测到冲突，就停止发送，退出竞争。实时节点在数据传输中如果检测到冲突，则发送长度不小于最小竞争时隙的竞争信号。实时节点在竞争过程中按照优先级决定是继续发送竞争信号，还是退出竞争而将信道让给更高优先级的节点。

某个节点发送完一个最小竞争时隙的竞争信号后，如果检测到信道上的冲突已清失，则说明其他的节点都已经退出竞争，该节点取得了信道的访向控制权，于是停止发送竞争信号，重传被破坏的数据帧。

RT-CSMA/CD 中可以保证优先权高的实时节点的实时性要求，提高了一部分节点的通信实时性。

在以太网中采用像其他现场总线那样的确定性分时调度，是为实现实时以太网提出的又一种方案。这种确定性分时调度是通过在标准以太网 MAC 层上增加实时调度层（Real+time Scheduler Layer）而实现的。实时调度层一方面要保证实时数据的按时发送和接收，另一方面要安排时间处理非实时数据的通信。

确定性分时调度方案将通信过程划分为若干个循环，每个循环又分为 4 个时段：起始（Start）时段、周期（Cycle）性通信的实时时段、非周期性通信的异步（Asynchronism）时段和保留（Reserve）时段。各时段执行不同的任务，以保证实时应用数据和非实时应用数据分别在不同的时段传输。

1）起始时段主要用于进行必要的准备和时钟同步。

2）周期性通信的实时时段主要用于保证周期性实时数据的传输，在整个周期性通信时段内为各节点传输周期性实时数据，使其安排好各自的微时隙。有周期性实时数据通信需求的节点都有自己的微时隙，各节点只有在分配给自己的微时隙内才能进行数据通信。这种确定性的分时调度方法从根本上防止了冲突的发生，为满足通信实时性创造了条件。

3）非周期性通信的异步时段主要用于传输非实时数据，为普通 TCP/IP 数据报提供通过竞争传输非实时数据的机会。

4）保留时段则用于发布时钟，控制时钟同步，或实行网络维护等。通信传输的整个过程由实时调度层统一处理。

可以看到，一旦采用这种确定性分时调度方案，其通信机制就完全不同于自主随机访问的普通 CSMA/CD 方式。实时调度的确定性分时方案为各节点的实时通信任务预定了固定的通信时间，保证了它们的通信实时性。而传输非实时 TCP/IP 数据报的任务，只能在异步时段通过竞争完成。

9.3.3　精确时间同步协议（PTP）

在网络环境下，要满足控制任务的通信实时性要求，除了要求各节点的通信调度与媒体访问控制方式具有一定程度的确定性、实时性之外，还需要各节点的时钟能准确同步，以便分布在网络各节点上的控制功能可以按一定的时序协调动作，即网络上各节点之间要有统一的时间基准，才能实现动作的协调一致。

IEEE 1588 定义了一种精确时间同步协议（Precision Time Protocol，PTP），它的基本功能是使分布式网络内各节点的时钟与该网络中的基准时钟保持同步。它不仅可用于标准以太网，也适用于采用多播技术的其他分布式总线系统。它已经受到工业以太网相关组织的广泛关注与采纳。

在由多个节点连接构成的网络系统中，每个节点都会有自己的时钟。IEEE 1588 精确时间同步是基于 IP 多播通信实现的。根据时间同步过程中角色的不同，该系统将网络上的节点划分为两类：主（Master）时钟节点和从（Slaver）时钟节点。

时间同步中，提供同步时钟源的时钟称为主时钟，它是该网段的时间基准。而与之同步，不断遵照主时钟进行调整的时钟称为从时钟。一个简单系统包括一个主时钟和多个从时钟，所有的从时钟会不断地与主时钟比较时钟属性。其时钟的同步精度可达到亚微秒级。

从一般意义上来说，任何一个网络节点都既可充当主时钟节点，也可充当从时钟节点，但实际中一般都由振荡频率稳定、精度较高的节点担任主时钟。如果网络中同时存在多个潜在的主时钟，那么将根据优化算法来决定哪一个可以成为活动主时钟。如果有新的主时钟加入系统，或现有的活动主时钟与网络断开，则重新采用优化算法决定活动主时钟。但任何时刻系统中都只能有一个活动主时钟。PTP 系统支持主时钟冗余，同时支持容错功能。

由于时钟同步过程是借助装载有时间戳的通信帧的传输过程完成的，每一个从时钟节点都通过与主时钟交换同步报文实现与主时钟的时间同步。而网络的通信传输存在延迟，因此需要测量并校正因传输延迟对偏差值造成的影响。同步过程分为两步，分别用于测量主从时钟之间的时差和传输延迟，并根据测量结果对从时钟进行校正。图 9-12 所示为时间同步过程中时钟偏移量的测量和传输延迟的测量过程。

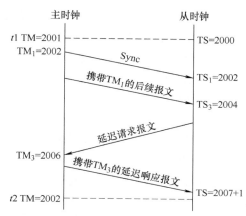

图 9-12　时钟偏移量的测量与传输延迟的测量过程

9.4 PROFINET 总线

PROFINET 成功地实现了工业以太网和实时以太网技术的统一，并在应用层使用大量的软件新技术，如 Microsoft 的 COM 技术、OPC、XML、TCP/IP and ActiveX 等。由于 PROFINET 能够完全透明地兼容各种传统的现场工业控制网络和以太网，因此使用 PROFINET 可以在整个工厂内实现统一的网络架构，实现"一网到底"。

9.4.1 PROFINET 拓扑结构

PROFINET 的网络拓扑形式包括星形、树形、总线型、环形（冗余）以及混合形等，但以 Switch 支持下的星形分段以太网为主，如图 9-13 所示。

PROFINET 的现场层布线要求类似于 PROFIBUS 对电缆的布线要求，通常使用总线型结构。当要求更高的可靠性时，可使用带冗余功能的环形结构。传输电缆要兼顾传输数据和提供 24V 电源，一般使用混合布线结构。

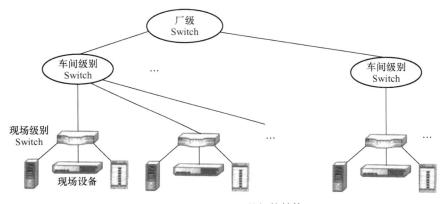

图 9-13　PROFINET 的拓扑结构

1. PROFINET 电缆

PROFINET 标准中规定的混合电缆包含了用于传输信号和对设备供电的导线，一般使用 Cu/Cu 型铜心电缆或 Cu/FO 铜缆/光缆两种。Cu/Cu 型铜心电缆的 4 芯用于数据传输，4 芯用于供电。在实践中大多采用铜心电缆，它等同于 100Mbit/s 快速以太网中所用的屏蔽双绞线。其横截面符合 AWG22 要求，采用 RJ45 或 M12 插头连接器。设备连接采用插座的形式，在连接电缆（设备连接电缆、终端电缆）的两端装上连接器。每段电缆的最大长度不超过 100m。

PROFINET 中可使用多模或单模光纤，依照 100BaseFX 协议，光纤接口遵从 ISO/IEC 9314-3（多模）规范和 ISO/1EC 9314-4（单模）规范。

光纤导体对工业现场的电磁干扰不敏感，因此它可以允许构造比铜缆更大范围的网络。对于多模光纤，每个网段的长度最多可达 2km，而对于单模光纤则可达 14km。一般使用 Cu/FO 类混合光缆，其中的两根光纤芯用于数据传输，另外的 4 根铜心用于供电。

2. PROFINET 交换机

Switch 交换机属于 PROFINET 的网络连接设备，通常称为交换机，在 PROFINET 网络中扮演着重要的角色。Switch 将快速以太网分成不会发生传输冲突的单个网段，并实现全双工传输，即在一个端口可以同时接收和发送数据，因此避免了大量传输冲突。

在只传输非实时数据报的 PROFINET 中，其 Switch 与一般以太网中的普通交换机相同，可直接使用。但是，在需要传输实时数据的场合，如具有 IRT 实时控制要求的运动控制系统，必须使用装备了专用 ASIC 的交换机设备。这种通信芯片能够对 IRT 应用提供"预定义时间槽"（Predefined Time Slots），用于传输实时数据。

为了确保与原有系统、个别的原有终端或集线器兼容，Switch 的部分接口也支持运行 10BaseTX。

9.4.2　网络参考模型

PROFINET 总线网络参考模型基于实时以太网的通信参考模型。在 PROFINET 总线中使用以太网和 TCP/UDP/IP 作为通信的构造基础，对来自应用层的不同数据定义了标准通道和实时通道，图 9-14 所示为 PROFINET 总线网络参考模型。

ISO/OSI		
7b	PROFINET I/O 设备 PROFINET I/O 协议 （IEC 61158和61784准备中）	PROFINET CBA （根据IEC 61158类型10）
7a	无连接RPC	DOCM 适应RPC的连接
6		
5		
4	UDP(RFC768)	TCP(RFC793)
3	IP(RFC791)	
2	根据IEC 61784-2的实时增强型(准备中) IEEE 802.3全双工，IEEE 802.1q优先标识	
1	IEEE 802.3 100BaseTX，100BaseFX	

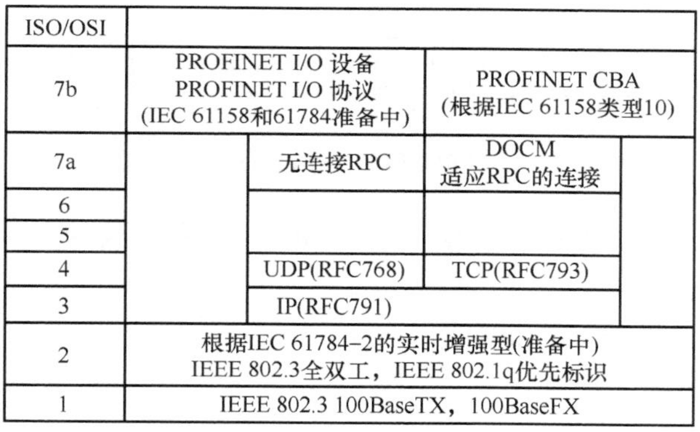

图 9-14　PROFINET 总线网络参考模型

标准通道使用的是标准的 IT 应用层协议，如 HTTP、SMTP、DHCP 等应用层协议，就像一个普通以太网的应用，它可以传输设备的初始化参数、出错诊断数据、组件互联关系的定义、用户数据链路建立时的交互信息等。这些应用对传输的实时性没有特别的要求。

9.4.3　I/O 设备模型与数据交换

针对工业现场设备，PROFINET 定义了两种数据交换方式：分散式 I/O 设备（PROFINET I/O）和分散式自动化（PROFINET CBA）方式。分散式 I/O 设备适合用于具有简单 I/O 接口的现场设备的数据通信，分散式自动化方式适用于具有可编程功能的智能现场设备和自动化设备，以便对 PROFINET 网络中各种设备的交换数据进行组态、定义、集成和控制。现场设备的特性通过基于 XML 的 GSD（General Station Description）文件来描述。

1. PROFINET I/O 设备模型

如图 9-15 所示，PROFINET I/O 使用槽（Slot）、通道（Channel）和模块（Module）的概念来构成设备模型，其中，Module 可以插入 Slot 中，而 Slot 是由多个 Channel 组成的。

与 PROFIBUS DP 中 GSD 设备的描述文件一样，PROFINET I/O 现场设备的特性也是在相应的 GSD 中描述的，它包含下列信息：

- I/O 设备的特性（如通信参数）；
- 插入模块的数量及类型；
- 各个模块的组态数据；
- 模块参数值（如 4mA）；
- 用于诊断的出错信息文本（如电缆断开、短路）。

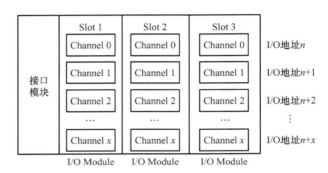

图 9-15　PROFINET I/O 设备的设备模型

GSD 文件是 XML 格式的文本。事实上，XML 是一种开放的、自我描述方式定义的标准数据格式，具有如下特点：

- 通过标准工具实现其创建和确认；
- 能集成多种语言；
- 采用分层结构。

GSD 的结构符合 ISO 15745，它由与设备中各模块相关的组态数据以及和设备相关的参数组成，另外还包含传输速度和连接系统的通信参数等。

每个 I/O 设备都被指定一个 PROFINET I/O 框架内的唯一的设备 ID，该 32 位设备标号（Device-Ident-Number）又分成 16 位制造商标识符（Manufacturer ID）和 16 位设备标识符（Device ID）两部分。制造商标识符由 PI 分配，而设备标识符可由制造商根据自己的产品指定。

2. PROFINET I/O 设备分类

PROFINET 中的设备分成如下 3 类。

1）I/O Controller（I/O 控制器）。一般如一台 PLC 等的具有智能功能的设备，可以执行一个事先编制好的程序。从功能的角度看，它与 PROFIBUS 的 1 类主站相似。

2）I/O Supervisor（I/O 监视器）。其是具有 HMI 功能的编程设备，可以是一个 PC，能运行诊断和检测程序。从功能的角度看，它与 PROFIBUS 的 2 类主站相似。

3）I/O 设备。I/O 设备指系统连接的传感器、执行器等设备。从功能的角度看，它与

PROFIBUS 中的从站相似。

在 PROFINET I/O 的一个子系统中可以包含至少一个 I/O 控制器和若干个 I/O 设备。一个 I/O 设备能够与多个 I/O 控制器交换数据。I/O 监视器通常仅参与系统组态定义和查询故障、执行报警等任务。图 9-16 所示为 PROFINET 的各种站点。图中的实线表示实时协议，虚线表示标准 TCP/IP。

I/O 控制器收集来自 I/O 设备的数据（输入）并为控制过程提供数据（输出），控制程序也在 I/O 控制器上运行。从用户的角度，PROFINET I/O 控制器与 PROFIBUS 中的 1 类主站控制器没有区别，因为所有的交换数据都被保存在过程映像（Process Image）中。I/O 控制器的任务如下：

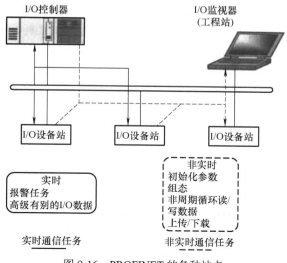

图 9-16　PROFINET 的各种站点

- 报警任务的处理；
- 用户数据的周期性交换（从 I/O 设备到主机的 I/O 区域）；
- 非周期性服务，如系统初始化参数分配、配方（Recipes）传送、所属 I/O 设备的用户参数分配、对所属 I/O 设备的诊断等；
- 与 I/O 设备建立上传和下载任务关系；
- 负责网络地址分配。

所有需要交换的数据报，其地址中都要包含用于寻址的 Module、Slot 和 Channel 号。参考 GSD 文件中的定义，由设备制造商负责在 GSD 文件中说明设备特性，将设备功能映射到 PROFINET I/O 设备模型中。

3. 设备组态和数据交换

每个 PROFINET I/O 现场设备都通过一个基于 XML 的描述标准 GSDML 的设备数据库文件 GSD 来描述，该 GSD 由制造商随着设备提供给用户。设备在组态工具中表现为一个图标，用户可使用"拖 / 放"操作来构建 PROFINET 的总线拓扑结构。

此过程在 SIMATIC 中执行起来完全类似于 PROFIBUS 系统的组态过程，所不同的是，设备的地址分配需由 I/O 控制站使用 DCP 或 DHCP 进行分配。

在组态期间，组态工程师在 I/O 监视站上对每个设备进行组态。在系统组态完成后，将组态数据下载到 I/O 控制器（类似 DP 中的主站）。PROFINET 的（主）控制器自动地对 I/O 设备（类似 DP 中的从站）进行参数化和组态，然后进入数据交换状态。图 9-17 所示的组态和数据交换示意图中，带圈的 3 个数字表示如下 3 个过程。

1）通过 GSD 文件将各设备的参数输入工程组态设计工具中。

2）进行网络和设备组态，并下载到网络中的 I/O 控制器。

3）I/O 控制器与 I/O 设备之间的数据交换开始。

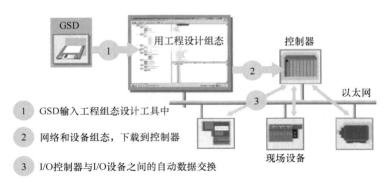

图 9-17 组态和数据交换

当出现差错时，有故障的 I/O 设备在 I/O 控制器内生成一个诊断报警。诊断信息中包含发生故障设备的槽号（Slot）、通道号（Channel）、通道类型（输入/输出）、故障的原因编码（如电缆断开、短路）和附加的制造商特定信息。

4. I/O 设备数据通信过程

PROFINET 中的 I/O 设备对过程数据（输入）进行采样，提供给 I/O 控制器，并将作为控制量的数据输出到设备。在 PROFINET 中，为了在站之间交换数据，应先定义及建立应用关系（Application Relation，AR），并在 AR 内建立通信关系（Communication Relation，CR）。PROFINET 中的应用关系如图 9-18 所示。

PROFINET 可在通信设备间建立多个应用关系。一个 I/O 设备应能支持并建立 3 个应用关系，分别用于与 I/O Controller（I/O 控制器）、I/O Supervisor（I/O 监视器）以及冗余控制器的通信。

I/O 设备是被动的，它等待 I/O 控制器或 I/O 监视器与之建立通信。I/O 控制器或 I/O 监视器可使用应用关系（AR）与 I/O 设备进行联系，建立和执行各种不同的数据通信关系（CR）。

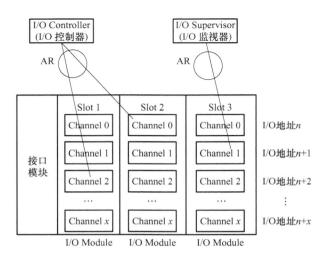

图 9-18 PROFINET 中的应用关系

（1）建立应用关系（AR） 在系统初始化和组态期间，I/O 控制器或 I/O 监视器使用一个连接帧来建立 AR。它将下列数据以数据块的方式传送给 I/O 设备。

1）AR 的通用通信参数。

2）要建立的 I/O 通信关系（CR）及其参数。

3）设备模型。

4）要建立的报警通信关系及其参数。

数据交换以设备对"Connect-Call"的正确确认开始。此时，因为尚缺少 I/O 设备的初始化参数分配，因此数据仍然可被视为无效。在"Connect-Call"之后，I/O 控制器通过记录数据 CR 将初始化参数分配数据传送给 I/O 设备。I/O 控制器传送一个"Write-Call"给每个已组态子模块的 I/O 设备。I/O 控制器用"End of Parameterization"发出初始化参数分配的结束信号。

I/O 设备用"Application Ready"发出初始化参数分配被正确接收的信号。此后，AR 就建立了。

（2）通信关系（CR）的建立 在一个应用关系（AR）内可建立多个通信关系（CR）。这些 CR 通过 Frame ID 和 Ether Type 被引用。图 9-19 所示为在一个 AR 内可存在的 3 种类型的通信关系（CR）。它们分别如下。

- I/O CR：执行周期性的 I/O 数据的读 / 写，用于 I/O 数据的周期性发送。
- Acyclic CR：非周期性地读 / 写数据，用于初始化参数的传输、诊断等。
- Alarm CR：接收报警（事件），用于报警的非周期性发送。

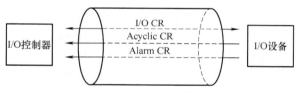

图 9-19 AR 中的 3 种通信关系

5. I/O 数据通信种类

PROFINET I/O 的数据通信分为实时部分（RealTime，RT）和非实时部分（NonReaiTime，NRT）。实时部分又分为周期性通信和非周期性通信，用于完成高级别实时数据的传输。事件的非周期性传递，主要有：初始化、设备参数赋值和人机通信等没有严格时间要求的数据传输。

（1）非实时（NRT）通信 一般有如下情况通过 NRT 方式通信。

- 通信关系中上下关系的管理 / 建立，如在初始化期间建立一个通信关系（CR）、初始化期间的参数分配等。
- 非实时信息的自发交换，如读诊断信息、交换设备信息、读 / 修改设备参数、下载 / 读与过程有关的信息、读并修改一般通信参数等。

（2）实时（RT）周期性通信 指定下列情况通过实时通道。

- 发送 I/O 数据值。

- 通信关系（CR）的监视。当重要的通信关系发生问题时，必须迅速将进程切换至安全状态。

（3）实时非周期通信　非周期数据也使用实时通道来发送。这些情况如下。

- 报警（重要诊断事件）。
- 通用管理功能，如名称分配、标识和 IP 参数的设置等。
- 时间同步。
- 邻居识别，即各站给其毗邻的邻居发送一个帧，将自己的 MAC 地址、设备名称和发送此帧的端口号告诉其邻居。
- 网络组件内介质冗余的管理信息。

（4）其他　通常包含在 IP 栈中的用户协议数据如下。

- DHCP：当相应的下部结构可以使用时，用于分配 IP 地址和有关参数。
- DNS：用于管理逻辑名称。
- SNMP：用于读出状态、统计信息和检测通信差错。
- ARP：用于将 IP 地址转换成以太网地址。
- ICMP：用于传递差错信息。

除了实时协议外，其他协议属于标准协议。

9.4.4　CBA 组件模型与数据交换

基于组件自动化（Component Based Automation，CBA）的数据交换成为新兴趋势，这种方式也被称为组件模型（Component Model）。

从整个生产车间的角度看，一个生产线可以看成是由多个具备可编程功能的智能现场设备和自动化设备组成的。基于这样的观点，PROFINET 提供了 CBA 数据交换和控制方式。它将工厂中的相关机械部件、电气 / 电子部件和应用软件等具有独立工作能力的技术功能模块抽象成一个封装好的组件，各组件间使用 PROFINET 连接。可通过 SIMATIC iMap 软件，采用图形化组态方式实现各组件间的通信配置，不需另外编程，因而简化了系统组态及调试过程。同时，这种基于技术功能模块而开发的分布式自动化系统，实现了装备和机器的模块化设计，可使原有设计大量重用，从而减少了工程设计成本。

1. 技术功能模块

在 PROFINET 设计中，设定制造过程自动化装备的功能是通过所定义的机械、电气 / 电子设备和控制逻辑 / 软件的互操作来实现的。因此，PROFINET 定义了与生产过程有关、包括以下几个方面内容的模块：

- 机械特性；
- 电气 / 电子特性；
- 控制逻辑 / 软件特性。

由这些技术要素构成的一个紧密单元，被称为"工艺技术模块"或"技术功能模块"（Technology Module）。

（1）技术功能模块构成　技术功能模块代表一个系统中的某个特定部分。在定义技术功能模块时，必须周密地考虑它们在不同装备中的可再用性、有关成本以及实用性。应依据模块化原理定义各个组件，以便尽可能容易地将它们组合成整个系统。

（2）技术功能模块与组件　从用户的角度出发，组件（Component）可表示出技术功能模块上的输入 / 输出数据，并且可以通过软件接口对组件从外部进行操作。一个组件可由一个或多个物理设备上的技术功能模块组成。

每个 PROFINET 组件都有一个接口，它包含能够与其他组件交换或用其他组件激活的变量。PROFINET 组件接口遵照 IEC 61499 的规定。PROFINET CBA 定义了对组件接口的访问机制，但它并不关心应用程序如何处理该组件中的输入数据以及使用哪个逻辑操作来激活该组件的输出。

PROFINET 组件接口采用标准的 COM/DCOM，它允许对预组装组件的应用开发，可以由用户灵活地将这些组件组合为所需要的块，并可以在不同装备内部独立地实现或重复使用。

2. 组件的描述

在 PROFINET CBA 中，每一个设备站点都被定义为一个"工程模块"，可为它定义一系列（包括机械、电子和软件 3 个方面）属性，对外可把这些属性按照功能分块封装为多个 PROFINET 组件，每个 PROFINET 组件都有一个接口，所包含的工艺技术变量可通过接口与其他组件交换数据。可以通过一个连接编辑器（Connection Editor）工具定义网络上各个组件间的通信关系，并通过 TCP/IP 数据包下载到各个站点。

PROFINET CBA 组件的描述采用 PROFINET 设备描述（PCD），PCD 通常在创建用户软件（项目）后由系统设计工程师用开发工具来创建。PROFINET 组件描述（PCD）采用 XML 文件，运用 XML 可以使描述数据与制造商和平台格式无关。

PCD 的 XML 文件可以采用制造商专用工具来创建，该工具（如西门子公司的 STEP 7 Simatic Manager）应该有一个" Create Component "的组件生成器。PCD 文件也可使用独立于制造商的 PROFINET 组件编辑器来创建，此编辑器可以通过网站（www.profinet.com）下载。PCD 文件中包含 PROFINET 组件的功能和对象信息，这些信息包括：

1）作为库元素的组件描述组件标识符、组件名称；

2）硬件描述 IP 地址、对诊断数据的访问、互联（信息）的下载；

3）软件功能描述软件对于硬件的分配、组件接口、变量的特性，如它们的技术功能模块名称、数据类型和方向（输入或输出）；

4）组件项目的缓存器。

PROFINET 的组件实际上可被看成一个被封装的可再使用的软件单元，如同一个面向对象的软件技术中采用的"类"的概念。各个组件可以通过它们的接口进行组合并可以与具体应用互联，建立与其他组件的关系。因为 PROFINET 中定义了统一访问组件接口的机制，因此组件可以像搭积木那样灵活地组合，而且易于重复使用。用户无须考虑它们内部的具体实现。

组件由机器或设备的生产制造商创建。组件库形成后可重复使用。在组件定义期间，应考虑组件使用的灵活性，能方便地使用模块化原理将组件组合成完整的系统。组件的大小可从单台设备伸展到具有多台设备的成套装置。

3. 组件互联和组态

使用 PROFINET 组件编辑器时，只需简单地在"系统视图"下建立组件，将已经创建的 PROFINET 组件从库内取出，并将它们在"网络视图"下互联，便可构成一个应用系统。

这种使用简单图形组态的互联方法代替了以前的编程式组态。原有的编程式组态需要用户具备对设备内部通信功能集成的详细知识，要求熟悉设备是否能够彼此通信，何时发生通信，以及通信在哪个总线系统上发生等情况。而利用 PROFINET 组件编辑器进行组态，就不必深入了解每一组件的具体通信功能。

组件编辑器将贯穿整个系统的各个分布式应用，它可组态任何厂商的 PROFINET 组件。互联这些组件后，单击鼠标就可将连接信息代码以及这些组件的组态数据下载到 PROFINET 设备。每台设备都会根据组态数据了解有关的通信对象、通信关系和可交换的信息，从而执行该分布式应用任务。

9.4.5 PROFINET 通信的实时性

PROFINET 通信标准的关键特性包括以下方面。

1）在一个网段上同时存在实时通信和基于 TCP/IP 的标准以太网通信。

2）实时协议适用于所有应用，包括分布式系统中组件之间的通信以及控制器与分散式现场设备之间的通信。

3）从一般性能到高性能和时间同步的实时通信。

针对现场控制应用对象的不同，PROFINET 中设计了 3 种不同时间性能等级的通信。这 3 种性能等级的 PROFINET 通信可以覆盖自动化应用的全部范围。

1）采用 TCP/UDP/IP 标准传输没有严格时间要求的数据，如对参数赋值和组态。

2）采用软实时（SRT）方式传输有实时要求的过程数据，用于一般工厂自动化领域。

3）采用等时同步实时（IRT）方式传输对时间要求特别严格的数据，如运动控制等。

这种可根据应用需求而变化的通信是 PROFINET 的重要优势之一，它确保了自动化过程的快速响应时间，也适应企业管理层的网络管理。图 9-20 给出了 3 种通信方式实时性变化的大概情况。

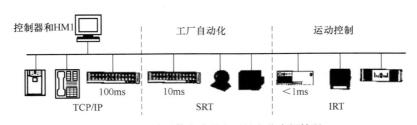

图 9-20　3 种通信方式的实时性变化大概情况

实时通道分为 SRT 和 IRT 两种方式。其中的 SRT（Soft Real Time，软实时）通道是基于以太网第 2 层的实时通道，它能减少通信协议栈处理实时数据所使用的运行时间，提高过程数据刷新的实时性能；对于时间要求更为苛刻的运动控制来说，PROFINET 采用等时同步实时（Isochronous Real Time，IRT）通信。IRT 通道使用了一种独特的数据传输方式，它为关键数据定义专用时间槽，在此时间间隔内可以传输有严格实时要求的关键数据。

下面就 PROFINET 的两种数据交换方式来具体讨论标准通道和实时通道。

1. PROFINET I/O 通信实时性（实时通道）

对于 PROFINET I/O，在建立时可以调用基于 UDP/IP 的 RPC（远程协助）功能来完成分散式现场设备的参数赋值和诊断，进行设备之间的数据交换等。

在典型的 PROFINET I/O 的组态中，I/O 控制器通过预先定义的通信关系与若干台分散式现场设备（I/O 设备）交换周期性数据。在每个周期中，将输入数据从指定的现场设备发送给 I/O 控制器，而输出数据则被回送给相应的现场设备。

此时的 I/O 控制器如同 PROFIBUS 中的主站，它通过监视所接收的循环报文来监控每一个 I/O 设备（从站）。如果输入帧不能在 3 个周期内到达，那么 I/O 控制器就判断出相应的 I/O 设备已产生故障。

2. PROFINET CBA 组件通信（标准通道）

在 PROFINET CBA 组件之间的数据交换方式中，DCOM（分布式 COM）被规定作为 PROFINET 组件之间基于 TCP/IP 的公共应用协议，用于网络中的对象分发和它们之间的互操作。PROFINET 中采用 DCOM 来进行设备参数赋值、读取诊断数据、建立组态和交换用户数据等。注意，此时它使用标准通道。

TCP/IP 和 DCOM 已经形成了标准的公共"语言"，这种语言在任何情况下都可用来启动建立设备之间的通信。

用户数据是通过 DCOM 交换还是通过实时通道交换是由用户在工程设计中组态时决定的。当启动通信时，通信设备的双方必须确认是否有必要使用一种有实时能力的协议。

PROFINET 实时通道用于传输对时间有严格要求的实时数据。在组态工具中，用户可选择是否按变化设置通信。在数据变化率高的情况下，选择周期性传输更佳。

9.4.6　PROFINET 总线数据集成

许多与 Internet 相关的技术可以较容易地实现。本小节将介绍 PROFINET 中的 IP 地址管理、Web 服务、OPC 接口的数据集成方式。

1. IP 地址管理

PROFINET 中对网络用户（PROFINET 设备）分配 IP 地址的方法如下。

（1）使用制造商专用的组态 / 编程工具分配 IP 地址　当在网络上不能使用网络管理系统来分配地址的情况下可以用此方案。PROFINET 定义了专门的 DCP（发现和基本配置），该协议允许使用制造商专用的组态 / 编程工具给 IP 参数赋值，或者使用工程设计工具（如 PROFINET 连接编辑器）给 IP 参数赋值。

（2）使用 DHCP 自动分配地址　目前，动态主机配置协议（DHCP）已经成为事实上的局域网中地址分配的标准协议，普遍用在办公环境中的网络管理系统，对网络内站点分配和管理 IP 地址。PROFINET 也可采用该协议进行地址分配。为此，PROFINET 中还定义了如何能在 PROFINET 环境下优化使用 DHCP。在 PROFINET 设备中实现 DHCP 是一种可选方案。

2. Web 服务

PROFINET 可以充分利用基于互联网的各种标准技术，如 HTTP、XML、HTML，或使用 URL 编址的 Web 客户机访问 PROFINET 组件等。在基于组件的 Web 实现中可以使用统一的接口和访问机制无缝地集成 PROFINET 专用的信息，组件的创建者能通过该 Web 快速获得工艺技术数据。

PROFINET 自动化系统的系统体系结构都支持 Web 集成，特别是通过代理服务器可将各种类型的现场总线连接起来。PROFINET 规范包括了相应的对象模型，这些模型描述了 PROFINET 组件、现有 Web 组件以及 PROFINET Web 集成的元素之间的相互关系。Web 集成功能对于 PROFINET 是可选的。

3. OPC 的数据集成方式

OPC 是指 OLE for Process Control，即应用于过程控制的 OLE（Object Linking and Embedding）。OLE 是对象链接和嵌入技术。它是自动化控制业界与 Microsoft 合作开发的一套数据交换接口的工业标准。OPC 以"OLE/COM+ 技术"为基础，统一了从不同地点、厂商、类型的数据源获得数据的方式。图 9-21 所示为 OPC-DA 和 OPC-DX 跨网络的数据交换。

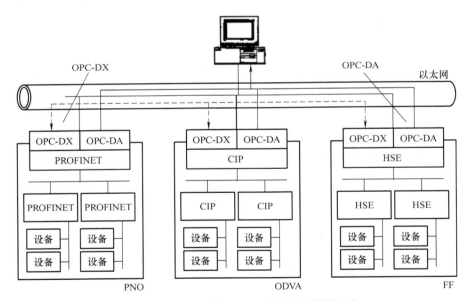

图 9-21 OPC-DA 和 OPC-DX 跨网络的数据交换

OPC 是自动化技术中应用程序之间进行数据交换的一种应用广泛的数据交换接口技术。OPC 支持多制造商设备间的灵活性选择，并支持设备之间无须编程的数据交换。

OPC-DX 不同于 PROFINET，PROFINET 是面向对象的，而 OPC-DX 是面向标签的，也就是说，此时的自动化对象不是 COM 对象，而是标签。它使得 PROFINET 系统的不同部分之间的数据通信成为可能。下面详细解释 PROFINET 中的两种 OPC 的实现方式。

（1）OPC-DA　OPC-DA（数据访问）是一种工业标准，它定义了一套应用接口，使得测量和控制设备数据的访问、查找 OPC 服务器和浏览 OPC 服务器成为一个标准过程。

（2）OPC-DX　OPC-DX 是 OPC-DA 规范的扩展，它定义了一组标准化的接口，用于数据交换和以太网上服务器与服务器之间的通信。OPC-DX（数据交换）定义了不同厂商的设备和不同类型控制系统之间没有严格时间要求的用户数据的高层交换，如 PROFINET 和 EtherNet/IP 之间的数据交换。但是，OPC-DX 不允许直接访问不同系统的现场层。

OPC-DX 特别适合用于以下场合。

1）在需要集成不同制造商的设备、控制系统和软件的场合。通过 OPC-DX，对多制造商设备组成的系统，使用相同的数据访问方式。

2）用于制造商根据开放的工业标准制造具备互操作性和数据交换能力的产品。

开发 OPC-DX 的目的是使各种现场总线系统与以太网的通信具有最低限度的互操作性，它在技术上表现为如下两个方面。

1）每个 PROFINET 节点都可编址为一个 OPC 服务器，基本性能以 PROFINET 运行期间实现的形式而存在。

2）每个 OPC 服务器都可通过一个标准的适配器作为 PROFINET 节点运行。这是通过 OPC Objective（组件软件）实现的，该软件以 PC 中的一个 OPC 服务器为基础实现 PROFINET 设备。此组件只需实现一次，此后可用于所有的 OPC 服务器。

9.4.7　PROFINET 与其他总线集成

PROFINET 为与其他总线集成提供了两种方法，即基于代理设备的集成和基于组件的集成。

1. 基于代理设备的集成

代理设备 Proxy 负责将 PROFIBUS 网段、以太网设备以及其他现场总线、DCS 等集成到 PROFINET 系统之中，由代理设备完成 COM 对象之间的交互。图 9-22 所示为 PROFINET 通过代理设备 Proxy 与其他现场总线的网络集成。

代理设备将所挂接的设备抽象为 COM 服务器，设备之间的数据交互转换成 COM 服务器之间的相互调用。这种方法的最大优点是可扩展性好，只要设备能够提供符合 PROFINET 标准的 COM 服务器，该设备就可以在 PROFINET 系统中正常运行。这种方法可通过网络实现设备之间的透明通信（无须开辟协议通道），确保对原有现场总线中设备数据的透明访问。

在 PROFINET 网络中，代理设备是一个与 PROFINET 连接的以太网站点设备，对于 PROFIBUS DP 等现场总线网段来说，代理设备可以是 PLC、基于 PC 的控制器或一个简单的网关。

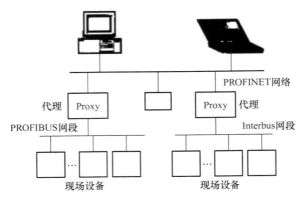

图 9-22 PROFINET 通过代理设备 Proxy 与其他现场总线的网络集成

2. 基于组件的集成

基于组件的集成，可以将原有的整个现场总线网段作为一个"大组件"集成到 PROFINET 中，在组件内部采用原有的现场总线通信机制（如 PROFIBUS DP），而在该组件的外部则采用 PROFINET 机制。为了使现有的设备能够与 PROFINET 通信，组件内部的现场总线主站必须具备 PROFINET 功能。

可以采用上述方案集成多种现场总线系统，如 PROFIBUS、FF、DeviceNet、Interbus、CC-Link 等。其做法是，定义一个总线专用的组件接口（用于该总线的数据传输）映像，并将它保存在代理设备中。这种方法方便了原有的各种现场总线与 PROFINET 的连接，能够较好地保护用户对现有现场总线系统的投资。

9.5 EtherNet/IP 总线

为了适应以太网的工业应用，各协议都进行了针对性的改良，其中由 DeviceNet 及 ControlNet 发展得到 Ethernet/IP 总线，其核心是在应用层采用 CIP（Control and Information Protocol）与以太网结合。

9.5.1 EtherNet/IP 网络参考模型

EtherNet/IP 自上而下从应用层来完成以太网和工业应用结合的过程，EtherNet/IP 额外加入网络层和传输层，和现场总线可以通过工业路由器相连。图 9-23 所示为 EtherNet/IP 与 OSI 参考模型的比较。

EtherNet/IP 由 IEEE 802.3 物理层和数据链路层标准、TCP/IP 协议组、控制与信息协议（Control and Information Protocol，CIP）3 个部分组成。EtherNet/IP 总线的特色部分是 CIP 部分，其开发是为了提高设备间的互操作性。CIP 一方面提供实时 I/O 通信，另一方面实现信息的对等传输。其控制部分用来实现实

图 9-23 EtherNet/IP 与 OSI 参考模型的比较

时 I/O 通信，信息部分用来实现非实时的信息交换。

9.5.2　EtherNet/IP 物理层

EtherNet/IP 网络是采用商业以太网通信芯片和物理介质，采用星形拓扑结构，利用以太网交换机实现各设备间的点对点连接的工业以太网技术，能同时支持 10Mbit/s 和 100Mbit/s 以太网的商业产品。它的一个数据包最多可达 1500 字节，数据传输速率可达 10Mbit/s 或 100Mbit/s，因而采用 EtherNet/IP 便于实现数据的高速传输。

9.5.3　CIP 的对象与标识

图 9-24 所示为网络参考模型中的 CIP。

控制与信息协议（CIP）属于应用层协议，用于 EtherNet/IP、ControlNet、DeviceNet 等网络系统中。CIP 包含了各种工业实时控制需要的服务和行规（Profiles），采用生产 / 消费模式进行信息传递。CIP 将网络上的数据按照有实时控制要求的和没有实时控制要求的以不同的优先等级区别对待，CIP 本身和下层介质无关，因此易于移植及扩展。

CIP 采用面向对象的设计方法，为操作控制设备和访问控制设备中的数据提供服务集。它运用对象来描述控制设备中的通信信息、服务、点的外部特征和行为等。

可以把对象看作对设备中一个特定组件的抽象。每个对象都有自己的属性（Attribute），并提供一系列的服务（Service）来完成各种任务，在响应外部事件时具备一定的行为（Behavior）特征。作为控制网络节点的自控设备可以被描述为各种对象的集合。CIP 把一系列标准的、自定义的对象集合在一起，形成对象库。

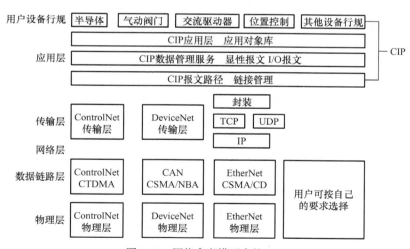

图 9-24　网络参考模型中的 CIP

具有相同属性集（属性值不一定相同）、服务和行为的对象被归纳成一类对象。类（Class）实际上是指对象的集合，而类中的某一个对象称为该类的一个实例（Instance）。对象模型是设备通信功能的完整定义集。CIP 的对象模型如图 9-25 所示。

图 9-25 中的对象可以分成两种：预定义对象和自定义对象。预定义对象由规范规定，主要描述所有节点必须具备的共同特性和服务，如链接对象、报文路由对象等；自定义对象

指应用对象，它描述每个设备特定的功能，由各生产厂商来规定其中的细节。

CIP 应用层软件设计采用对象的属性、服务和行为来描述。构成一个设备需要不同的功能子集，也需要不同类型的对象。每个对象类都有唯一的一个对象类标识 Class ID，它的取值范围是 0 ～ 65535；每个对象类中的对象实例也都被赋予一个唯一的实例标识 Instance ID，它 的 取 值 范 围也是 0 ～ 65535；属性标识

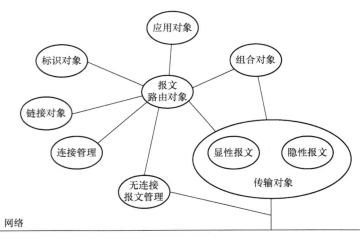

图 9-25　CIP 的对象模型

Attribute ID 用于唯一地标识每个类或对象中的具体属性，取值范围为 0 ～ 255；服务代码 Service Code 用于唯一地标识每个类或对象所提供的具体服务，取值范围为 0 ～ 255。通过这些标识代码可识别对象，理解通信数据包的意义。

9.5.4　EtherNet/IP 报文种类

在 EtherNet/IP 控制网络中，设备之间在 TCP/UDP/IP 的基础上通过 CIP 来实现通信。CIP 采用控制协议来实现实时 I/O 报文传输或者内部报文传输，用信息协议来实现信息报文交换或者外部报文传输。CIP 把报文分为 I/O 数据报文、信息报文与网络维护报文 3 种。

1. I/O 数据报文

I/O 数据报文利用 UDP 的高速吞吐能力，采用 UDP/IP 传输。I/O 数据报文又称为隐性报文，隐性报文中包含应用对象的 I/O 数据，没有协议信息，数据接收者知道数据的含义。这种隐性报文仅能以面向连接的方式传送，面向连接意味着数据传送前需要建立和维护通信连接。

2. 信息报文

信息报文通常指实时性要求较低的组态、诊断、趋势数据等，一般为比 I/O 数据报文大得多的数据包。信息报文包采用 TCP/IP，并利用 TCP 的数据处理特性。

信息报文属于显性报文，需要根据协议及代码的相关规定来理解报文的意义，或者说，显性报文传递的是协议信息。可以采用面向连接的通信方式，也可以采用非连接的通信方式来传送显性报文。非连接的通信方式不需要建立或维护链路连接。

3. 网络维护报文

网络维护报文指在一个生产者与任意多个消费者之间起网络维护作用的报文，在系统专门指定的维护时间内，由地址最低的节点在此时间段内发送时钟同步和一些重要的网络

参数，以使网络中的各节点同步时钟，调整与网络运行相关的参数。网络维护报文一般采用广播方式发送。

9.5.5　EtherNet/IP 技术特点

由于 EtherNet/IP 建立在以太网与 TCP/IP 的基础上，因而继承了它们的优点，具有高速率传输大量数据的能力。每个数据包最多可容纳 1500 个字节，传输速率为 10Mbit/s 或 100Mbit/s。EtherNet/IP 网络上典型的设备有主机、PLC 控制器、机器人、HMI、I/O 设备等。典型的 EtherNet/IP 网络使用星形拓扑结构，多组设备连接到一个交换机上以实现点对点通信。星形拓扑结构的好处是同时支持 10Mbit/s 和 100Mbit/s 产品，并可混合使用，因为多数以太网交换机都具有 10Mbit/s 或 100Mbit/s 的自适应能力。星形拓扑易于连线、检错和维护。

EtherNet/IP 现场设备的另一特点在于它具有内置的 Web Server 功能，不仅能提供 WWW 服务，还能提供诸如电子邮件等众多的网络服务，其模块、网络和系统的数据信息可以通过网络浏览器获得。

9.6　HSE 总线

9.6.1　HSE 拓扑结构

HSE（High Speed Ethernet）是现场总线基金会对 H1 的高速网段提出的解决方案。HSE 现场总线技术的一个关键特点是 HSE 现场设备支持标准的基本功能模块，如模拟输入（AI）、模拟输出（AO）和比例积分微分（PID），也包括新的、具体应用于离散控制和 I/O 子系统集成的柔性功能模块（FFB），FFB 使用标准的编程语言。尽管 FFB 是 HSE 的一部分，但是它也适用于 H1。链接设备和 HSE 现场设备可以结合成一个单一的、节约成本的、强大的物理设备，用于各种批处理、PLC 和连续控制。另外，HSE 和设备可实现冗余，以适应应用中容错的需要。

现场总线基金会将 HSE 定位于将控制网络集成到 Internet 系统的技术中。HSE 采用链接设备将远程 H1 网段的信息传送到以太网主干上。这些信息可以通过以太网传送到主控制室，并进一步传送到企业的 ERP 和管理系统，操作员在主控室可以直接使用网络浏览器等工具查看现场的操作情况，也可以通过同样的网络途径将操作控制信息传送到现场。HSE 结构采用星形拓扑结构，如图 9-26 所示。

链接设备（Linking Device）将 FF H1 网络连接到 HSE 网段上。

HSE 主机可以与所有链接设备和链接设备上挂接的 H1 设备进行通信，使操作数据能传送到远程现场设备，并接收来自现场设备的数据信息，实现监控和报表功能。监视和控制参数可直接映射到标准柔性功能块（Flexible Function Block）中。

9.6.2　HSE 网络参考模型

图 9-27 所示为 HSE 通信模型的分层结构。

图 9-28 所示为各层的模块结构。像 EtherNet/IP 那样，它的物理层与数据链路层采用以

太网规范，不过这里指的是 100Mbit/s 以太网；网络层采用 IP；传输层采用 TCP/UDP；而应用层是具有 HSE 特色的现场设备访问代理（Field Device Access，FDA）。

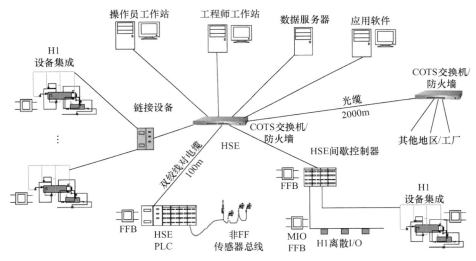

图 9-26　HSE 结构的星形拓扑结构

它也像 H1 那样在标准的 7 层模型之上增加了用户层，并按 H1 的惯例，HSE 把从数据链路层到应用层的相关软件功能集成为通信栈，称为 HSE Stack。简而言之，可以把 HSE 看作工业以太网与 H1 技术的结合体。现场设备访问（FDA）代理为 HSE 提供接口。用户层包括功能模块、设备描述（DD）、功能文件（CF）以及系统管理（SM）等功能。

9.6.3　HSE 柔性功能块

HSE 技术的最大特点就是柔性功能块。柔性功能块（FFB）可用于进行复杂的批处理和混合控制应用。FFB 支持数据采集的监控、子系统接口、事件顺序、多路数据采集、PLC 和其他协议通信的网间连接。将通常运行于控制器中的功能块下放到设备当中，使设备真正成为智能仪表，而不是简单的传感器和执行器，一旦组态信息下载后就可以脱离工作站独立运行。

图 9-27　HSE 通信模型的分层结构

HSE 也使用标准的 FF 功能块（基本功能模块、高级功能模块），如 AI、AO 和 PID 等，这样就保证了控制网络所有层次上数据表达的统一。在这个基础上，HSE 又增加了柔性功能块，并允许 H1 设备与 HSE 设备之间的混合运行。HSE 功能块如图 9-29 所示。

柔性功能块（FFB）包括为离散控制、间歇过程控制、混合系统控制等而开发的功能模块。柔性功能块能把远程 I/O 和控制系统集成起来，它是 HSE 的一个核心部分。

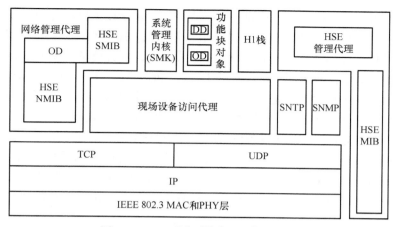

图 9-28　HSE 通信系统各层的模块结构

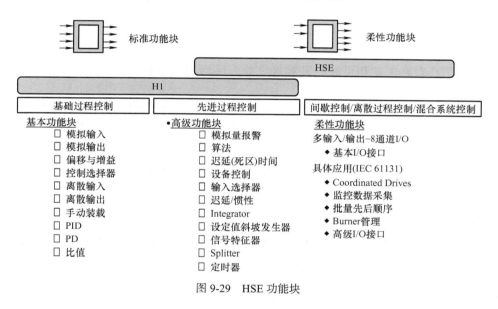

图 9-29　HSE 功能块

　　将控制功能放置在 HSE 链接设备中，HSE 链接设备和现场设备可以组成由控制网络传递数据信息的控制系统，用于现场的过程控制、批量控制和逻辑控制。链接设备可以被置于距离生产现场很近的通信交汇点，可距阀门或者其他测量单元、执行单元很近，以构成彻底分散在现场的控制系统。这样，当监控系统出现故障时，对生产现场控制作用的影响可减到最小。

　　HSE 支持对交换机、链接设备的冗余配置与接线，也能支持危险环境下的本质安全（IS）。HSE 理想的传输介质是光纤，可以用一根光纤将距离危险区很近的 HSE 链接设备链接到以太网上。链接设备可以处理现场的单元和批量控制，用户可以减少安装在架上的 I/O 设备和控制器的数量，进一步简化现场设备和布线。

9.6.4　HSE 链接设备

　　HSE 技术的核心部分就是链接设备（LD），链接设备是 HSE 体系结构中将 H1（31.25kbit/s）

设备连接到 100Mbit/s 的 HSE 主干网的关键组成部分。基于以太网的主机系统能够对链接设备上面挂接的子系统和基于 HSE 的设备进行组态和监视。HSE 链接设备同时具有网桥和网关的功能，它的网桥功能能够用来连接多个 H1 总线网段，并且能够使不同 H1 网段上面的 H1 设备之间进行对等通信，而无须主机系统的干预。同时 HSE 主机可以与所有的链接设备和链接设备上挂接的设备进行通信，把现场数据传送到远端服务器，实现监控、分析、展示等功能，网络中的实时发布和链路活动调度器（LAS）都可以由链接设备承担，一旦组态信息下载到设备当中，即使主机断开，链接设备也可以让整个 HSE 系统正常工作。

链接设备的网关功能允许将 HSE 网络连接到其他的工厂控制网络和信息网络中。HSE 链接设备不需要为 H1 子系统做报文解释工作，它将来自 H1 网段的报文集合起来，并且将 H1 地址转换为 IPv4 或者 IPv6 地址；把其他网络参数、监视和控制参数映射到标准的基金会功能块或者柔性功能块中。

9.6.5　HSE 总线特征

1. 冗余技术

HSE 除了具有高带宽和更好的开放性之外，灵活的网络和设备冗余技术以及柔性功能块技术是 HSE 的两个特色技术。

HSE 规范支持包括标准以太网应用的冗余。HSE 冗余提供通信路径冗余（冗余网络）和设备冗余两类，允许所有端口通过选择来连接不同路径。通信路径冗余是 HSE 交换机、链接设备和主机系统之间的物理层介质冗余，或称介质冗余。路径冗余对应用是透明的，当其中一条路径发生中断时，可选用另一条路径通信。设备冗余是为了防止由于单个 HSE 设备的故障而造成控制失败，在同一网络中附加多个相同设备。

2. 实时性

FF HSE 主要使用 UDP 来传输重要的控制信息，这些信息对实时性有较高要求。而对于一些实时性要求并不是那么苛刻的通信，则使用 TCP 传输。FF HSE 没有更多保证实时性的措施。

9.7　工业以太网在实时系统应用

9.7.1　嵌入式以太网智能节点

控制网络中需要实时通信技术的支持，但也并非是所有的测量控制系统都有严格的实时性要求。由于普通以太网原本就具有交换技术与高传输速率，再加上在控制网络设计之初就注意有效配置网络负荷，使得基于普通以太网通信技术的控制网络也可以满足一些对实时性要求不那么高的测量控制系统的需要。

嵌入式以太网节点，是指采用带普通以太网通信接口的 ASIC 芯片构成的测量控制节点。随着 ASIC 芯片集成度的提高与功能的增强，单个芯片内就可包括 CPU、存储器、多种通信接口、I/O 接口等。采用带以太网接口的多功能芯片，添加驱动、隔离电路等，便可形成嵌入式以太网控制节点。

UBICOM 公司的 IP2022、RABBIT 公司的 RABBIT2000 等嵌入式 CPU 芯片，都属于可用于作为嵌入式以太网节点的芯片。IP2022 是 UBICOM 公司专门为网络应用而设计的单片机。它在具有强大网络通信功能的同时，还具有一定的 I/O 处理能力，适合作为智能节点的核心芯片。

IP2022 包括主运算单元（CPU）、程序和数据存储器、通用定时器、多种网络通信接口、模 / 数转换器和通用 I/O 接口等，只需要增加少量外围电路，就能实现不同的应用系统。它的优点是能支持多种通信接口，如 10BaseT EtherNet、USB、SPI、UART、Bluetooth 等。图 9-30 所示为 IP2022 的结构框图。

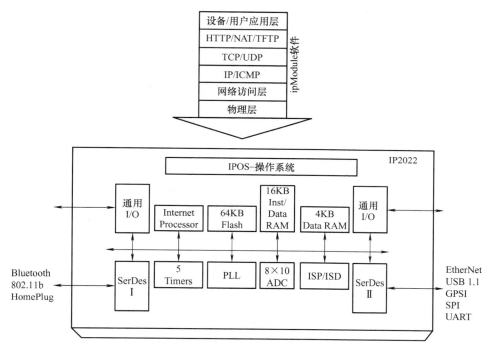

图 9-30 IP2022 的结构框图

从图 9-30 可见，IP2022 包括组成一个单片机应用系统所需要的绝大部分资源，只需要增加少量外围电路，如电平转换电路、功率转换器件等，便可实现不同应用的智能节点。

基于 IP2022 的智能节点可支持高效而实用的操作系统——IPOS。IP2022 的应用程序可建立在该操作系统之上。通过它可以利用函数调用，来管理各种 I/O 功能。

这种基于普通以太网通信接口的嵌入式节点所采用的软硬件资源丰富、技术成熟，便于与普通计算机网络的连接与通信，已经得到广泛应用。需要注意的是，其应用范围受到实时性要求的限制。

9.7.2 基于 Web 的远程监控系统

随着互联网技术的发展，基于 BS 架构的 Web 技术已成为工业数据通信与控制网络中的新宠。

1. Web 技术简介

Web 是互联网的核心技术之一，是一个全球性的信息交互系统。它通过 Internet 使计算机能够相互传送超文本的数据信息。存放超文本文档的计算机是 Web 服务器（Web Server）；而 Web 浏览器（Web Browser）是用于访问 Web 的专用软件，运行在客户机上。今天，全世界的 Web Server 已逾百万，而运行 Web Browser 以访问 Web 的计算机更是无处不在。

用 Web 浏览的方式可以实现测量控制数据的远程监控，它比采用传统的应用程序的方式实现远程监控有更加明显的优势。Web 核心技术主要包括：

1）基于静态文档的 Web 技术。静态文档 Web 技术只用于提供静态文档查询。受 HTML 和浏览器的制约，Web 页面最初只能包含单纯的文本内容，浏览器也只能显示文字信息，因此文本浏览方式可以满足用户的应用要求。

2）基于动态交互页面的 Web 技术。动态交互页面的出现改变了以往 Web 服务器只能被动地提供静态页面的情况，其核心技术是利用数据库系统方便地实现对大量复杂数据的有效管理和快速检索，并按照客户端的访问请求将相关的数据以带查询结构的动态页面形式传送给客户浏览器显示。

3）基于 Web 对象的 Web 技术。Web 对象技术是新出现的技术，其关键技术主要包括 Java/CORBA 与 ActiveX/DCOM。公共对象请求代理结构（Common Object Request Broker Architecture，CORBA）是一种具有开放性的软件分布式结构。分布式部件对象模型（Distributed Component Object Model，DCOM）是微软公司利用自己的分布式对象技术制定的 Web 对象结构，是基于 COM 中的 Activex 技术发展而来的。

2. 基于 Web 的远程监控系统

远程监控系统是信息网络与控制网络结合的产物。它通过现场控制网络、企业内部网和 Internet，把分布于各地的测量控制设备或控制系统互联起来，实现控制设备间的进程信息交互，完成远程监视与控制任务。

远程监控系统应能保证现场测量控制系统的稳定运行；能通过 Internet 远程监视生产现场的运行信息，包括设备信息、历史曲线等内容；能远程操作生产现场的设备，如修改运行参数、改变开关位置等；同时还要保证整个系统的运行安全。

在测量控制节点比较集中或信息交互量较大的远程监控应用场合，适于采用 Web 服务器独立式远程监控系统。图 9-31 所示为 Web 服务器独立式远程监控系统示意图，其中，监控机通过通信适配卡与现场的节点进行通信，对于一个企业信息网来说，它又是以太网的一部分。其特点是具有独立的 Web 服务器和数据库。需要远程监控的控制数据在被采集后存放在 Web 服务器或者与 Web 服务器相连的数据库服务器上，由 Web 服务器利用 CGI、ASP 或 Java 技术形成服务器与数据库之间的接口，访问数据库中的数据，并生成带有这些数据信息的 HTML 文件。用户在远程运行 IE 等，借助远程监控系统对数据库进行访问，实现数据交互。

通常采用以下几种方法建立 Web 服务器与数据库服务器之间的接口。

1）基于服务器应用程序的方法。典型的方式有 CGI、ASP、PHP 等。

2）基于服务器描述脚本的方法。由开发者编写 SQL 或者相近的数据库查询脚本，并将其嵌入 HTML。

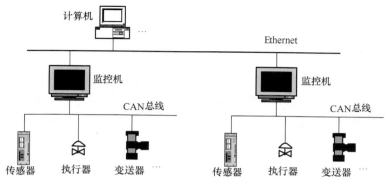

图 9-31　Web 服务器独立式远程监控系统示意图

3）基于客户应用程序的 JDBC 方法。客户端从 Web 下载一个嵌入在网页中的 Applet 小程序，由这个 Applet 小程序通过 JDBC 接口访问 Web 数据库。这个方法的最大优点是平台无关性，但需要在 Web 服务器端安装专门的 JDBC 服务软件。

远程监控系统像一般网络系统那样，还应采取相应的安全防范措施，以保证网络中信息的完整性、保密性、非否认性和可用性，保证网络设备免遭破坏。在 Web 服务器、文件服务器、数据库服务器及应用终端中，除了使用在线扫毒防毒软件和防火墙等防范措施之外，还应采用密码实行对远程监控用户身份的认证。

安全套接层（Security Socket Layer，SSL）是被广泛使用的 Internet 传输加密技术。它提供了认证用户与服务器、加密数据、维护数据完整性等服务。它对用户通过浏览器发送的请求和从服务器端返回的报文都会自动使用 SSL 加密。即使从网络中取得了通信编码，如果没有原先编制的密码算法，也不能获得可读的有用信息。因此，安全套接层可有效地保护 Web 应用。

远程监控系统在对用户进行身份验证和权限限制的同时，还可避免由于合法用户的误操作而导致的对现场设备或者生产过程的破坏。在现场工作站上运行的应用程序，应对用户提交的控制指令进行判别，对非法控制以及超出过程或设备能力的指令实行屏蔽，不予执行，以避免非法操作。对于某些极为重要的控制功能，可让其受限于某几个特定 IP 地址的远程用户使用。此外，由于 Internet 的不确定性，应该尽量避免通过远程监控系统实现某些有实时要求的控制。

以太网可以进入工业控制领域，延伸到现场底层网络，这已经成为没有争议的事实。许多自动化产品都增添了与以太网连接的功能，出现了带以太网接口的现场 I/O 卡，带有 Modbus/TCP/IP 模块和 Web 服务器的 PLC、变频器等，工业以太网已经成为控制网络中的重要成员。

思考题

1. 什么是工业以太网？
2. 简述通信非确定性。
3. 比较几种常见的工业以太网的区别。
4. 简述 PROFINET 总线的拓扑结构。
5. 简述 HSE 的系统结构。

第 ⑩ 章

现场总线控制系统集成技术

现场总线基于开放的协议标准为控制网络与数据网络的连接提供了方便，对控制网络和数据网络的集成起到了积极的作用。本章主要讨论现场总线控制系统的结构、集成技术、组态技术、冗余设计、集成应用等内容。

10.1 现场总线控制系统结构

现场总线技术的兴起，改变了控制系统的结构，使其向着网络化的方向发展，形成了对人类生产、生活有重要影响的另一类网络——控制网络。随着现场总线控制网络的进一步发展，控制网络与数据网络的结合提上了日程，为开放型、全分布式控制系统与网络系统的进一步开拓提供了新的领域。

10.1.1 控制网络与数据网络融合

现场总线基于开放、统一的通信协议标准，为控制网络与数据网络的连接提供了方便，因而对控制网络与数据网络的融合起到了积极的促进作用。当传统的控制系统逐步走向现场总线控制网络Infranet 时，便为构建 Internet-Intranet-Infranet 网络结构、组成一个协调的整体铺平了道路。图 10-1 所示为Internet-Intranet-Infranet 体系结构。

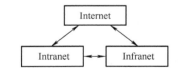

图 10-1　Internet-Intranet-Infranet 体系结构

Infranet 与 Internet 和 Intranet 互联，丰富了网络的信息内容，便于发挥出数据信息和控制信息的综合优势。实现 Internet-Intranet-Infranet 体系结构对于人们的生产和生活有着重要的作用，如远程监控系统就是该体系在生产控制领域内的应用之一。

控制网络和数据网络的互联是现代化企业构建信息网的趋势，如何实现 Infranet 与Internet 和 Intranet 无缝联接的网络结构以满足企业的需要，是当今的网络技术热点问题。控制网络与数据网络的互联将对自动化领域的发展产生深远影响，具有如下的特点。

1）企业控制网络与数据网络之间互联，建立综合实时的信息库，有利于企业经营管理层的决策。

2）现场控制信息、生产实时信息与企业网络及时交换信息，相关人员能方便地了解企业生产情况。

3）建立分布式数据库管理系统，使数据保持一致性、完整性和互操作性。

4）对控制网络进行远程监控、远程诊断、维护等，可节省大量的交通、人力，特别适用于大型企业。

5）为企业提供完善的信息资源，在完成内部管理的同时，可加强与外部的信息交流，从而带来巨大的经济效益。

10.1.2　基于 FCS 的企业信息系统

企业信息网络将成为连接企业内部各车间、部门与外部交流信息的重要基础设施，也是现场总线控制网络与数据网络集成的基础。根据 CIMS（CIPS）的观点，它可分为 3 个层次：管理决策级、高级控制级和基础装置级。

图 10-2 所示是以现场总线为基础的企业信息网络结构图。就图中集成系统的层次结构来说，从功能上可分为现场控制层、过程监控层和企业管理层，而从网络层次上看，只有现场控制网段与普通局域网段两个层次。现场控制网段上可有属于不同通信协议的多条总线段。

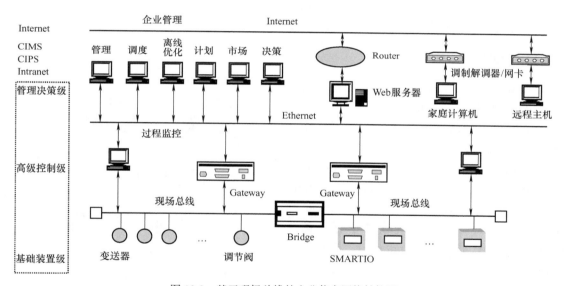

图 10-2　基于现场总线的企业信息网络结构图

10.2　现场总线控制集成技术

现场总线控制网络和数据网络的信息集成技术有网络互联技术、DDE 技术、ODBC 技术、OPC 技术等。

10.2.1　网络互联技术

网络互联要将分布在不同地理位置的网络、设备连接起来，构成更大规模的网络系统，以实现互联网络的资源共享。相互连接的网络可以是同种类型网络，也可以是运行不同网络协议的异构系统。网络互联要求在不改变原网络协议、软硬件的前提下，使连接对原网络的影响减至最小。通过网络互联技术使原来因所用协议不同不能通信的网络间实现了相互通信。

网络互联从通信协议的角度可分为 4 个层次：在物理层，使用中继器（Repeater）在不同网段之间复制位信号；在数据链路层，使用网桥（Bridge）在局域网之间存储或转发数据帧；在网络层，使用路由器（Router）在不同网络间存储转发分组信号；在传送层及传送层以上，使用网关（Gateway）进行协议转换，提供更高层次的接口。

一般局域网间的互联在传输层以下，采用中继器和网桥进行连接，而局域网与广域网间的连接多采用路由器。协议差别较大的网络高层应用系统之间采用网关。

现场总线网段间的连接主要选用中继器和网桥。中继器起简单的信号放大作用，用于驱动很长的通信介质。网桥是存储转发设备，用来连接同一类型的局域网。网桥能够互联两个采用不同数据链路层协议、不同传输速率、不同传输介质的网络。它需要两个互联网络在数据链路层以上采用相同或兼容的协议。

在企业内部，控制网络与信息网络是两种主要的相对独立又互相联系的网络。这两类不同的相对独立的网络可通过网关或路由器进行互联。

网络互联必须遵循 IEEE 802.1 ～ IEEE802.6 技术规范。

10.2.2　DDE 技术

现场总线控制网络与信息网络集成的DDE 方法原理图如图 10-3 所示。

控制网络与信息网络集成的关键在于实现 Infranet 与 Intranet 之间信息传送的有效性与可用性。动态数据交换（Dynamic Data Exchange，DDE）是实现 Infranet 与 Intranet 集成的一种方便方法，尤其是在 Infranet 与 Intranet 之间具有中间系统或共享存储器工作站时。DDE 是一种 Windows 系统中进程间的通信机制，建立在 Windows 内部的消息处理器机制上，其实质为各应用程序间通过共享内存来交换信息。基于 DDE 方法实现 Infranet 与 Intranet 集成的关键如下。

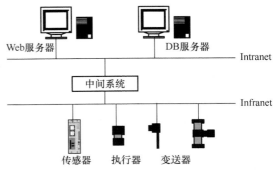

图 10-3　现场总线控制网络与信息网络集成的
DDE 方法原理图

1）中间系统的通信处理器起沟通 Infranet 与 Intranet 的桥梁作用。通信处理器一方面是信息网络的一个工作站，同时又是控制网络中的一个工作站。在通信处理器上运行两个应用程序：一个是实时通信程序，实现实时信息的接收、检错、信息格式转换等功能，为信息数据库提供实时数据信息；另一个是数据库访问应用程序接口，它接收 DDE 服务器送来的实时数据并写到数据库服务器中，供信息网络实现信息处理、统计、分析、管理等功能。

2）控制网络与信息网络平台必须支持 Windows 的 DDE 功能。为了通过共享内存实现动态数据交换，要求控制网络与信息网络必须支持 Windows 的 DDE 功能，这一点在选择控制网络与信息网络的工作平台（如操作系统、编程语言）时必须给予考虑。不过这个要求已比较容易实现，许多操作系统和编程语言，如 Microsoft 公司的 Windows NT 4.0、Windows

95、Microsoft SQL Server 6.5、Power Builder 5.0 以及 Borland 公司的 Delphi 3.0、BC++ 4.5 等，均支持 Windows 的 DDE 功能。

实现控制网络与信息网络集成的 DDE 方法有较强的实时性，且比较容易实现，因此在实际系统中得到比较广泛的应用。不足之处是受到地理位置的限制。

10.2.3　ODBC 技术

数据库与数据库管理是信息网络的核心。现场总线控制网络的工作站、服务器可实现控制网络与信息网络的集成。访问数据库常用两种方式：固有调用和 ODBC 调用。固有调用是对某一特定数据库的调用，一般这种使用 API 传送信息的应用程序不能移植到其他数据库系统。ODBC 调用能以统一的方式处理所有的数据库，用它生成的程序与数据库或数据库引擎无关。基于 B/S 结构的 ODBC 调用过程如图 10-4 所示。

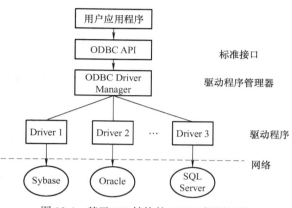

图 10-4　基于 B/S 结构的 ODBC 调用过程

开放数据库互联（ODBC）是微软提出的数据库访问接口标准。开放数据库互联定义了访问数据库的 API，这些 API 独立于不同厂商的 DBMS，也独立于具体的编程语言。通过使用 ODBC，应用程序能够使用相同的源代码和各种各样的数据库进行交互。这使得开发者不需要以特殊的数据库管理系统（DBMS）为目标，或者不需要了解不同支撑背景的数据库的详细细节，就能够开发和发布客户机 / 服务器应用程序。

信息网络 Intranet 常采用基于 Web 的 B/S 结构。Web 服务器与数据库的集成方式有多种，如 CGI、ISAPI、NSAPI、AciveX、ADO 控件等。

10.2.4　OPC 技术

1. OPC 技术概述

OPC（OLE for Process Control）指用于过程控制的对象链接与嵌入（Object Linking Embedding，OLE）技术，或者说是对象链接与嵌入技术在自动化领域的应用扩展。OPC 建立在 OLE 规范之上，它为工业控制领域提供了一种标准的数据访问机制。而 OPC 是靠 OPC 服务器来实现的，这个服务器对下层现场设备提供标准的接口，使得现场设备的各种信息能够进入 OPC 服务器，从而实现向下互联。OPC 技术的引入使现场总线控制系统能够非常容易地与现有的计算机控制系统结合起来，使得控制网络和管理网络可以在网络上共享数据信息。

2. OPC 集成方式

图 10-5 所示为 OPC 服务器作为现场设备接口时的连接关系。当它作为下层现场设备的标准接口时，它代替传统的"I/O 驱动器"来完成与现场设备的通信。OPC 服务器

为客户端提供了一套标准的 OLE 接口。所有客户应用都可以采用一致的方式来与现场设备通信。

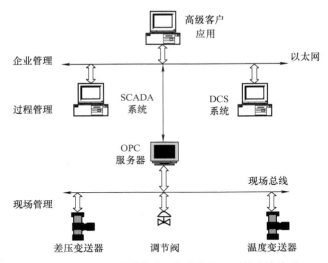

图 10-5　OPC 服务器作为现场设备接口时的连接关系

从数据传输的角度来讲，OPC 服务器实际上就是一个 I/O 驱动器，它一方面提供与数据供应方（包括硬件和软件）的通信，另一方面又将来自数据供应方的数据通过标准 OPC 接口 "暴露" 给数据调用方，数据调用方充当了 OPC 客户（OPC Client）的角色。图 10-6 所示是 OPC 在现场总线环境下的应用模式。

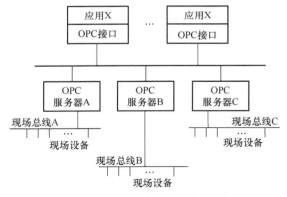

图 10-6　OPC 在现场总线环境下的应用模式

OPC 服务器还向上层的应用程序提供标准接口，使上层的应用程序（如 VB 和 VC 应用程序）能够取到 OPC 服务器中的数据，从而实现向上互联。值得一提的是，OPC 服务器不仅可以用于硬件设备与系统软件之间的通信，同时还可以用于各个软件应用程序之间的通信，一个应用程序可为其他应用提供标准 OPC 接口，它们之间可实现数据交换。

OPC 数据服务器定义了两种标准的 COM 对象，即 OPC Server 对象、OPC Group 对象。通过实现这两种标准的 COM 对象及相应接口，用户就完成了 OPC 数据服务器的开发。OPC Server 对象是客户端软件与服务器交互的首要对象。客户端访问 OPC Server 对象的接口函数来组织及管理 OPC Group 对象。OPC Group 对象用于组织及管理服务器内部的实时数据信息。在 OPC 标准中，使用 Items 对象描叙实时数据。Items 是非 COM 对象，也是客户端不可见的对象。

OPC Server 对象的功能主要表现为：①创建和管理 OPC Group 对象；②管理服务器内

部的状态信息；③将服务器的错误代码翻译成描述性语句；④浏览 OPC 服务器内部的数据组织结构。

从 OPC Server 对象的功能可以看出，OPC Server 对象面向 OPC 服务器的技术细节基本独立于实时的数据源，可以统一实现。其中，数据的组织结构和数据源属性与具体数据源有关，需要从用户处获取信息。OPC Server 对象提供如下一些接口：IOPCServer、IConnectionPointContainer、IOPCServerBrowseAddressSpaceDisp、IOPCCommon、IOPCItemProperties。

OPC Group 对象的主要功能表现为：①管理 OPC Group 对象的内部状态信息；②创建和管理 Items 对象；③ OPC 服务器内部的实时数据存取服务（同步与异步方式）。

从 OPC Group 对象的功能可以看出，该对象面向 OPC 服务器的数据存取信息，对实时数据源的依赖性很强，需要从用户处获取信息。OPC Group 对象提供如下一些接口：IOPCGroupStateMgt、IOPCAsyncIO2、IOPCItemMgt、IOPCSyncIO、IConnectionPointContainer、IOPCPublicGroupStateMgt。

OPC 客户端为 OPC 服务器提供了两个可调用的 COM 接口：IOPCShutdown 和 IOPCDataChange。图 10-7 所示为其调用客户接口的结构示意图。

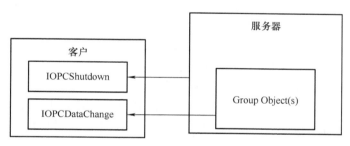

图 10-7　服务器调用客户接口的结构示意图

3. OPC 标准接口

为实现 OPC 客户端对 OPC 服务器进行数据访问，OPC 标准提供两种接口：程序员自定义的 OPC 接口（OPC COM Custom Interfaces）和支持高端应用的 OPC 自动化接口（OPC OLE Automation interfaces）。自定义 OPC 接口是 OPC 服务器必须提供的，而 OPC 自动化接口则不一定提供。利用这两种接口与 OPC 服务器通信的方式如图 10-8 所示。对于分布式结构中不同节点上的客户和服务器操作，OPC 标准利用分布式组件 DCOM 技术使客户应用与远程服务器接口交换数据。

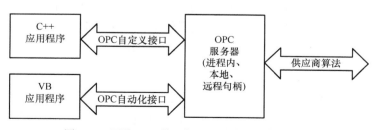

图 10-8　两种 OPC 接口与 OPC 服务器通信的方式

10.2.5 OPC UA 技术

1. OPC UA 技术概述

OPC UA 是工业 4.0、工业物联网中重要的通信协议。OPC UA 是 OPC 的后继标准，后面增加了 UA，意指"统一架构"（Unified Architecture）。它的主要目的是摆脱 Windows，可以在 ARM/Linux 平台上实现 OPC 的 Server，或者在云端 Linux 平台上实现 Client 程序。

OPC UA 接口协议包含了之前的 A&E、DA、OPC XML DA、HAD 协议，只使用一个地址空间就能访问之前所有的对象，而且不受 Windows 平台限制，因为它是从传输层 Scoket 以上来定义的，灵活性和安全性比之前的 OPC 均大幅提升。

OPC UA 适用于现场设备、控制系统、制造执行系统和企业资源规划系统等应用领域的制造软件。这些系统旨在交换信息，并为工业过程提供命令和控制。OPC UA 是一种独立于平台的标准，系统和设备可以通过各种类型的网络在客户端和服务器之间发送消息进行通信。OPC UA 结构如图 10-9 所示。

MODBUS 转 OPC UA 协议网关在基于 ARM 平台和嵌入式 Linux 的工业计算机上运行 OPC UA Server 服务器软件，在使用 OPC UA 协议的各种国内外工业软件和现场总线之间，负责数据采集上

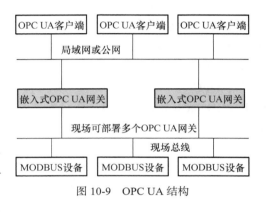

图 10-9　OPC UA 结构

传和控制命令的下传，将现场总线的 MODBUS TCP 或 RS485 RTU 协议转换为 OPC UA 协议。稳定的硬件设计能保证系统长时间正常运行，支持纯硬件定时看门狗，适合无人值守的 7×24 小时运行的应用环境。

2. OPC UA 结合两种机制来实现各种场景

1）客户端/服务器模式。OPC UA 客户端访问 OPC UA 服务器的专用服务。这种对等方式提供了信息安全和确定的信息交换，但对连接数量有限制。

2）发布者/订阅者模式。OPC UA 服务器通过配置信息子集可供任意数量的订阅者使用。这种广播机制提供了一种无须信息确认的"即发即弃"的信息交换方式。

OPC UA 提供了以上两种通信机制，但更重要的一点是：它独立于实际通信协议。TCP 和 HTTPS 可用于客户端/服务器模式，而 UDP、AMQP 和 MQTT 可用于发布者/订阅者模式。因此，"是 OPC UA 或 AMQP，还是 MQTT"的问题。从 OPC 基金会的观点来看无关紧要。由于最小的微控制器可能没有足够的资源实现完整的 OPC UA，因此设备可以通过 MQTT 或 AMQP 以"OPC UA 兼容"的方式提供数据，从而使其更轻松地集成到另一端。毕竟，统一信息模型和数据的含义是实现工业 4.0 的关键。

3. OPC UA 的主要特点

1）访问统一性。OPC UA 有效地将现有的 OPC 规范（DA、A&E、HDA、命令、复杂数据和对象类型）集成进来，成为现在的 OPC UA 规范。OPC UA 提供了一致、完整的地址空间和服务模型，解决了过去同一系统的信息不能以统一方式被访问的问题。

2）通信性能。OPC UA 规范可以通过任何单一端口（经管理员开放后）进行通信。这使穿越防火墙不再是 OPC 通信的路障，并且为提高传输性能，OPC UA 消息的编码格式可以是 XML 文本格式或二进制格式，也可使用多种传输协议进行传输，如 TCP 和通过 HTTP 的网络服务。

3）可靠性、冗余性。OPC UA 的开发含有高度可靠性和冗余性的设计。可调试的逾时设置、错误发现和自动纠正等新特征，都使得符合 OPC UA 规范的软件产品可以很自如地处理通信错误和失败。OPC UA 的标准冗余模型也使得来自不同厂商的软件应用可以同时被采纳并彼此兼容。

4）标准安全模型。OPC UA 访问规范明确提出了标准安全模型，每个 OPC UA 应用都必须执行 OPC UA 安全协议，这在提高互通性的同时降低了维护和额外配置费用。在 OPC UA 应用程序之间传递消息的底层通信技术提供了加密功能和标记技术，保证了消息的完整性，也防止信息的泄露。

5）平台无关。OPC UA 软件的开发不再依靠和局限于任何特定的操作平台。过去只局限于 Windows 平台的 OPC 技术拓展到了 Linux、UNIX、Mac 等平台。基于 Internet 的 Web Service 服务架构（SOA）和非常灵活的数据交换系统，OPC UA 的发展不仅立足于现在，更加面向未来。

4. OPC UA 技术应用

随着工业 4.0、工业物联网建设的深入，对管控一体化系统的需求日益增加。管控一体化的发展，需要在传统的 SCADA 平台扩展出完善的管理功能，或者在原有管理系统中扩展出实时监控功能。OPC UA 的工业智能网关协助客户实现 OT 与 IT 的高度融合，达成管控一体化建设目标。图 10-10 所示为 OPC UA 应用场景示意图。

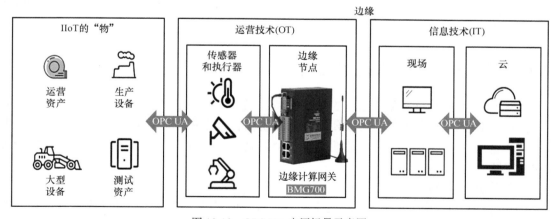

图 10-10　OPC UA 应用场景示意图

经过多年的优化迭代，很多公司的工业智能网关均支持 OPC UA。例如，5G 边缘计算网关、安全加密通信网关、工业物联网网关、PLC 网关、工业级 5G/4G 路由器等网络设备均支持 OPC UA 协议。

10.3 现场总线控制系统的组态技术

RSNetWorx 系列产品提供对国际控制网协会的 ControlNet 和开放设备网供货商协会的 DeviceNet 的设计、配置及管理。RSNetWorx 允许用户最大限度地提高其所拥有的 ControlNet/DeviceNet 设备的生产能力。用户可以通过简单的软件界面迅速地对网络上的设备进行设置。这些设置可以在"离线"方式下通过拖放设备图标的操作方式进行，也可以在 RSLinx "在线"扫描 ContmlNet 或 DeviceNet 的方式下进行。

RSNetWorx 有如下功能：

- 充分利用"生产者/消费者"通信模式信息传递的优越性，定义网络上设备的输入/输出数据，便于设备之间相互通信；
- 单键式操作实现整个网络配置的上传/下载；
- 网络时序排定和带宽计算；
- 深层次浏览；
- 鼠标单击式配置；
- 丰富的设备资源库；
- 配置冲突诊断；
- 配置控制器与 IO 设备之间的关系；
- 自动在网络上设备的输入/输出数据表与控制器内存之间进行映射；
- 当需要的时候可以支持设备替换自动配置功能（ADR）；
- 添加 EDS 电子数据表，可更加容易地实现对新型设备的支持，真正实现多设备供应商的设备之间的兼容与互操作；
- HTML 超文本格式报表。

RSNetWorx 软件针对 ControlNet 和 DeviceNet 两种网络又分为 RSNetWorx for ControlNet 和 RSNetWorx for DeviceNet 两类软件。

10.4 现场总线控制系统的冗余设计

随着人们对工业生产安全意识的日益提高，冗余系统在各种工业场合得到了广泛的应用。特别是对生产连续性要求比较高的过程控制场合，当主控制处理器出现问题时，如果另外一个备用处理器可以实时自动地接管整个控制系统，就能够保证整个生产过程的连续性和稳定性。

冗余系统分为软硬两种冗余方式。

1）硬冗余方式不需编程，切换速度相对较快，但增加了较多的部件和模块，这些部件和模块的故障不仅会影响系统的可靠性，而且一套硬件系统的价格要远大于软件系统；

2）软冗余方式则显得更加经济、灵活和可靠。

设计冗余系统一定要根据实际情况而定：若系统组成相对简单，现场对切换时间要求不高，或仅仅是对 CPU 有冗余要求，且需要节省开支，则可以考虑软冗余方式；若现场需要对多个部件进行冗余配置，且冗余指标要求较高，则采用较为成熟的硬冗余（热备）方式较为可靠。

10.4.1　基于 DeviceNet 的电动机控制系统

某车间要求将电动机控制在恒定转速，而不能因 CPU 故障出现停转现象，因此要对 CPU 进行基于总线的冗余设计。说明：该车间采用 AB 公司的 NetLinx 架构；采用 ControlLogix 作为控制系统；电动机由基于网络功能的变频器 160SSC 控制；在以太网层配有监控系统。

1. 系统硬件设计

硬冗余方式在进行硬件设计时可采取单机架和双机架两种实现方法。

（1）单机架结构　单机架结构如图 10-11 所示，该结构是将两个相同型号的 CPU 模块插在同一个机架内，各机架通过 CNB 模块连接至 ControlNet。本例在第一个远程机架中插入 1756-DNB 模块，该模块能够直接连接 DeviceNet，利用 ControlLogix 网关功能实现 ControlNet 与 DeviceNet 两种现场总线的无缝集成，从而实现控制器对 DeviceNet 上变频器的控制。

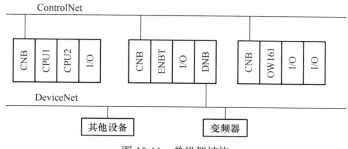

图 10-11　单机架结构

单机架结构组态方式简单方便，但也正是这个原因，使得该结构对于机架断电或通信模块出现故障无能为力。若系统需考虑断电因素，则应采用双机架结构。

（2）双机架结构　双机架结构如图 10-12 所示，尽管系统增加了机架和 CNB 模块的数量，但由于 CPU 分别插在两个分离的机架上，使其适用于系统掉电或通信模块出现故障的情况，弥补了单机架结构的不足。

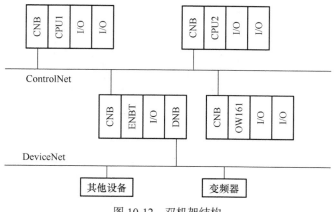

图 10-12　双机架结构

2. 系统软件设计

无论单机架结构还是双机架结构，都采用 RSLogix500() 对系统进行编程。软件程序流程图如图 10-13 所示。

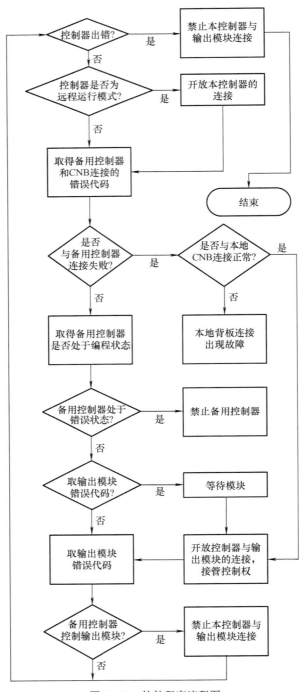

图 10-13　软件程序流程图

软件程序大致相同，程序的主要思路是：两块 CPU 同时在线运行，一块处于主控制模式，另一块处于热备模式。拥有主控制权的 CPU 具有输出控制权，而热备 CPU 的输出被禁止。两个 CPU 模块互相监视对方的运行状态和通信情况，一旦发现主 CPU 出现故障，立即由主 CPU 自行禁止或由从 CPU 通过 MESSAGE 指令传送特定的数组代码来禁止主 CPU 的对外控制权（根据主 CPU 的错误类别定），定时一段时间以后，热备 CPU 模块获得主控制权。两个 CPU 程序完全相同，只需更正各自程序中对方的处理器名称即可。需要注意的是，为保证系统的无扰切换，在控制权转移之前，主控制器对于输入 / 输出状态的改变必须能实时地通知给从控制器，从而保证在控制权转移之后不会对连续的生产产生任何影响。系统采用了生产者 / 消费者标签方式和 MESSAGE 指令方式实现数据的实时传送。

3. 软冗余系统实现

（1）网络组态 程序下载后，各模块需经过网络组态后才能够相互协调工作。首先用 RSNetWorx for ControlNet 网络组态软件扫描网络设备，然后对网络更新时间及相关节点进行设置，最后必须对这些设置进行保存。

（2）系统监控 本系统位于 Ethernet 总线的上位机，采用 RSView 32 软件对系统进行监控，实时获取 CPU 故障情况、变频器转速值、切换时间等重要信息，监控系统结构图如图 10-14 所示。

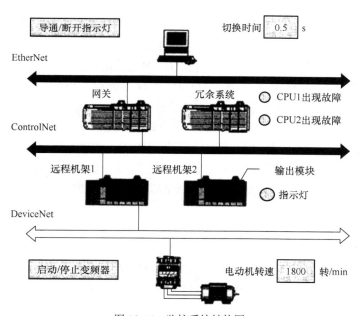

图 10-14 监控系统结构图

（3）软冗余测试 在程序分别下载到两个 CPU 后，使两个 CPU 都处于远程运行状态。此时，一个 CPU 拥有控制权，处于运行状态；另一个 CPU 处于备用状态。启动变频器与指示灯，待系统稳定后，使主 CPU 分别出现以下故障状态，然后观察变频器的状态。

- 用钥匙将主 CPU 的状态拨至"编程"状态，使主 CPU 无法正常工作。
- 将主 CPU 程序中某定时器的预置值改为负值，使主 CPU 处于可恢复性错误状态。

● 如果是双机架结构，可断开主机架电源，使主 CPU 掉电。

由本实例得出的结果是：从 CPU 迅速接管了控制权，较好地完成了系统切换。此过程中，变频器转速有所下降，但很快又升至原速。

4. 系统性能改进

软冗余方式经济、灵活，能够适应大多数企业对现场应用不断调整的需求，具有较多优点，但从上述的验证结果可知，变频器与指示灯确实出现了较为明显的波动，说明这种方式在切换效率上确实与硬冗余方式存在一定的差距。因此，在实现软冗余系统的同时，还必须考虑影响软件切换时间的因素，并做出适当的调节，才能使软冗余系统既经济实用，又安全可靠。可从以下几个方面对系统进行改进，以得到较好的效果。

（1）适当增加网络更新时间（NUT） 控制器使用未预定信息建立连接，因此适当增加网络更新时间会减少网络预定信息的带宽，从而为 ControlNet 提供足够的未预定带宽来建立连接，改善系统切换速度。NUT 的数值需在 RSNetworx for ControlNet 中设置并保存。

（2）尽可能少地使用 MSG 指令 MSG 指令在不同控制器的信息交流方面起着重要作用，但对于具体系统而言，应尽量减少不必要的 MSG 指令。这是因为，一个控制器包含 10 个未连接缓存器，控制器使用这些缓存器建立连接和传送 MSG 指令，适当减少 MSG 指令的使用就意味着有更多的缓存器可以空闲出来供控制器建立连接，从而改善切换效率。

（3）时延优化策略

1）时延时间的设置。当主 CPU 出现故障并未放弃对输出模块的控制权时，从 CPU 试图接管控制权，但接管必然会失败。根据 ControlLogix 系统本身的性能特点，在此之后，若从 CPU 再次尝试接管控制权，则至少要等待 3s。如此长的时间延误显然不能满足对于切换的要求。为了保证从 CPU 在出现故障的主 CPU 放弃控制权后再进行接管，在从 CPU 的程序中设置一个小于 3s 的时延时间以等待主 CPU 放弃控制权是非常有效的手段。

2）时延优化。设置时延时间是必要的，但该时间设置多长又是一个问题。显然，时延过长有悖于设置时延的初衷，因此，应对时延进行优化。本例在保证主 CPU 放弃控制权的前提下，尝试逐步缩小时延时间，并对电动机转速波形进行监控，通过对比可以看到波动得到了明显的改善。因此，将时延时间调节到足以使主 CPU 放弃控制权而又能尽可能短地完成切换为最佳。

10.4.2 基于 ControlNet 的环境监控系统

某地铁公司为保证新建地铁线路的运行安全和舒适，配有一个功能较为完善的环境监控系统，考虑到该系统对整个地铁顺利运行的重要性，需要对该系统进行冗余设计。

1. 监控系统简介

环境监控系统采用多台 AB 公司的 ControlLogix 控制系统，分别实现对冷冻 / 冷却水泵（DI/DO/ 变频）、空调机组（DI/DO/AI/AO）、单独空调（DI/DO）、风机（DI/DO/ 变频）、风阀（DI/DO）、温 / 湿度传感器（AI）、照明系统（DI/DO）、设备连锁等子系统的控制，各控制器又通过以太网模块连接至 10Mbit/s、100Mbit/s 光纤以太网，把数据反馈给控制中心。

2. 冗余系统要求

1）由于地下环境恶劣，网络极易受到各种物质的腐蚀，系统应考虑对网络进行冗余。

2）为了保证系统的安全运行，在主设备出现故障时，从设备应在最短时间内进行无扰切换，接管控制权。

3. 系统配置方案

鉴于网络所处环境的恶劣，考虑采用双网冗余结构。又由于地铁属于大型工程项目，安全可靠至关重要，尽管采用软冗余方式较为经济，但在冗余性能上仍不及硬件冗余，因此系统采用 AB 公司 1757-SRM 冗余模块。该模块提供主框架和副框架之间的高速数据传输。每个框架都需要一个 1757-SRM 模块，也就是说，一套冗余系统应有两个 1757-SRM 模块。

利用 1757-SRM 冗余模块在 ControlNet 上搭建冗余控制器系统，两个冗余模块之间通过 1757-SRCX 电缆进行连接。在每个冗余控制器框架内均含有一个 1756-L55 控制器、5 个以下 ControlNet 通信模块、1 ～ 2 个以太网模块和一个 1757-SRM 模块。需要注意的是，在冗余框架内不能有其他 I/O 模块或通信模块。系统配置时应注意以下几点。

1）PLC 系统冗余的实现要符合以下条件：

- 1757-SRM 冗余模块在每个冗余机架上只能有一个；
- 1757-SRM 冗余模块需要占用机架上的两个槽；
- 两个冗余机架是同一型号的机架。

2）两个冗余机架上相同的模块必须要符合以下条件：

- 占用机架上的槽号要相同；
- 两个模块必须是相同的编号、系列和版本；
- 两个 PLC 控制器的内存是相同的。

3）在系统的 ControlNet 中必须保证除了两个 PLC 冗余机架以外，还有两个站点。这些站点可以是如下的几种：

- 在同一个远程机架或不同机架上的另一个 CNB 模块；
- 其他的 ControlNet 设备；
- 运行 RSLinux 软件的工作站等。

4）在设置 ControlNet 的网络地址时，必须把 I/O 机架或其他远程机架设置成最小的站号，而不要把最小的站号分配给 PLC 冗余机架。如果把最小的站号分配给冗余机架，会出现以下问题：

- 在主从 PLC 切换时，I/O 机架和其他节点会暂时失去与网络的连接；
- 在机架电源断开的情况下，将 CNB 模块从主 PLC 机架上拔下会使得 I/O 机架和其他节点失去与网络的连接。

5）给一对 ControlLogix 冗余机架分配两个连续的 ControlNet 地址。地下站点环控系统配置方案整体结构如图 10-15 所示。

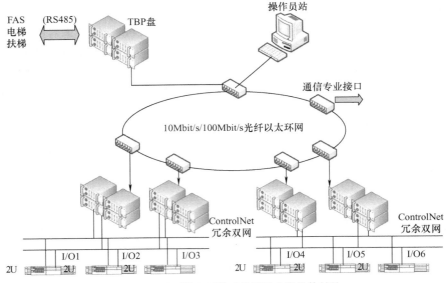

图 10-15　地下站点环控系统配置方案整体结构

两个冗余机架上的 1757-CNB/D 或 1757-CNBR/D 模块上的旋转开关设置成同一个 ControlNet 站号。例如，如果给冗余机架分配的是站点 5、6，那么 CNB 模块就要设置成站点 5。设置后的冗余机架按以下方式工作：

- 两个冗余机架上的 1757-CNB/D 或 1757-CNBR/D 模块共享两个 ControlNet；
- 两个 PLC 都工作时，从 PLC 机架在 ControlNet 上的地址是主 PLC 机架地址加 1；
- 在主从 PLC 切换时，两个 PLC 机架的地址也会相应地进行自动交换，从而保证系统正常工作；
- 在主从 PLC 达到同步状态后，为了更新从 PLC，在程序指令更改时，主 PLC 对从 PLC 进行块传送以达到两个冗余机架之间的同步。

实践证明，该冗余系统运行可靠，切换效率高，为环控系统的实现提供了有力的保障。

10.5　现场总线控制系统集成应用

10.5.1　基于 EtherNet/IP 的智能监控系统

综合自动化是现代工厂自动化的发展方向，在完整的企业网架构中，现场总线控制网络模型应涉及从底层现场设备网络到上层信息网络的数据传输过程。统一的现场总线控制网络模型应具有 3 层结构，从底向上依次为智能设备层、现场控制层、远程监控层。基于 EtherNet/IP 的智能监控系统体系结构如图 10-16 所示。

在整个现场总线控制网络模型中，智能设备层是整个网络模型的核心，只有确保总线设备之间可靠、准确、完整地传输数据，上层网络才能获取信息以实现其监控管理功能。

1. 智能设备层

现场智能设备层通过 CAN 或 FFH1 现场总线把多个测量控制智能仪表连接起来，并按公开、规范的现场总线通信协议，在现场的多个控制智能设备及现场仪表之间实现数据传输。现场设备是以网络节点的形式挂接在现场总线网络上的，现场总线控制网络必须采用合理的拓扑结构。常见的现场总线网络拓扑结构有以下几种：环形网、总线网、树形网、令牌总线网。

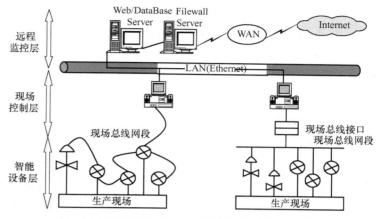

图 10-16　基于 EtherNet/IP 的智能监控系统体系结构

依照现场总线的协议标准，智能设备层采用功能块的结构，通过组态设计，完成数据采集、A/D 转换、数字滤波、数据信号传输、温度压力补偿、PID 控制以及阀位补偿等各种功能。智能转换器还可以对传统检测仪表电流电压信号进行数字转换和补偿。

2. 现场控制层

现场控制层通常可由 Ethernet 总线传输速度较快的网段组成，各种现场总线均可通过通信控制器或网关与过程监控层交换数据。这种方式可使系统配置灵活。因此一般的中间监控层由监控计算机、过程优化计算机、高级控制计算机及故障诊断计算机等部分组成。

1）监控计算机利用工控平台实现工业现场的监督和控制，监控计算机所需完成的任务包括从现场总线读取现场数据，置入实时数据库，完成各种控制、运行参数的监测、报警和趋势分析等功能。另外还包括控制组态的设计和安装，对现场控制节点中的各个控制参数进行设定，显示各类现场信息等。

2）过程优化计算机用于过程优化，在不修改工艺流程、不增加生产设备的情况下，仅通过调整操作参数，即可使整个生产过程处于最优运行状态。

3）高级控制计算机可针对流程工业生产过程的动态对象的特点，实现各种高级控制功能，如推理控制、预测控制、智能控制等，具体算法可采用模型预测控制、动态矩阵控制、模型算法控制等。

3. 远程监控层

生产管理层是基于 Internet 网络的远程监控层。其主要目的是在分布式网络环境下，构建一个安全的远程监控系统。首先是将过程监控层实时数据库中的信息转入上层的关系数据库中，再在数据网络中建立基于 Web 的实时监控系统，这样远程用户就能随时通过浏览器查询网络运行状态以及现场设备的工况，对生产过程进行实时的远程监控。系统赋予一定的权限后，远程用户还可以在线修改各种设备参数和运行参数，从而在广域网范围内实现底层测控信息的实时传递。

10.5.2　基于 OPC UA 的智能制造系统

智能制造系统可实现某药品生产环节的颗粒填装、加盖、拧盖、检测等功能单元的控

制,满足企业生产的需要。系统应用包括:

1)西门子 S7-1200 的 OPC 技术的智能制造系统组成;

2)完成智能制造系统参数设置;

3)系统设计与编程;

4)系统下载与调试。

1. 智能制造系统组成

采用 OPC UA 网关采集颗粒填装单元 PLC、加盖拧盖单元 PLC、检测分拣单元 PLC、加工包装单元 PLC 与智能物流单元 PLC,系统中的 5 个工作单元间使用网线连接形成网络互通的系统,网关端口 Eth0 通过网线和交换机与装有 MES 系统软件的一体机连接,网关端口 Eth1 通过网线与智能物流单元的交换机连接,从而达到 OPC UA 网关与颗粒填装单元 PLC、加盖拧盖单元 PLC 的连接。智能制造系统设备单元、上位机与 OPC UA 网关的网络接线如图 10-17 所示。

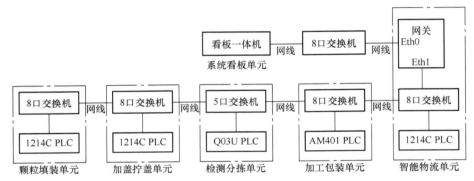

图 10-17 智能制造系统设备单元、上位机与 OPC UA 网关的网络接线

2. 智能制造系统参数设置

西门子 S7-1200 的 Modbus-TCP 通信设备 IP 地址分配如表 10-1 所示。

表 10-1 西门子 S7-1200 的 Modbus-TCP 通信设备 IP 地址分配

序号	名称	IP 地址	备注
1	颗粒填装单元 PLC	192.168.1.11(端口:502)	
2	加盖拧盖单元 PLC	192.168.1.21(端口:502)	
3	OPC UA 网关:Eth0	192.168.2.10	
4	OPC UA 网关:Eth1	192.168.1.10	

3. 系统设计与编程

1)在配置软件"GateWay"新建工程"OPC UA",如图 10-18 所示。

2)选择网关为"OPC UA 网关",新建通道,设置输入通道 1 的通信参数,如通道类型、驱动名称、IP 地址、端口号等,通道 1 为网关与颗粒填装单元 PLC(IP 地址:

192.168.1.11）通信的通道。

3）添加设备，并添加数据点，通道 1 的设备采集部分数据（联机启动、联机停止、联机复位）。

4）新增数据服务点数据，选中"OPC UA"，进入数据服务点参数设置界面，设置数据服务通信参数，单击"启用"按钮，端口号为"4840"，绑定网口为"Eth0"，最后单击"保存"按钮。

图 10-18　新建工程

5）添加服务点，根据通道 1 的设备采集的部分数据类型，添加数据服务点。

6）选择需要添加的数据服务点，选择"通道 1"，选择"设备 1"数据，单击"确定"按钮。

7）修改数据类型，双击对应变量的数据类型栏，单击"箭头"按钮，选择需要更改的数据类型"Boolean"，修改成功后单击"保存"按钮，保存数据类型成功。

4. 系统下载与调试设备

（1）下载程序　装有 TIA V14 软件、网关配置软件 GateWay 的计算机设备通过网线接到颗粒填装单元挂板交换机。打开 TIA V14 软件，下载程序到颗粒填装单元的 PLC，进入网关配置软件，单击"下载工程"按钮，下载配置工程到网关。

（2）调试设备　颗粒填装单元 PLC 启动完成后，复位灯亮，按下颗粒填装单元控制面板的联机按钮。此时进入网关软件调试界面，如图 10-19 所示，网关数据监控表显示数据点状态，"Good"表示网关与颗粒填装单元 PLC 通信正常。

图 10-19　网关数据监控表

写入网关数据监控表的值，将 Device.tag0100_0（关联信号联机停止）写入数据"1"。此时，颗粒填装单元控制面板复位灯灭，停止指示灯亮。为了不影响下次设备运行，将 Device.tag0100_0（关联信号联机停止）写入数据"0"。

思考题

1. 简要说明 OPC 技术。

2. 简要解释 DDE 技术内容。

参 考 文 献

[1] 阳宪惠. 现场总线技术及应用 [M]. 北京：清华大学出版社，2008.

[2] 陈在平. 现场总线及工业控制网络技术 [M]. 北京：电子工业出版社，2008.

[3] 汤旻安. 现场总线及工业控制网络 [M]. 北京：机械工业出版社，2018.

[4] 龙志强. 现场总线控制网络技术 [M]. 北京：机械工业出版社，2011.

[5] 龙志强，李晓龙，窦峰山，等. CAN 总线技术与应用系统设计 [M]. 北京：机械工业出版社，2013.

[6] 刘泽祥. 现场总线技术 [M]. 北京：机械工业出版社，2011.

[7] 陈在平，岳有军. 工业控制网络与现场总线技术 [M]. 北京：机械工业出版社，2008.

[8] 谢昊飞. 工业以太网技术 [M]. 北京：科学出版社，2007.

[9] 王振力，刘博. 工业控制网络 [M]. 北京：人民邮电出版社，2012.

[10] 凌志浩. DCS 与现场总线控制系统 [M]. 上海：华东理工大学出版社，2008.

[11] 阳宪惠. 工业数据通信与控制网络 [M]. 北京：清华大学出版社，2003.

[12] 龙志强，李迅，李晓龙，等. 现场总线控制网络技术 [M]. 北京：机械工业出版社，2011.

[13] 于海斌，曾鹏，等. 智能无线传感网络系统 [M]. 北京：科学出版社，2006.

[14] 张公忠. 现代网络技术教程 [M]. 北京：电子工业出版社，2000.

[15] 李旭. 数据通信技术教程 [M]. 北京：机械工业出版社，2001.

[16] HELD G. 数据通信技术 [M]. 魏桂英，等译. 北京：清华大学出版社，1995.

[17] 申威云. 建设智能电网的实践和思考 [J]. 低碳世界，2018，8：136-137.

[18] 黄卫菊. ASON 技术在智能电网光传输通信网络中的应用 [J]. 通讯世界，2018（1）：250-251.

[19] 马永强，等. 基于 Zigbee 技术的射频芯片 CC2430[J]. 单片机与嵌入式系统应用，2006（3）：45-47.

[20] 张培仁，王洪波，等. 独立 CAN 总线控制器 SJA1000[J]. 国外电子元器件，2001（1）:20-22.

[21] 王兴海，王树威，陈靖. 基于 PROFIBUS 现场总线技术的测量和监控系统 [J]. 科技导报，2006，（8）：53-55.

[22] 朱义. 光波分复用技术在光纤通信中的应用 [J]. 科学导报，2015（8）：226-226.

[23] 王学强. 光纤传感器在电力系统中的应用研究 [J]. 无线互联科技，2013（11）：149-150.

[24] 代文军. 单光纤双向技术在城域网中的应用策略 [J]. 通信与信息技术，2016（2）：52-55.

[25] 卜天容，陈曜，何鹏程，等. 反馈式跑道型光学微环的传感灵敏度研究 [J]. 光子学报，2014（8）：54-60.

[26] 王卫东，赵剑，艾鑫. 光纤通信技术现状及发展探析 [J]. 信息记录材料，2018（2）：7-8.

[27] 刘祯，王世明，方子穆. 光纤通信技术与光纤传输系统的研究 [J]. 中国新通信，2019，21（3）：1.

[28] 刘岩亮. 智能电网及其关键技术分析 [J]. 通讯世界，2015，23：198-199.

[29] 王义春，赵俊涛. SDH 在县级电力通信中的应用 [J]. 民营科技，2015（12）：57.

[30] 姬卫玲. 波分复用技术的应用现状和发展前景 [D]. 南京：南京邮电大学，2015.

[31] 夏继强，刑春香. 现场总线工业控制网络技术 [J]. 单片机与嵌入式系统应用，2005（6）：80.

[32] 冯骥. 现场总线工业控制网络技术初探 [J]. 电子世界，2018（18）：181-182.